―全体論的アプローチによる―
工作機械の利用学

伊東 誼 著

日本工業出版

序　文

　日本には少なくとも100社に及ぶ工作機械メーカがあるものの、それらの総生産高は乗用車メーカの一社分にも満たない。それにもかかわらず、工作機械産業は国を支える重要な基盤産業と位置付けられ、それは工作機械が「マザーマシン（母なる機械）」、あるいは「機械を作る機械」等と表現されていることに如実に示されている。要するに、工作機械を無視して「物つくり立国」を標榜することはできない。

　これらを反映して、工作機械及び生産技術に関連する書籍が、「機械加工学」、「工作機械の設計学」、「フレキシブル生産システム」等と題して数多く出版されている。しかし、それらは「縦割りの専門深化」した姿となっていて、加工技術－工作機械－生産システム－工場立地のような「分野横断」という視点は欠けている。例えば、工作機械の書を購入すれば、工作機械の学識は習得できても、機械加工技術の習得には別の書を改めて購入せねばならない。又、「設計と評価」、あるいは「設計・製造技術と利用技術」は車の両輪と云われながらも、利用技術に触れている工作機械の書は数少ない。

　ところで、社会の進歩とともに「専門深化した学識」を「分野横断的に系統化」することが重要となり、そのような観点からの自己革新が工作機械の設計・製造、並びに利用に関与する技術者にも要求されている。しかし、自己学習を志しても、手がかりとなる教材や資料を入手するのは困難である。そこで、本書では「加工空間」（機械－アタッチメント－工具－工作物系）に焦点を絞って、従来の個別的な課題技術に特化することなく、それらを総合的に判り易く取扱っている。別の表現をすれば、これ迄は個人の勉学や学習能力任せとなっている工作機械の利用技術を主体に、メーカとユーザの双方が関心のある課題を選択して記述している。これによって、工作機械のユーザには設計の基本的な知識を含めた効果的な利用技術、又、逆に工作機械の設計・製造技術者にはユーザの利用方法の基礎的な知識を踏まえた設計の在り方を考える指針を与えている。

　このように、該当する個別技術を横断的に眺めること、すなわち「全体論的アプローチ」を試みると、狭い領域内での取扱いにみられる限界を打破できることがある。ちなみに、その典型例は「自励びびり振動」であり、視点を変えて、又、構造設計の一分野である「結合部問題」の知識を踏まえて、これ迄当然として認めてきた「自励びびり振動」の研究報告を再度見直してみると、そこには数多くの論議すべき点が見出せる。要するに、本書の更なる特徴は、直面する課題に対して分野横断的な

観点から分析・考察を加え、当該課題の本質的な側面や「狭い既存の領域での解釈」では見えなかった問題点を浮き彫りにしていることにある。そこには、新たなる論議を呼ぶ問題提起ととともに、今後の革新的な研究・技術開発への展開に資する情報が数多く含まれていると考えられる。従って、若い技術者や研究者の方々の今後の「気合いを入れた自己革新」への一助としても役立つであろうと期待している。

戦は気合じゃ!!

Theirs not to reason why, theirs but to do and die

（クリミア戦争の際、英国、龍騎兵師団の突撃時の訓示）

Im Angriff liegt des Sieg

（Marshall Blüches の言）

　ところで、「全体論的アプローチ」は、メーカの提供する製品情報の確度を幅広く、同時に専門深化した知識を基に吟味することにも通じ、機械の購入時にも役立つ技である。そこで、工作機械の利用技術及び設計・製造技術の両面から「技術の真髄を理解できる資質の涵養」という側面も加味して、附録には幾つかの代表的な製品情報の読み方を述べている。そこでは、（1）製品情報の概要及びメーカの主張する特徴、（2）それらに対する既存の学識や技術からみた評価、並びに（3）そのような評価過程で得られた今後の研究・技術開発課題を示している。この附録も、若い方々が情報の氾濫する中で正しい情報を抽出する技を身につけるのに役立つであろう。

　なお、本書では、一般の辞書では見出し難い技術用語に対応する米語を附記してあるが、例えば「切屑」を Chip（米）と Swarf（英）と表現するように、英語の技術用語が異なる場合には、それも併記してある。

目　次

第1章　設計・製造学及び利用学の両側面で重要な加工空間 …………………………… 1

    1.1　加工空間の一般的な構成 ……………………………………………………………… 2
    1.2　加工機能集積形の機種にみられる加工空間 ………………………………………… 8
    1.3　加工空間の総合的理解に必要な基礎知識 …………………………………………… 19

第2章　形状創成運動と加工方法 …………………………………………………………… 21

    2.1　工作機械の形状創成運動とその記述方法（機能記述） …………………………… 22
    2.2　代表的な加工方法と機能記述 ………………………………………………………… 28
        2.2.1　旋削にみる機能記述との関連 …………………………………………………… 32
    2.3　機械の静止状態下での形状創成運動の誤差 ………………………………………… 39

第3章　部品の加工精度－固有形状創成運動からの偏倚に及ぼす力学的影響因子 …… 41

    3.1　荷重下の形状創成運動及加工点に作用する荷重 …………………………………… 41
    3.2　機械本体の形状創成運動と負荷時の変形挙動 ……………………………………… 43
        3.2.1　案内精度の定義と基礎知識 ……………………………………………………… 45
        3.2.2　静的及び動的な荷重作用下の本体構造の変形 ………………………………… 47
    3.3　加工空間に作用する荷重 ……………………………………………………………… 60
        3.3.1　切削・研削抵抗の三分力、並びに静的及び動的成分 ………………………… 65
        3.3.2　切削抵抗の簡易計算式 …………………………………………………………… 68
        3.3.3　最も基本的な二次元切削機構 …………………………………………………… 70
            －切削抵抗の算出と内包されている議論すべき本質的な課題
    3.4　切削・研削抵抗の測定技術 …………………………………………………………… 75

第4章　加工空間の技術課題－その1－自励びびり振動－ ……………………………… 81

    4.1　自励びびり振動の発生機構－切削加工 ……………………………………………… 83
    4.2　自励びびり振動の発生機構－研削加工 ……………………………………………… 87
    4.3　自励びびり振動の抑制策 ……………………………………………………………… 91
        4.3.1　不等ピッチ正面フライスと不等リード円筒フライスにみられる異なる効果 … 96

	4.3.2　普及している不等リード回転工具	100
4.4	切削加工の自励びびり振動方程式に関わる解決すべき問題点	103
	4.4.1　動的比切削抵抗（Dynamic Cutting Coefficient）の妥当性	104
	4.4.2　構造方程式への非線形性の導入及び切削状態への対応	105
	4.4.3　再生形自励びびり振動の開始点の学術的な規定	109
	4.4.4　未知の「びびり振動」は本当に存在しないのか	112
4.5	研削びびり振動の研究状況及び解決すべき問題点	114
補遺Ⅰ	低域安定性	120
補遺Ⅱ	研削自励びびり振動のブロック線図	125

第5章　加工空間の技術課題－その2－熱変形－　127

5.1	本体構造の熱変形の概要と抑制策	128
5.2	加工空間の熱変形とその低減策	133
5.3	今後の熱変形の研究・技術開発課題	140
	5.3.1　切屑による熱源	140
	5.3.2　加工空間の空気流と熱的な特性	143
	5.3.3　エンクロージャの放熱及び蓄熱特性	148

第6章　加工空間の更なる技術課題
　　　　－供給される素材と半素材、切屑処理、切削・研削油剤、並びに機上計測　151

6.1	加工空間へ供給される工作物	152
6.2	切屑処理及び切削・研削油剤	159
	6.2.1　切屑生成と加工空間からの搬出	160
	6.2.2　切削・研削油剤の加工点への供給	169
6.3	工作物及び工具の機上計測	172
	6.3.1　実機へのインプロセスセンサーの搭載	174
	6.3.2　インプロセス計測で確度の高い情報の入手を阻む因子	176
	6.3.3　インプロセス計測に関わる今後の課題	179

第7章　加工空間の構成要素－その1－本体構造要素－　181

7.1	本体構造要素の基礎－テーパ	181
7.2	主軸端の構造形態	183
7.3	タレット刃物台	188
7.4	回転テーブル	193

第8章　加工空間の構成要素－その2－アタッチメント－ …… 197

- 8.1　丸物部品用取付け具・治具の実例と概要 …… 198
- 8.2　角物部品用取付け具・治具の実例と概要 …… 200
- 8.3　チャック及びその研究・技術開発課題 …… 202
- 8.4　マンドレル …… 216
- 8.5　円テーブル …… 221
- 8.6　工具ブラケット及びモジュラー構成工具 …… 223

第9章　加工空間のモジュラー構成－プラットフォーム方式ユニット構成－ …… 233

- 9.1　モジュラー構成の現状 …… 235
- 9.2　加工機能集積形にみる「プラットフォーム」の実用例 …… 238
  - 9.2.1　MC、GC、並びに歯車加工センターにみる適用例 …… 240
  - 9.2.2　コンパクトFTLにみる適用例 …… 242
  - 9.2.3　プラットフォーム方式ユニット構成の概念構想及び研究・技術開発課題 …… 247
- 9.3　プラットフォーム方式ユニット構成の設計指針―ミルターンを例として― …… 251
  - 9.3.1　一般的な設計指針 …… 251
  - 9.3.2　多様なミルターンの形態 …… 253
  - 9.3.3　モジュラー構成の経済性評価 …… 256
- 9.4　望まれるアタッチメント・モジュールの姿 …… 257
- 補遺　Remanufacturing対応のモジュラー構成 …… 260

附　録　全体論的アプローチによって確たる情報を同定する技
－購入を考えている、あるいは競合メーカの機械の製品情報の読み方－ …… 263

- 1.　ツイン（双）ボールねじ駆動 …… 264
  - 1.1　議論すべき諸点及び類似、あるいは関連する過去の事例 …… 266
  - 1.2　想定される今後の研究・技術開発課題 …… 269
- 2.　ヤマザキマザックオプトニクス社製「匠フレーム」 …… 272
  - －第3回ものづくり日本大賞　経済産業大臣賞受賞－
  - 2.1　議論すべき諸点及び類似、あるいは関連する過去の事例 …… 273
  - 2.2　想定される今後の研究・技術開発課題 …… 277
- 3.　ヤマザキ・マザック製フェーシング・ターニングヘッド形式 MC-ORBITEC 20型 …… 278
  - 3.1　議論すべき諸点及び類似、あるいは関連する過去の事例 …… 279
  - 3.2　想定される今後の研究・技術開発課題 …… 281

索　引 …… 283

第1章 設計・製造学及び利用学の両側面で重要な加工空間

　工作機械のユーザにとっては、購入した機械で当面及び今後想定される加工要求を処理して、しかるべき利益を挙げられることが最大の関心事であろう。要するに、「工作機械の利用学（利用技術）」が重要であり、敢えて云えば、購入した機械が如何なる設計・製造技術で産み出されているか、すなわち「工作機械の設計・製造学」は二次的な興味の対象と思われる。その一方、設計・製造学に関わる技術を理解しておくことは、機械の更なる有効利用に資することも確かである。又、例えば「主軸端の形状とテーパ穴」のように、設計・製造学と同時に利用学と密接に関係している技術課題も数多くある。

　ところで、工作機械の利用技術は機種によって異なることが多く、又、同一機種でも加工要求はユーザによって千差万別である。しかも、「治具・取付け具」という体系化が十分になされていない技術が深く関与すること、ユーザの保有する加工上のノウハウも重要な役割を果たしていること等の更なる理由で、系統的な利用技術の構築は設計・製造技術に比べて大きく立ち後れている。特に問題であるのは、例えば工作機械の形状創成運動という設計・製造技術と加工方法・技術という利用技術が相互に関連付けて論じられていないことである。これらは、本来は同時に取扱うべきものであるが、長い歴史的な経緯から現今でも個別に取扱われている。

　ここで、図 1.1 には主たる個別技術とともに、鳥瞰図的に工作機械技術の全体像を示してある[1-1]。周知のように、「加工空間（Machining space）は、機械－アタッチメント（附属品）－工具－工作物」から成る一つの系であり、アタッチメントも工作機械の本体構造とともに論じられることを考慮すれば、加工空間は設計・製造技術と利用技術の交点と解釈できるであろう。ちなみに、図に示してあるように、「自励びびり振動」と「熱変形」は、設計・製造技術と利用技術の融合した技術課題であり、その一方、「機械加工学」は利用技術の最たるものである。

　従って、加工空間に注目して設計・製造技術と利用技術を同時に論じることは、個別技術の

脚註 1-1：工作機械の利用学としては、**図 1.1** 中の「製品の階層構造」軸の上位レベル、すなわち「生産システム」についても論じるべきであるが、本書では工作機械単体の利用技術を取扱っている。

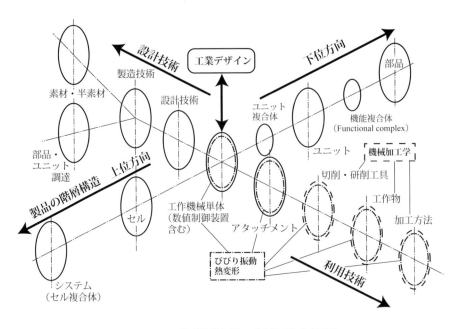

図 1.1　工作機械技術の鳥瞰図的な展望

横断という新しい視点から工作機械技術を総合的に見直すことに通じ、これによって生産プロセス及び製品革新の面で新しい局面が拓けると期待できる。

1.1　加工空間の一般的な構成

まず、加工空間は「機械－アタッチメント－工具－工作物」系であることを幾つかの代表的な機種、又、その機種の主たる加工方法で確認しておこう。図 1.2 は、現今の花形である対向双主軸形 TC（ターニングセンタ；Turning Center［米］、Turning Centre［英］）の加工空間であり、コレットチャックに把握された丸棒素材から角形状フランジ付き円筒部品を加工中の情景である。図にみられるように、主軸（本体構造要素；Structural body component）－コレットチャック（アタッチメント）－丸棒素材

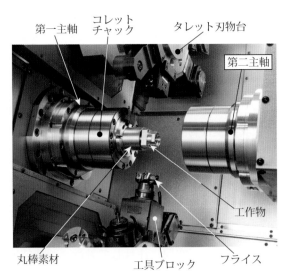

図 1.2　TC の加工空間
（Index 社の好意による、2000 年代）

（工作物）、並びにタレット刃物台（本体構造要素）－工具ブロック（アタッチメント）－バイト及びフライス（工具）という二つの副系（サブシステム）で加工空間は構成されている。そして、これらは加工点で連結され、「機械－アタッチメント－工具－工作物」系となっている。ここで、TCによる加工の大きな特徴の一つは、「口移し加工（Hand-off machining）」であり、第一主軸での加工が終了した工作物は、第二主軸によって把握された後に、コレットチャック（Collet chuck）

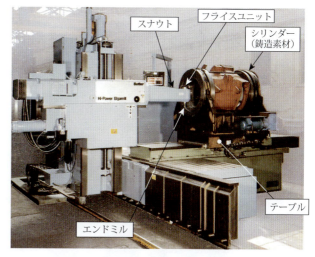

図1.3 コラム移動形NC生産フライス盤によるシリンダーの内周面への溝加工（Butler Newallの好意による、1980年代）

の端面直前にみられる「背面突切りバイト（Parting-off tool）」によって丸棒素材から切り離される。ちなみに、一般的なNC（数値制御；Numerical Control）旋盤では、このような「口移し加工」はできない。

次に、図1.3には、コラム移動形NC生産フライス盤による大形シリンダー内周面への溝加工の情景を示してある。この場合にも、主軸（本体構造要素）に装着されたスナウト（Snout）及びフライスユニット（アタッチメント）－エンドミル（工具）、並びにテーブル（本体構造要素）－大形シリンダー（工作物）という二つの副系で加工空間が構成されている。更に、図1.4には、大形工作物を加工中の五面加工機を示してある。図にみられるように、主軸頭内の

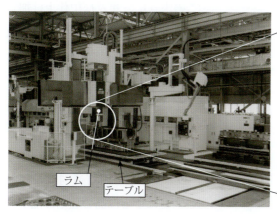
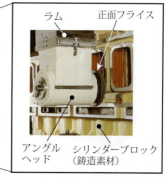

アングルヘッドによるシリンダーブロック側面の加工

図1.4 五面加工機によるシリンダーブロックの加工
（MPC 2040A型、東芝機械の好意による、1990年代後半）

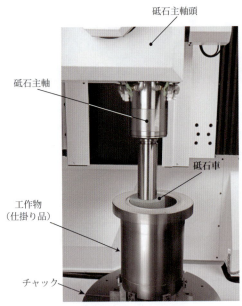

立形研削盤による内面研削
（太陽工機の好意による、2008年）

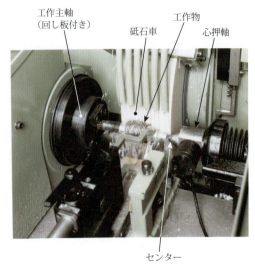

円筒研削（オークマの好意による、1997年）

図1.5　軸対称形状部品の研削加工

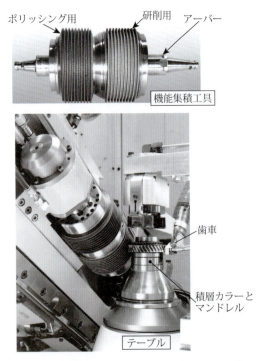

図1.6　機能集積工具による歯車の仕上げ加工
（Liebherrによる、1990年）

ラム（Ram；本体構造要素）－アングルヘッド（アタッチメント）－正面フライス（工具）、並びにテーブル－シリンダーブロック（工作物）という二つの副系から加工空間が構成されている。

このように、粗及び中仕上げ加工に用いられることが多い切削加工では、機種と加工対象によって多様な形態となっているものの、基本的には加工空間は「機械－アタッチメント－工具－工作物系」からなっている。そこで、次に部品の仕上げに用いられ、多様性の少ない研削加工について眺めてみよう。図1.5には、NC円筒研削盤及びNC立形内面研削盤による部品の仕上げ加工の情景を示してある。前者では、工作主軸（本体構造要素）－けれ付き回し板（Driving plate with carrier；アタッチメント）−工作物−センター（アタッチメント）−心押軸（本体構造要素）、並びに研削主軸（本体構造要素）−砥石車（工具）という二つの副系から構成され、これらは研削点で連結して加工空間を構成している。工作物の支持方法の関係で一つの副系が多少複雑化している。これに対して、後者では砥石主軸（本体構造要素）−砥石車（工具）、並びにテーブル（本体構造要素）−チャック（アタッチメント）−工作物という普遍的な二つの副系で加工空間は構成されている。

それでは最後に歯車研削という分野を眺めてみよう。**図 1.6** にみられるように、砥石主軸（本体構造要素）−アーバー（Arbor［米］、Arbour［英］；アタッチメント）−砥石車、並びに回転テーブル（本体構造要素）−カラー積層マンドレル（アタッチメント）−歯車（工作物）という二つの副系で加工空間は構成されている。なお、砥石車をホブに置換えれば、ホブによる歯切り加工となる。

ところで、数え方にもよるが、第一世代のNC化が進行していた1970年代には、工作機械には100を越える仲間（機種；Kind）が存在していた。その後、NC化が急速に進むにつれて統合が進み、又、社会の発展に伴って不要となった機種も数多く、2000年代になると、常時活躍している機種は数十種程度に集約されているようである。そこで、**図 1.7** 及び**図 1.8** には、1970年代及び2010年代の機種分類を示してある。ここで、前者は人間による操作を大前提とする在来形工作機械、又、後者はNC工作機械を念頭においた分類であり、次の諸点に留意すべきであろう。

(1) 現今でも様々な理由で在来形の姿で使用されている機種があり、それらは**図 1.7** 中に枠で囲って示してある。すなわち、組立の際に生じる部品の手直し、いわゆる「切上げ加工」や「追加工」用の卓上ボール盤及びラジアルボール盤、又、経済性を考えて在来形のまま使われている多軸自動盤、更には加工の特殊性から多くの場合に敢えてNC化を進めていないバフ盤や歯車ラップ盤などである。

(2) NC工作機械では、TCやMC（マシニングセンター；Machining Center［米］、Machining Centre［英］）に代表されるように、加工機能の集積が高度に進んでいる機種、並びにその一歩手前の段階であるGC（研削センター；Grinding Center［米］、Grinding Centre［英］）が主力である。ちなみに、これら加工機能集積形の普及によって、工作機械の機種の統廃合が進んだという実態がある。

(3) その一方、在来形の形態を保ちながら高度にNC化した機種、例えば立旋盤、多軸自動盤、ブローチ盤、歯切り盤、研削盤などが活躍している。

(4) 歯切り加工では、フレキシブル生産セルの形態、又、それのコンパクト化である歯車加工センターの実用化も進んでいる。

第1章 設計・製造学及び利用学で重要な加工空間

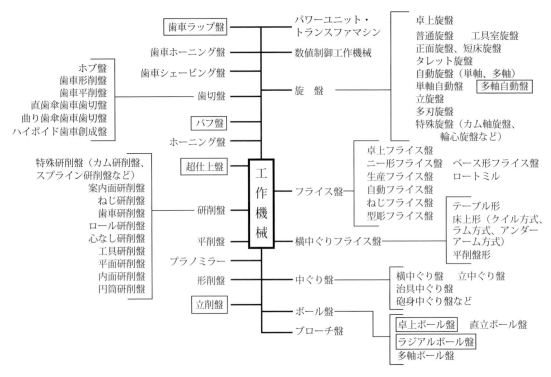

図1.7 可能な形状創成運動及び構造形態による機種分類 −1970年代以前

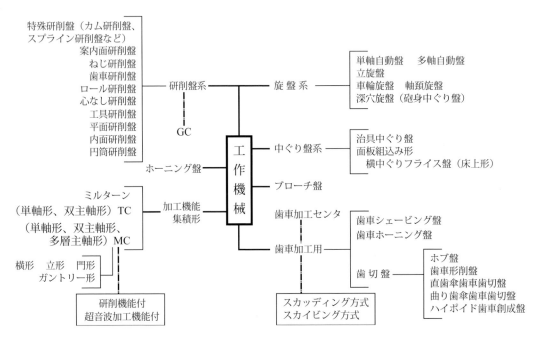

図1.8 可能な形状創成運動及び構造形態による機種分類 −2010年代

さて、図1.7と図1.8を比較してみると、工作機械の全体像は大きく変貌していること[1-2]、その一方、幾つかの展開形はあるものの、基本的には加工空間は「機械－アタッチメント－工具－工作物系」として取扱ってなんらの問題もないことが判るであろう。ちなみに、既に幾つか例示した加工空間は、図1.8の分類を念頭に置いたものである。

ここで、今後の便宜のために、現在でも在来形のまま使われている機種のうち、代表的な卓上ボール盤、ラジアルボール盤、並びに立削盤を図1.9に示しておこう。

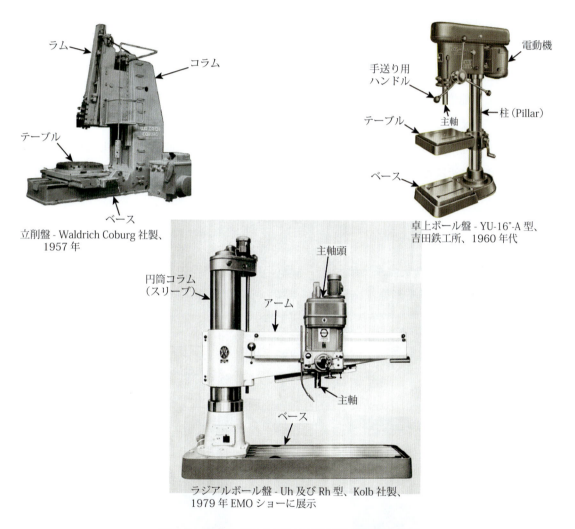

図1.9 現在も使われている在来形工作機械の例

脚註1-2：工作機械の機種分類については、1970年代以降に国内、外で特段の提案がなされていない。そこで、本書を執筆するに際して便宜のために著者が作成したのが図1.8であり、今後このような提案が広くなされ、新たな分類体系が構築されることが望まれる。

1.2　加工機能集積形の機種にみられる加工空間

　前節では、現在の工場で一般的にみられると考えられる加工空間を一瞥している。しかし、TC（図 1.2）と円筒研削盤（図 1.5 右）の加工空間を比較してみると、前者では「旋削、穴あけ、タップ立て、並びにフライス削り」と数多くの加工が行われているのに対して、後者では「円筒研削」のみである。このように、一言で「加工空間」と云っても、加工機能集積形の機種と在来形の時代の分類を色濃く残して NC 化した機種とでは、論じるべき内容に大きな違いがある。それは、加工空間内の「切削・研削抵抗の合力の作用方向」、並びに「熱源、発生熱量とその伝導・伝達特性」という設計属性の複雑さの違いとして顕在化してくる。当然のことながら、加工機能集積形の方が設計属性は複雑化するが、それは原型機である在来形の加工空間へ分解して考えることで理解でき、又、処理が容易となる。

　さて、加工機能集積形の機種としては、前述のように、TC 及び MC が普遍化している一方、GC の商品化が急速に進み、又、歯車加工センターも試みられている。そこで、「加工空間」を深く理解するために、それらの概略について以下に触れておこう。

TC 及び MC

　TC は、図 1.7 に示した旋盤系を統合して、更にフライス盤の加工機能を集積した機種である。従って、基本的な構造形態は旋盤を踏襲しているので、図 1.10 に一例を示すように、外

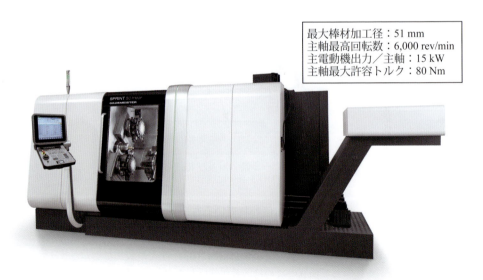

図 1.10　棒材加工用双主軸形 TC‐SPRINT 50 linear 型（Gildemeister の好意による、2009 年）

観及び加工空間は旋盤と類似している。これに対して、図 1.11 に示すように、MC は図 1.7 中のボール盤、フライス盤、横中ぐりフライス盤、プラノミラーなどを統合・集積した機種である。従って、構造形態から想定されるよりも数段と複雑な「加工空間のふるまい」を示すことになる。それは、図 1.11 中に示した数多くの加工方法を行うために、TC に比べれば数段と収納本数が多い工具マガジンから成る自動工具交換装置（ATC; Automatic Tool Changer）を装備していることでも判るであろう。ここで、特に留意すべきは、最近急速に進みつつある TC と MC の統合、すなわち図 1.12 に示す「ミルターン」の普及であり、このような高度の加工機能の集積は、加工空間主体の利用技術を論じることの重要さを増大させている。

ところで、MC の加工空間の複雑化は、「タービン翼クリスマス・ツリー部の研削加工」に代表されるように、MC に研削加工機能を具備させることで加速されている（図 8.40 参照）。この MC に研削機能を具備させることは、GC の発想と同じく古くからあった。例えば、図 1.13 には 1980 年代にスイス、SIG 社が 5 軸制御輪郭フライス加工及び研削加工用として商品化し

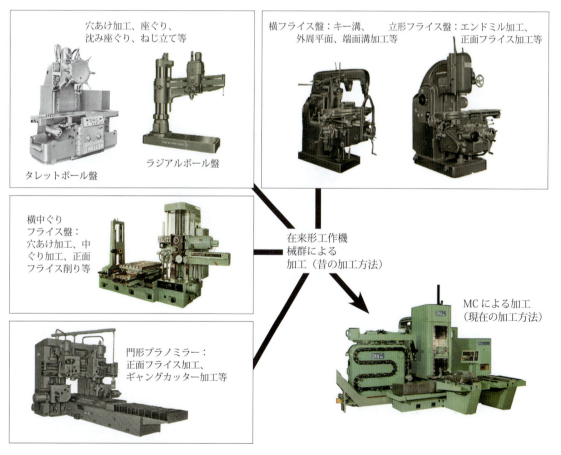

図 1.11　在来形工作機械から MC への流れ

加工空間：直径 450× 長さ 900 mm
最高主軸回転数：5,000 rev/min
主電動機出力：11 kW

図 1.12　代表的なミルターン - MULTUS B300 型（オークマの好意による、2004 年）

た「機能集積形（ハイブリッド）主軸」を示してある。この主軸は、フライス主軸（最高回転数：3,000 rev/min、主軸テーパ：NT 50、主電動機出力：DC 8.1 kW）にマニュアル操作で研削主軸を装着する方式である他に、遊星研削機能（装着可能な砥石車直径：10～300 mm）を有している。又、ドリル加工、沈み座ぐり、リーマ加工、並びにねじ切り加工も可能である。

図 1.13　ハイブリッド主軸 - 5 軸制御輪郭フライス加工及び研削加工用（スイス、SIG 社、1980 年代）

しかし、MC による研削加工は、GC とは異なる理由で特異な使用方法とみなされてきた。そこには、研削加工に特有の「研削液の使用、研削により生じる切屑、並びに脱落砥粒への対処」という、正に加工現場の問題が存在する。切削加工でも切削油剤を用いることもあるの

で、研削加工での問題を考えてみると、それは特に脱落砥粒の主軸テーパ部への付着や主軸先端部のオイルシールへの噛込み、リニアガイドやすべり案内面のワイパーへの噛込みによる損傷に帰着す

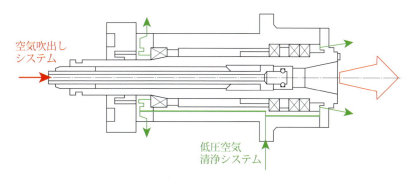

図 1.14 低圧空気清浄・空気吹出しシステムの例
－立形 MC、VMC 1000 型（Bridgeport 社、1997 年）

る。なお、甚だしい場合には、案内部の異常摩耗を引き起こすこともある。

　それならば、主軸系の長寿命化対策として「低圧空気清浄（Low pressure air purge）・吹出し（Air blast）システム」を備えている MC ならば対応できると考えられる。例えば、Bridgeport 社製 MC には、図 1.14 に示すようなシステムが設けられていて、低圧空気清浄システムで主軸受の汚染防止による主軸の長寿命化、又、空気吹出しシステムでテーパ部の粉塵除去による工具取付け剛性の維持を図っている。図を見る限りでは万全のようであるが、乾式では空中に浮遊、又、湿式では研削液に混入している脱略砥粒が主軸端のオイルシールやラビリンス・シール部に侵入することを確実に防止できるという保証はなんらなされてない。研削機能付き MC の主軸構造は企業秘密であるが、図 1.14 に示した構造のレベルでは、経験的に脱落砥粒への対応は不十分と判断されている。

　そのような情勢の中で最近 Röders 社は研削機能付き MC を商品展開している。図 1.15 には機械の全体像、並びに乾式研削と湿式研削の情景を示してあり、その特徴点は次の通りである。

(1) 義歯や金型などの加工用で治具研削機能仕様である。ちなみに、RXP 500DS 型（テーブル寸法：250 mm、主軸端：HSK E40）の場合、主軸最高回転数は 42,000 rev/min、主電動機出力 14 kW。
(2) 全直線運動軸は、リニアモータ駆動方式でリニアガイドを使用。
(3) トラニオン方式のテーブルを設けていて、タッチプローブを装備して工作物の機上計測が可能。

　これらから推測すると、1980 年代に試みられた、スイス、Oerlikon 社の Multitechnology Center を実用化した機種とも解釈できる。

　以上のように、「加工空間のふるまい」には TC と MC では大きな違いがある他に、その認識に際しても難易度が異なっている。すなわち、TC では、図 1.2 から判るように、加工作業

図 1.15　5軸制御高速立形 MC による研削加工 – RXP 500 型（Röders 社の好意による、2013 年）

に使われる切削工具の殆どすべてがタレット刃物台に装着されていて、加工空間を覗けば、それらを一目でみることができる。従って、加工空間での加工情景の全体を容易に把握できる。しかし、MC では、図 1.15 にみられるように、主軸に装着した切削工具毎の加工情景をみることができるのみである。従って、工具マガジンに収納された色々な切削工具の個別の加工情景を組合せなければ、「加工空間の全体的なふるまい」を知ることができない。

GC（研削センター）

GC なる機種の発想は、TC や MC の普及とともに、当然のごとく考えられ、幾つかの試みが 1980 年代から行われている。例えば、Hauni-Blome Schleifmaschinen 社は、1986 年に GC1200K 型を商品化している。そこでは、自動砥石車交換装置、連続ドレッシング装置、並びに自動工作物ロード・アンロード装置が標準装備されている。しかし、研削盤系では、TC 及び MC よりも高い加工精度で部品の最終仕上げを行うことが多いので、高精度の自動研削砥石車交換機能が要求される。又、本質的に難しい砥石車のアンバランス除去という問題もあり、GC の実用化は立ち後れていたが、近年では多くの研削盤メーカが商品展開をするようになってきた。

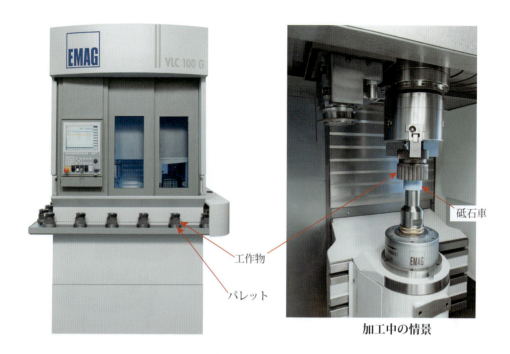

図 1.16　フランジ状自動車部品向けの研削センター
－ VLC 100 G 型（EMAG 社の好意による、2013 年）

ちなみに、ドイツ、EMAG 社は「小形研削センター」なる名称で太陽工機と似た双研削主軸方式の立形複合研削盤を 2012 年に、次いで旋削・研削センター（VSC DS 型）を商品化している。後者は、「高硬度材の旋削」、「ワーリング」、並びに「研削」という加工機能を有し、具体的には駆動歯車、CVT の部品、コネクティング・ロッド等を加工できる。

　図 1.16 は小形研削センターの全体像及び加工中の情景である。このセンターは、直径が 100 mm 以下のフランジ状自動車部品、主として歯車の多量加工を狙っている。そこで、工作物はパレットに積載してコンベアで機械前面に搬送した後に、「ピック・アップ機能付工作物主軸」で加工空間に位置決めする方式を採用している。ここで、工作物主軸は、吊下方式であるので、加工時には砥石車は工作物の下方から接近する形となり、研削屑が自由落下するので、研削屑の処理が容易という利点もある。

　さて、MC で研削加工を行うとなれば、上記の EMAG 社の例にもみられるように、逆に GC によって切削加工を行うことも当然考えられる。加工抵抗の三分力に見られる違い、並びに要求される機械の剛性の違いを考えても実用の可能性は十分にある。敢えていえば、砥粒と研削液に対する防護策が整えられている GC の方が、古い発想では用途外となる使用をやり易いと思われる。ちなみに、光洋機械は 1991 年に円形タレット刃物台（四工具座）に砥石車の他に、エンドミルや加工寸法測定用センサを装着した GC を公表している。

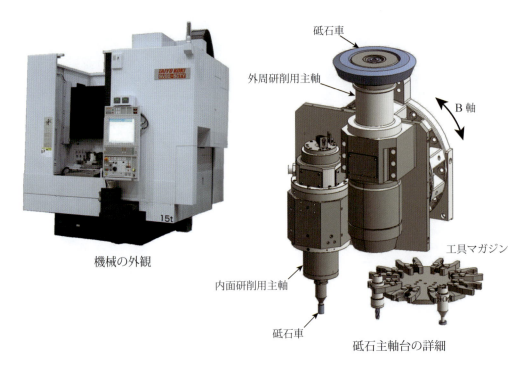

図 1.17　フライス削り機能を附設した GC（NVG II-5CTY 型、太陽工機の好意による、2013 年）

　ここで、図 1.17 は太陽工機製 GC（NVG II-5CTY 型）であり、双研削主軸方式（外周研削主軸の最高回転数：2,700 rev/min、内面研削主軸の最高回転数：20,000 rev/min）を採用し、工作主軸の最高回転数は 300 rev/min である。そして、内面研削主軸の剛性を高めると同時に、低速域での主軸出力を大きくしてフライス加工に対応できるようにしている。但し、商品展開はしたものの、2014 年初頭の時点では納入実績はない。

　ところで、図 1.17 を眺めてみると GC に切削機能を附設するのは簡単のように思われる。

　しかし、工作物を固定して砥石車を小径とし、研削速度の調整を行えば研削加工が行える MC に対して、GC では多くの側面について考えねばならないことがある。そこで、そのような留意点について少し論じておこう。

(1)　研削盤系は、回転する砥石主軸と工作主軸を有しているので、いずれか一方を固定するか、両方を回転させるかによって多様な形状創成運動が可能である。そこで、GC の特徴を活かす形状創成運動の選定を行うこと。

(2)　その一方、切削用と研削用の主軸に具備せねばならない機能及び性能の違い、特に回転数範囲及び最大許容トルクの適切な設定が難しいことに配慮。

(3)　GC で切削加工を行うとなれば、ハードターニング、すなわち高硬度材の切削加工を行える方が望ましい。これについては、切削工具の進歩により実用化が進んでいる。例え

ば、既に 1990 年代後半に、ドイツ、アーヘン工科大学では円筒ころ軸受の外輪（100Cr6 製、硬度 約 62 HRC）を焼き入れ後に TiC コーティングした PCBN（立方晶窒化硼素）工具で加工している（切削速度；150 m/min、切込み；0.1 mm、送り量；0.06 mm/rev）。ちなみに、軸受寿命は、研削及びホーニング仕上げされたものが 586 時間であるのに対して、2,400 時間と報告されている（著者の実地調査による、1997 年）。

要するに、GC に切削加工の機能を付与すると一言で云っても、MC を研削加工に流用するのとは異なり、加工対象に応じた形状創成運動の選択、並びにそれに適切に対応できる切削・研削両用の主軸系の設計が必要、不可欠である。しかし、GC への切削加工機能の装備は近い将来には普遍化する可能性が高いであろう。

歯車加工センター

図 1.8 を眺めてみると、歯車加工用と呼ばれる機種には、歯切り盤、歯車シェービング盤、歯車ホーニング盤、並びに歯車研削盤が属している他に、新たに「スカッディング（Scudding）方式の歯切り盤」のような機種も現れている。又、図 1.7 には歯車ラップ盤なる機種もみられる他に、図示はしていないが、歯車面取り盤なる機種も存在する。従って、TC や MC と同様な概念の下で歯車加工センターを考えるとなれば、これらの多くを一台の機械に集積することになる。

しかし、歯車の場合には、例えば図 1.18 に示すように用途によって加工方法の組合せが異

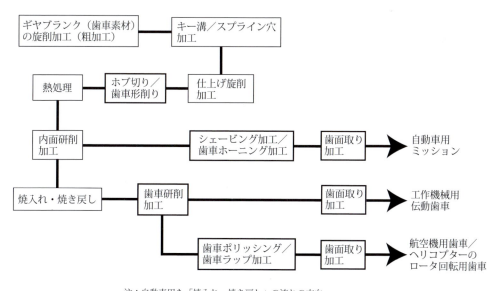

注：自動車用も「焼入れ・焼き戻し」の流れの方向へ

図 1.18　使用される製品によって変わってくる平歯車の加工方法

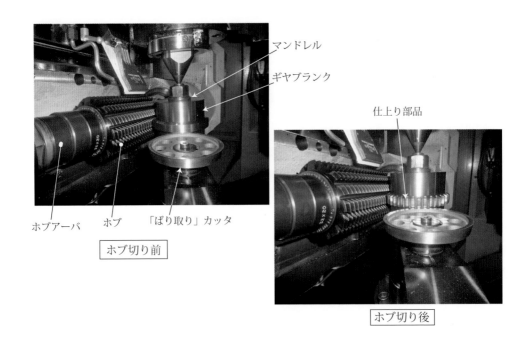

図 1.19　平歯車の乾式ホブ切り（三菱重工業の好意による、2010 年）

なっているので、それに応じた歯車加工センターが第一段階では実用化されつつある。ちなみに、不二越は、2012 年に「ギヤシェープセンタ（GM7134 型）」なる称呼で歯車加工センターを商品化していて、そこではギヤブランクの旋削、ドリル加工やねじ立て、又、歯車形削りが集積されている。このような情勢を眺めると、今後は以下の諸点に留意すべきであろう。

(1)　1980 年代後半には、小松製作所が歯車加工用 FMC（ロボット中央配置方式）を稼働させている。この FMC は、棒材加工用 NC 旋盤、NC ホブ盤、歯車シェービング盤、並びに歯面取り機からなっていて、素形材から歯車を加工できる。

(2)　上記のような一貫した加工の流れ迄は至らないものの、図 1.19 及び図 1.20 に示すように、「ホブ切りとばり取り」及び「歯面取りとばり取り」のような必要、不可欠である簡単な後加工の組合せは既に行われている。又、「ホブ切りと歯車形削り」（図 2.12 参照）及び「歯面の研削とポリッシング」（図 1.6 参照）のような部分的な加工機能の集積も商品展開されている。

(3)　以上の他に、復活してきた、又、新たに開発された歯切り方法についても集積の可能性を検討すべきである。そこで、まず図 1.21(a)には「歯車スカイビング加工」を、次いで図 1.21(b)には「歯車スカイビング加工」と「スカッディング（Scudding）」の歯形創成方法の比較を示してある。ここで、「歯車スカイビング加工」は、「ホブ切りと歯車形削りの中間的な連続的歯形創成法」であり、1980 年代には実用化されていたものの、その

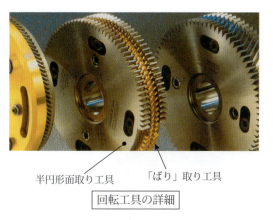

図 1.20　回転面取り・ばり取り加工 – ZEA 型（Hurth 社による、1999 年）

後話題に取り上げられることが少なかった。しかし、**図 1.21**(a)に示したように、高硬度材も加工できるという高能率性、又、歯車形削りのように「肩付き歯車」の加工も容易であることに着目して、2000 年代に技術開発が再度行われるようになった[1-3)][1-1]。

これに対して、「スカッディング」は、「歯車スカイビング加工」の一つの展開形とみなせるものの、新しい歯切り方法であり、2007 年の EMO ショーに Wera 社から展示されている。**図 1.21**(b)から判るように、「フライカッタ状の切刃をホブの条に沿って離散的に配置」した工具を用いて、ホブ切りと歯車形削りを組合せたような形状創成運動を行うのが特徴である。

要するに、歯車加工センターでは、TC や MC、更に GC で取扱う形状よりも複雑で色々なレベルの精度を要する「歯形の形状創成運動」を具現化せねばならない。例えば、**図 1.22** に示す歯車ホーニングでは、三つ葉のクローバのような非円形の砥石車を工作物と同期回転させ

脚註 1-3：「歯車スカイビング加工」とは、工作物を積載したテーブルの回転軸に対して「ある公差角で交わる回転軸」を有するピニオンカッタに、テーブル回転軸と平行に送り運動を行わせることによって歯形を創成する方法であり、切削速度は交差角で定まる。ドイツ語では、「das Wälzschälen」と呼んでいて、直訳すれば「歯車ピーリング加工」となる。しかし、この歯切り加工を行える機械を商品化している PRÄWEMA 社（5M 迄加工可能）やカシフジは「スカイビング」と名付けているので、その用語を採用している。なお、参考文献［1-1］の英文抄訳では、「Generation-grinding」としているが、これは誤訳であろう。
　Spur G, Stöferle Th. "Handbuch der Fertigungstechnik Band 3/2 Spanen". Carl Hanser Verlag 1980, S. 415-417.

(a) 高硬度歯車のスカイビング加工

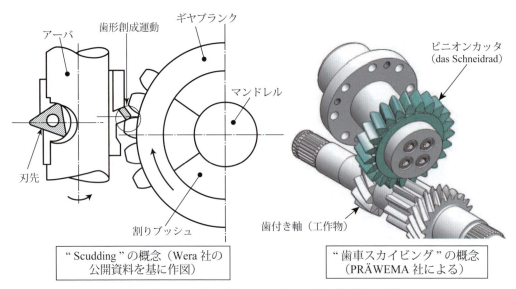

(b) 歯車スカイビングとスカッディングの歯形創成方法

図 1.21　歯切り加工 - 新しい提案と復活した方法

て、非円形断面を有する軸を創成する運動を応用している[1-2]。この歯形の創成運動は、ベルリン工科大学の学術研究の成果を実用化したものであり、このように歯車加工では他の加工方法ではみられない形状創成運動が散見される。ちなみに、従来の歯車ホーニングでは、米

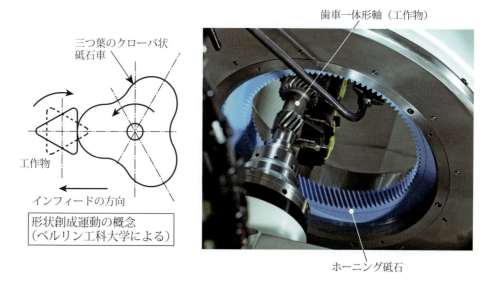

図1.22　革新的な歯車ホーニング技術 – HMX-400型、2004年（Fässler社の好意による）

国、Red Ring社の方法（1960年代後半）に代表されるように、噛合う歯車の一つをホーニング砥石車に置換えた形状創成運動を用いている。

1.3　加工空間の総合的理解に必要な基礎知識

さて、加工空間が「機械－アタッチメント－工具－工作物系」から成っているとして、次には如何なる技術課題が対象となるかを論じる必要がある。この作業で有効と考えられる一方策は、本体構造設計で古くから用いられている「力の流れ（der Kraftfluß, Flow of Force）」なる概念を利用することである。周知のように、「力の流れ」は加工点で生じる加工力が負荷される「本体構造要素（基本構造構成要素、大物部品とも呼ぶ）の機械の本体構造内での配列」を可視化したものであり、「閉ループの流れ」が望ましいとされている。ここで、**図1.23**はTCに於ける「力の流れ」を示したものであり、「力の流れ」の始点近傍、すなわち加工空間に着目して必要な基礎知識、例えば主要な技術課題や関連項目を考察してみると次のようになる。

(1) 「力の流れ」の始点近傍に位置する本体構造要素、例えば主軸、タレット刃物台、クロススライドなどの設計・製造技術。

(2) アタッチメントの分類体系、各アタッチメントの利用技術、並びに関連する本体構造要素との接合技術、いわゆる工作機械の結合部問題。

(3) 切削・研削工具の分類体系とそれらの利用技術、切削・研削機構、切削・研削工具の摩耗・損傷問題、切屑処理等。

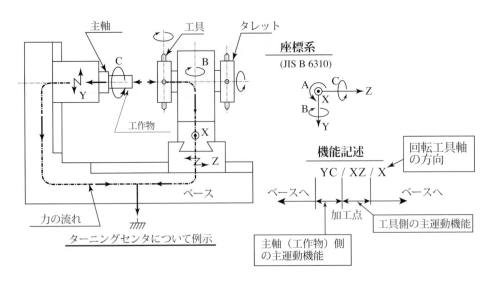

図1.23 「力の流れ」の概念及びそれに準拠した機能記述

(4) 切削・研削油剤及びそれらの加工点への供給方法。
(5) 工作物として供給される素材及び半素材の材質、材料特性、熱処理方法等。

容易に理解頂けるように、これらは在来の工作機械の設計・製造技術と利用技術を一体化して論じることを意味し、非常に価値があると思われる。その一方、これら全てを一冊の書で論じるとなれば、内容は膨大なものとなり、加工空間に焦点を絞る意義が薄れる。従って、要点としては「力の流れ」の始点、すなわち加工空間内の重心と考えられる「加工点」からの空間距離的、又、技術内容的な密接度を考えて取扱うべき技術課題の範囲を設定することになる。そこで、本書では上述の諸課題の中で、例えば、(1)加工空間を構成する本体構造要素を固定・支持する役割が主であるコラムやベースのような本体構造要素、又、(2)工具摩耗のような切削機構は取扱っていないので、それらは在来の工作機械の設計論や機械加工学の書を参照して頂きたい。

参考文献

[1-1] Schmidt J, Bechle A. "Wälzschälen als neues Hochleistungs-Bearbeitungsverfahren". ZwF 2003; 98-11: 589-593.
[1-2] Spur G, Eichhorn H. "Drehzahlsynchronisiertes Unrundschleifen auf einer Zahnradhonmachine". ZwF 1997; 92-6: 268-272.

第2章　形状創成運動と加工方法

　加工空間では、素材（工作物）から不要な部分を削りとって部品として仕上げる除去加工を主体に、(1)タレット刃物台の割出し動作、(2)アタッチメント、工具、並びに工作物の交換作業、(3)加工を容易にするための切削油剤の供給と切屑の除去、(4)加工中の工作物の寸法・形状や工具の損耗等の機上測定という補助作業が行われる。これらは、いずれも供給された素材から所要の寸法・形状と品質を有する部品を安く、早く創り出すためである。すなわち、部品図情報に基づいて「形状創成運動（Form-generating movement）」を行い、素材、あるいは半素材から部品を完成させる主作業及びそれを支える補助作業が加工空間で行われる。従って、まず機種によって如何なる形状創成運動が加工空間で可能であるのか、次いで主作業である加工方法とそれら形状創成運動が具体的に如何なる関係にあるかを論じることが必要である。

　ところで、加工空間には、部品図情報に基づいて行われた工程設計及び作業設計の結果、すなわち形状創成に関わる数値情報、又、企業全体、あるいは工場全体としての生産管理、品質管理、資材管理等に関わる下位レベルの情報が供給される。そして、加工空間での作業実績や仕上り部品の情報が加工空間から出力される。工作機械の利用学としては、このような情報の流れについて、少なくともセルレベルの生産システムで全体像を把握しておく必要があるが、それらについては関連する書を参照されたい[2-1]（**図6.1** 参照）。

脚註2-1：セル内には工作物や工具のような「物」の流れ、並びにそれら物に処置すべき「情報」の流れがある。ここで、Weckによれば、「物」が加工空間に到達した時に、同時に「その物の処置に関わる情報」が供給される、いわゆる「同時同所」の考えを具現化しているのがフレキシブル生産である。このフレキシブル生産の定義は広く認知されているが、最近話題となっているアジャイル生産には明確な定義がなされていない。そこで、「同時同所」の概念を維持しつつ、「物」と「情報」の流れのなかの無駄を極力排除しているのがアジャイル生産（Agile manufacturing）と著者は解釈している。
Weck M. "Rechnerunterstützter Entwurf und Maßnahmen zur Ausführung flexibler Fertigungssysteme". Industrie-Anzeiger 1974; 96-74: 1683-1689.

2.1 工作機械の形状創成運動とその記述方法（機能記述）

周知のように、工作機械は直交座標系（X、Y、Z）に従った直線運動及びこれらの軸周りの回転運動（A、B、C）という基本機能を有していて、これら運動機能の組合せで形状創成運動を具現化している。そして、古くから用いられている機種名や加工方法は人間の感覚に訴え易い呼称となっていて、それらの中に形状創成運動が「陰の形」で表現されている。

これに対して、工作機械の設計方法論の領域では、好適な構造形態の選択、あるいはモジュラー構成の「適応の原則（Principle of adaptation）」（モジュールの好適な組合せの選択）等を取扱うために、「コンピュータが理解できる形で工作機械を表現すること」が求められている。その結果として構築されたのが、形状創成運動を合理的及び統一的に表現できる「工作機械の機能記述（Functional description for machine tools）」である[2-2]。

工作機械の機能記述は、ソ連でVragovら[2-1]によって1970年代初めに提案され、その後にSaljéら[2-2]及び伊東ら[2-3]によって実用レベル迄に改良されている。記述規則は簡単であり、工作機械の構造に詳しくなくても使えるのが利点である。すなわち、機械本体に設定した直交座標系に則って、又、加工点で「工具側」と「工作物側」に分けて、機械の可能な直線運動（X、Y、Z）と回転運動（A、B、C）を順次に配列して記述する。この場合、VragovらやSaljéらの方法では運動機能の配列方法に統一性がないので、伊東らは配列順序を「力の流れ」に従うことを提案し、これによって統一的な記述を可能としている。そこで、これを「基本機能記述」と呼ぶことにする。なお、直交座標系を「NC工作機械の座標系」に一致させることもできる。

ところで、機能記述と「力の流れ」の関連は既に図1.23に示したが、そこでの機能記述は「回転工具軸の方向」も表現している。このように、用途に応じて基本機能記述を展開して「拡張機能記述」として用いることもある。図2.1は、Vragovらが歯車形削盤とロータリ・インデックシング形TL（トランスファーライン；Transfer Line）を記述した例であり、Oは加工点を表現している。前者では、テーブルの逃げ運動を"u"、又、ピニオンカッタ主軸（ラム）の運動を"$(CZ)_v$"と表現している。ここで"(CZ)"は回転運動と直線運動が同時に行われること、又、添字"v"は垂直運動を意味している。その一方、後者では各軸方向に装備された「多軸ヘッド内の工具主軸数」が「算用数字」で表現されている。

脚註2-2：工作機械の記述には、別に本体構造要素の機能、それらの空間配列、並びに全体構造の形態に着目した「構造記述」がある。機能記述及び構造記述の詳細については以下の書を参照。
Ito Y. "Modular Design for Machine Tools". McGraw-Hill, New York, 2008.

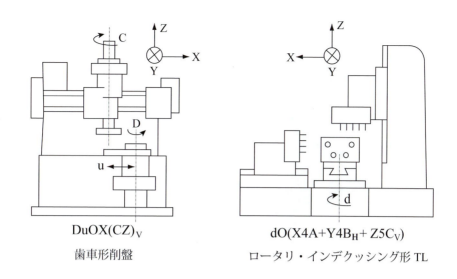

図 2.1　機能記述の例 – Vragov らの提案

このように、色々な拡張機能記述が用いられているが、一般的には、例えば (1)双主軸形 TC の第二主軸で行われる「副形状創成運動」、あるいは (2)工具の位置決め運動のような「補助形状創成運動」を追加して記述していることが多い。

さて、加工空間を論じるとなると、まず基本機能記述が対象となるが、これは加工空間で可能な「主形状創成運動」を示しているに過ぎない。実用技術としては、機種によっては設計時から予め具備している「副形状創成運動」の機能、又、アタッチメントや工具に機能を追加して主形状創成運動を増強させていることも考慮した「拡張機能記述」が必要、不可欠となる。そこで、それら形状創成運動の多様性について次に触れておこう[2-3]。

(1) 機械本体に副形状創成運動機能のある場合

可能な加工方法の多様性を確保するために、機械本体に副次的な運動機能を予め設けておくことは、機種によっては古くからの常套的な設計手段である。その代表例は横中ぐりフライス盤にみられ、**図 2.2** に示すように、コラムや面板などに副座標軸（U、V、W）で表せる運動機能を設けている。従って、主座標軸で表せる主運動機能と組み合せれば、多種多様な形状創成運動を実現できる。それ故に、横中ぐりフライス盤を近代化してシステムマシンへと昇華させて、それを FMS（フレキシブル生産システム；Flexible Manufacturing systems）の中核加工機能とすることも行われている。

脚註 2-3：加工空間で可能な形状創成運動は、「ユーザを主体に構築される加工空間のモジュラー構成」なる視点で論じることが肝要である（9章参照）。

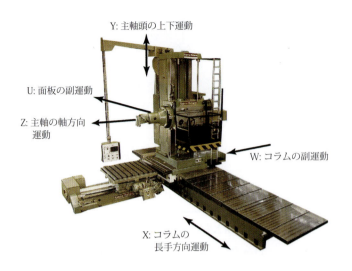

図 2.2 横中ぐりフライス盤の本体構造に組込まれた副形状創成運動 – F 型、1990 年頃(Kearns-Richards 社の好意による)

周知のように、横中ぐりフライス盤の大きな特徴は、主軸の多層構造、すなわち「中ぐり主軸とフライス主軸からなる二層構造」、あるいは「中ぐり主軸、フライス主軸、並びに面板主軸からなる三層構造」である。図 2.3 は、そのような設計思想をイタリア、Viegel 社が MC に転用した例（1991 年第 9 回 EMO に展示）であり、偏心機構を有する三重主軸構造によって加工方法の多様化を図っている。すなわち、偏心主軸を有することにより、「遊星運動方式中ぐり加工」も可能となっている（C_1 及び C_2 軸機能の付加）。ちなみに、このような「遊星機構主軸方式」は、砲身中ぐり盤を源流としていて、既に 1960 年代に Naxos Union 社が内面研削盤（WJ5 型）で実用化している。

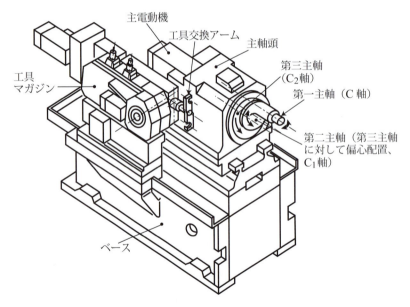

図 2.3 偏心機構付き三重主軸構造を有する MC – Viegel 社、1991 年

ちなみに、二層主軸を同一軸線上で前後に配置する方式も、スエーデン、SIG+TBT 社により 1980 年代に深穴ボール盤で実用に供されている。この場合には、タッピング機能付きの浅い穴あけ用主軸を前側に、又、深穴用主軸を後側に配置していて、前側主軸の後端部は、深穴加工用ドリルのガイドブッシュとなっている。

(2) アタッチメントに副形状創成運動機能のある場合

これに相当するのはタレット刃物台への回転工具の附設であり、現今では普遍化していて、その一例としてTraub社製CNC旋盤を**図2.4**に示してある。軸対称工作物の長手方向への溝入れ、あるいは円周方向への長穴加工などが可能となり、形状創成機能の多様化が図られている。すなわち、回転工具主軸の副回転運動（A_1軸機能）が加工空間の形状創成運動で大きな役割を果たすことになる。

(3) 切削・研削工具に形状創成機能が付与されている場合

これは古くから「総型工具（現今では「成形工具」とも呼ぶ）加工」として知られていて、工具に創成すべき形状と逆の形状を具備させて、インフィードのような単純な主運動によって部品の形状創成を行わせる。創成できる形状の融通性はなく、又、工具代も高くなるが、効率的な方法である。**図2.5**には、プラノミラーを用いてディーゼルエンジンのシリンダーブロックの幅広い溝を加工している例を示してある。図にみられるように、工具代の節約も狙って、標準的な正面フライスを三つ組み合せたギャングカッ

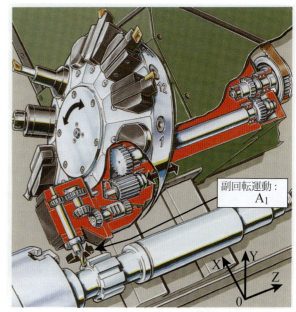

図2.4 タレット刃物台に装着された回転工具主軸による副形状創成運動
－CNC旋盤、TNA型、Traub社、1993年

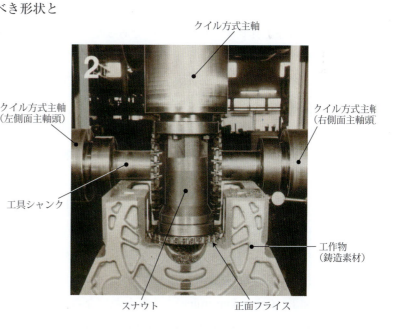

図2.5 組み合せギャングカッタによる形状創成
－Heinlein社、1970年代

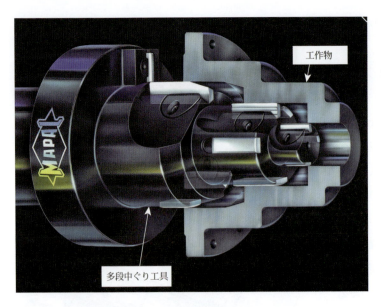

図 2.6　三段穴の同時中ぐり仕上げ加工
－Mapal 社製、1987 年第 7 回 EMO Show に展示

タの回転運動とテーブルの直線運動という機械の主運動によって部品の形状を創り出している。その反面、スナウトや延長用の工具シャンクという更なるアタッチメントが必要となり、それらの費用が増えることにも留意すべきであろう。

ところで、機械本体、あるいはアタッチメントの副運動軸を用いて形状創成運動の多様化を図る方法に比べると、機械本体の主運動と総型工具の組合せで形状創成を行う方法は、ユーザに裁量を任せられる利点が大である。そこで、所望の断面形状の部品の創成の他に、総型工具を部品の軸方向に分割・配置する展開形、例えば図 2.6 に示すような「多段穴加工」用中ぐり工具も MC で用いられている。これは、形状創成に際して繰り返して行わねばならない主創成運動を一つにまとめた姿とも解釈でき、古くは中ぐり盤の標準的な工具レイアウトの一つであった。そこで、参考迄に図 2.7 には古く 1960 年代に「マイクロボア」として知られていた精密中ぐり工具と工作物の例を示してある。ここで、図中の下に示してあるマイクロボアが「七面同時加工用」である。なお、近代化したマイクロボアは現在でも MC 用として市販されている。

ちなみに、このような機能集積工具は、タレット刃物台の工具座（Tool seat）へ装着する工具ブラケットを介して、古くはタレット旋盤や自動盤でも多用されていた。タレット刃物台の場合には、各工具座への重量配分のバランスを考慮した工具配置が特に必要、不可欠である。図 2.8 は、自動タレット旋盤用の「Multiple turning head」と呼ばれた工具ブラケットをタレット刃物台の展開形であるタレットバーに装着した情景である。図から判るように、タレットバーの送り運動と主軸の回転運動の組合せで工作物の中心部穴あけ、外周削り、並びに面削りを同時に行えるが、取付ける機械が変わった場合には、工具ブラケットの工具取付け穴を「とも中ぐり加工（Cleaned-up truing）」を行わねばならないという面倒さもあった。現今では、二つの工具が装着できる程度の簡素化された工具ブラケットがスイス、SU-matic 社から市販されていて、日本やドイツの数多くの TC メーカで採用されている[2-4]。

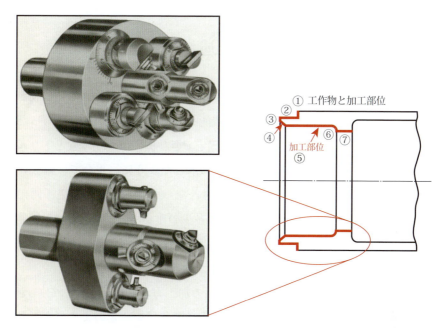

図 2.7　マイクロボアを組合わせた七面同時加工用中ぐり工具 – 1960 年代

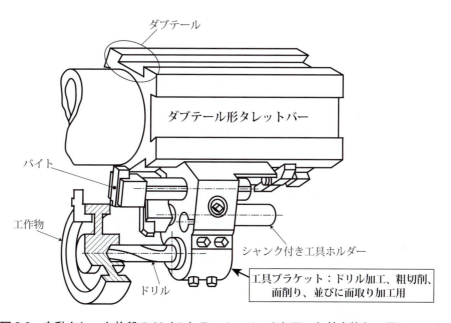

図 2.8　自動タレット旋盤の Multiple Turning Head を用いた基本的な工具レイアウト
　　　　 – AC 型、Warner & Swasey 社、1960 年代

脚註 2-4：SU-matic 社の二本装着形工具ブラケットは、例えば 1960 年代の Warner & Swasey 社製タレット旋盤用「アジャスタブル・ニーツール」、あるいは「アジャスタブル・カッタホルダー」をコンパクト・近代化したものと解釈できる。従って、他社との差別化戦略の一環として、自動タレット旋盤のツーリング技術を見直すことも必要であろう。

2.2 代表的な加工方法と機能記述

　工作機械で行われる加工方法は、一般的に機種と工具の組合せ、あるいは使われる工具名で分類されている。従って、「限定された加工機能を有する機種」が主流であった在来形工作機械の時代には、機種名から容易に加工方法が想定でき、例えばボール盤とドリルの組合せからは、「穴あけ加工」となる。ところが、図 1.8 に示したように、現今では幅広い加工機能を有する機種、いわゆる「加工機能集積形」が主流となっている。その結果、例えば MC とドリルの組合せから「穴あけ加工」を想定するには多少の難があり、MC の加工機能について幾ばくかの知識が必要となる。要するに、一部の加工方法は機種名のみからでは推測できない場合もあるので、ここで加工方法について概観しておこう。

　さて、社会の必要とする製品を構成する部品の加工方法には、大別して (1) 素材、あるいは半素材の不要部分を削り去る「除去加工」、(2) 素材の体積を一定のままで変形させる「塑性加工」、並びに (3) 素材、あるいは素材の一部を液相の状態として、加工後に固相とする「溶融加工」がある。周知のように、工作機械は図 2.9 に全体像を示してある除去加工を担当し、その中でも切削及び研削加工を主として行う。ここで、ブローチ、ホーニング、研削及び歯車加工は、図 1.8 の機種分類と良く対応しているが、その一方、直接的に対応する機種を同定できないものも認められる。前述のように、これらは TC 及び MC で多く行われる加工方法である。

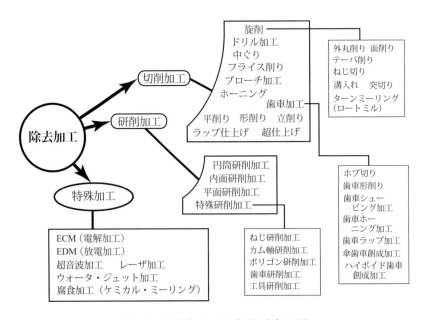

図 2.9　除去加工の分類体系表の例

そこで、まず既に示してある加工方法を以下に整理しておこう。
(1) TC による複合加工：旋削、穴あけ（ドリル加工）、フライス削り、並びにタップ加工（**図 1.2**）。
(2) ドリルによる穴あけ（**図 2.8**）。
(3) フライス削り：エンドミルによる溝加工（**図 1.3** 及び **2.4**）。
(4) フライス削り：正面フライス加工（**図 1.4** 及び **2.5**）。
(5) 中ぐり：多段穴中ぐり（**図 2.6** 及び **2.7**）。
(6) 研削加工：円筒及び内面研削（**図 1.5**）。
(7) 歯車研削加工：ライスハウアー（Reishauer）方式（**図 1.6**）。

ところで、これら加工方法の名称を**図 2.9** と照合してみると、必ずしも一致していないことが判るであろう。実は、加工方法を論じる際には、それが「階層構造」で体系化されていることに留意すべきである（**図 2.9** 中の「旋削」を参照）。例えば、フライス削りのように、使われるフライスの種類によって、円筒フライス加工、エンドミル加工、正面フライス加工などと細分される。しかも、歯車研削加工のように、その加工方式を実用化したメーカ名が加工方法の名称となっている場合もある。

それでは、**図 1.8** に示した機種に関わるものの、上記に含まれていない加工の情景を紹介しよう。

(1) 治具中ぐり及びライン中ぐり（Line boring）：**図 2.10** は古い時代の加工の情景であり、いず

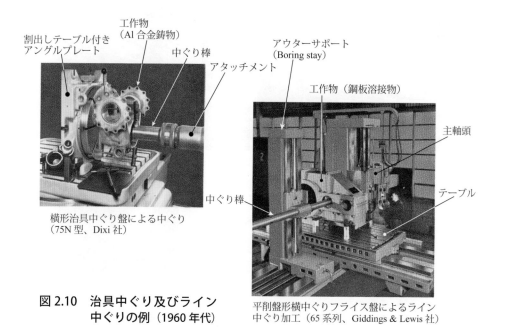

図 2.10　治具中ぐり及びライン中ぐりの例（1960 年代）

横形治具中ぐり盤による中ぐり
（75N 型、Dixi 社）

平削盤形横中ぐりフライス盤によるライン中ぐり加工（65 系列、Giddings & Lewis 社）

れも高精度の穴を中ぐり加工するのに用いられていた。これらのうち、治具中ぐりは関連する機種がNC化され、又、アタッチメント、工具等が近代化されて現在でも用いられているが、基本的な情景は図2.10と同じである。すなわち、中ぐり棒が回転しつつ直線送り運動、あるいは中ぐり棒が回転して工作物を積載したテーブルが直線運動を行って形状を創成する。古くは中ぐり主軸に繰出し運動を行わせると、特に負荷時には回転精度が低下するので、後者の方法が使われていた。ライン中ぐりは、そのような時代に同一軸線上に多数配置された穴を高精度で加工するのに用いられた方法である。中ぐり棒は回転運動のみで工作物が直線送り運動を行う。しかし、MCのテーブル割出し精度の向上とともに、工作物の両側面から別個に中ぐり加工を行っても、高い精度の同心度が得られるようになったので、現在では消滅した加工方法となっている。

(2) **ブローチ加工**：図2.11には内面ブローチ盤と表面ブローチ盤、並びに工具の一つである内面ブローチの概略形状を示してある。図に示すように、ブローチは順次に切込み深さが増加する形態となっているので、その直線切削運動によってブローチ自身の寸法・形状を転写することによって形状創成運動を行う。従って、ブローチを高い精度で製作することにより、高精度・重切削加工が行える。ちなみに、内面ブローチは、色々な形状の穴、特に伝動歯車で使われることが多いスプライン穴の加工に用いられる。又、表面ブローチ加工は、自動車エンジンのシリンダーブロックのように、大径の正面フライスでも一度の

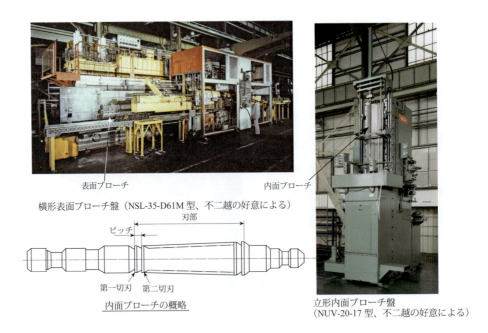

図2.11　ブローチ盤と内面ブローチの概略（2000年代初め）

行程で加工できないような幅広い平面の仕上げに用いられる。

(3) **歯切り加工**：図 2.12 には歯切り加工で代表的なホブ切りと歯車形削りを集積した方法を示してある。この方法は、Pfauter 社によって 1960 年代後半に実用化され、「Shobber」という商品名で知られている。重切削向きのホブ切り、並びに短い工具逃げでの加工が不可欠な肩付き歯車の加工に威力を発揮する歯車形削りの利点を組合せたもので、ギャング歯車の加工能率向上に大きく貢献している。なお、いずれの方法でも工具と工作物の運動の組合せで「歯車の歯形曲線」

図 2.12　ホブ切りと形削りを集積した歯切り加工
（Pfauter 社による、1990 年頃）

を創成するが、インボリュート曲線の創成運動が広く用いられている。

(4) **ホーニング加工**（古くは研上げ加工と呼称）：現今ではもちろん NC 化されているが、構造の概要を知るには在来形の方がなにかと便宜であるので、図 2.13 には在来形ホーニング盤を示してある。図にみられるように、数個の棒状砥石が工具本体の周囲に取付けられた、いわゆる「ホーン」と称する工具を用いて、中ぐり、あるいは研削された穴の内面を更に平滑にして、寸法精度を高めるのに用いられる。

この加工方法は、砥石を放射状に拡張、あるいは縮小しながらホーンに往復運動及び回転運動を与えることを特徴としていて、その結果として往復速度と回転速度の割合で決まる「クロスハッチ」と称する網目が仕上げ面に観察できる。なお、円筒外面や平面の加工にも用いられる。

図 2.13　立形ホーニング盤と仕上げられた部品の例

2.2.1 旋削にみる機能記述との関連

さて、加工方法を論じる時には階層構造に留意すべきことを指摘したが、それを最も代表的な旋削で眺めてみよう。既に、**図 2.9** に示したように、一言で旋削と言っても、それは「外丸削り（Cylindrical turning［米］、Turn-top［英］；外周旋削とも云う）」、「面削り」、「溝入れ」などに細分され、具体的には**図 2.14** のようになる。しかも、「外丸削り」は、更に**図 2.15** に示す普遍的及び特殊な方法に分けられる。ここで、スカイビング（Skiving）及び表面ブローチ加工は、回転する工作物の接線方向から工具を送り込む方法であり、スカイビングは古くは車軸の加工に用いられていた。

このように、同じ軸対称部品（丸物）の外周面を仕上げるのに、数多くの方法があるのは、「要求される加工精度や表面品位」、「同一部品の加工数量や許容される加工コスト」、「納期」、「利用できる素形材や加工設備」等の影響因子が関係してくることによる。すなわち、これらの組合せで決まる加工要求に対して、できる限り好適な方法を提供するためである。しかも、製品に要求される機能や性能の変化、製品設計方法や加工方法の進歩、対応できる生産体制や組織などによって新たな加工方法が考案されて分類体系に加わってくる。その結果、加工方法の階層構造は複雑・細分化され、その典型例は外丸削りの中に暫定的に含ませることもある「ターンミーリング」にみられる。これは、古く 1960 年代に National Broach & Machine Tool 社が「ロートミル（Roto Mill）」なる名称で実用化した方法を近代化したものである。ロートミルでは、フライスで構成されるギャングカッタを装着した二つの回転する軸の間を工作物が送り運動を行うことで形状創成（総型切削）を行っていた。

このターンミーリングは、**図 2.16** に示す「回転工具による旋削」の一つであり、これらは

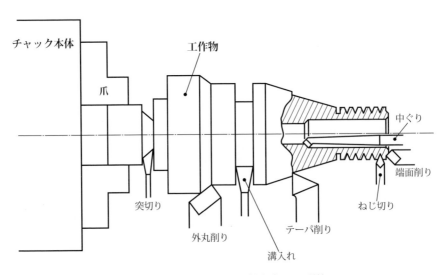

図 2.14　単刃工具による旋削加工の詳細

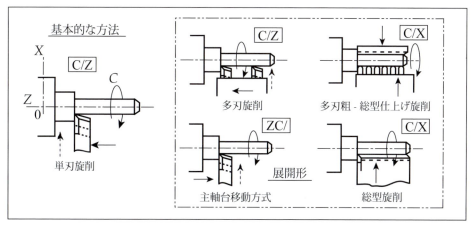

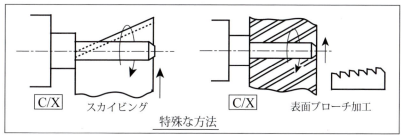

図 2.15　外丸削りの基本的な方法、その展開形、並びに特殊な方法

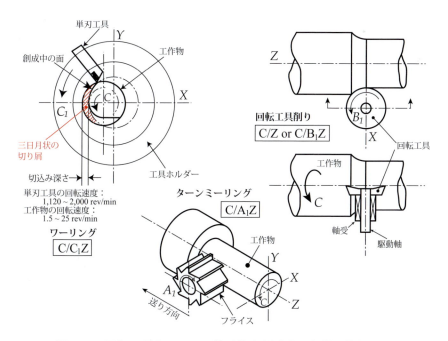

図 2.16　回転工具を用いて円筒形状を創成する多様な旋削加工

固定された工具、すなわちバイトによる加工のみが旋削加工という発想を変えたものである。すなわち、図2.15に示した特殊な方法の展開形の一つとも位置付けられ、さらに細分化された外丸削りとも解釈できる。ここで問題は、ターンミーリングそのものが図2.17に示すように二つの方法に分類され、加工特性が図2.18のように異なっている点である[2-4][2-5]。

このように、加工方法の階層構造を理解しておくことは「加工方法の選択問題」、又、「工程設計」とも深く関係して重要である。しかし、それでは部品図が供給された時に、いずれの加工方法を選択すべきかとなると、そのような意思決定に適用できる方法論は未だ構築されておらず、現

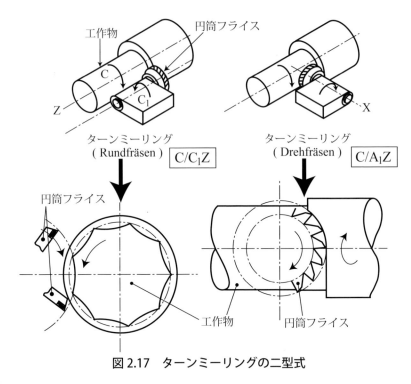

図 2.17　ターンミーリングの二型式

場での対処に任されている。要するに、古くて新しい問題の状態に留まっているのが「加工方法の選択問題」であり、なんらかの方法論を構築できれば、利するところが大きいと思われる。

そこで、ここでは「工作機械の機能記述」を利用することを前提として、部品の加工方法を眺めてみよう。既に参考迄に図2.15〜2.17にも示したように、加工方法も座標系を用いて記号表示することができる。従って、部品図を基に工程設計を行った際に、工程記号を座標表示（加工方法記述）に変換して、それを加工に用いられる可能性のある機械の機能記述と比較すれば、少なくとも対応できる機械を同定できる。ちなみに、このように機械の運動軸と加工法を関連づける考えは、図2.19に示すように、古く1960年代にStauが既に提唱している[2-5]。

ここで、理解を容易にするために一つの事例を示してみたい。まず説明の便宜上、部品図で

脚註2-5：米語では、ターンミーリング（Turn-milling）一つで表現されるが、ドイツ語では、形状創成運動の違いを明確にするために、die Rundfräsen と die Drehfräsen と区別して表現している。このような文化の違いにも留意すべきである。

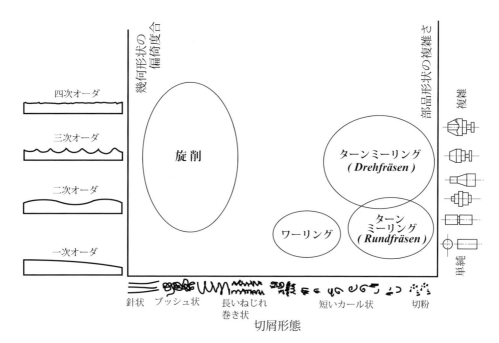

図 2.18　部品形状の複雑さ、幾何形状の偏倚度合、並びに生成される切屑形態の観点からの各種加工方法の適用範囲（Sorge による）

		工具側							
		ベッド、又はベース上				主軸（ラム及びクイルを含む）			
	No.	a	b	c	d	e	f	g	h
	運動形態	固定 ●	直線運動 →	回転運動 ↻	直線及び回転運動	●	→	↻	↻
工作物側 ベッド、又はベース上 主軸（ラム及びクイルを含む）	1	●			トレパン・ボーリング				
	2	→							
	3	↻	旋削 ドリル加工	ロートミル ドラム形 タレット旋盤 による突切り	トレパン・ボーリング マッハ方式 によるねじ切り				
	4	→↻	主軸台移動形自動盤による旋削						
	5	●				キー溝加工 ブローチ加工	鋸断	中ぐり加工 ドリル加工	
	6	→				平削り 形削り 立削り		A	
	7	↻						歯車シェービング加工	ホブ切り
	8	→↻						ねじ切り フライス加工	歯車形削り

注　A: 円筒フライス加工、正面フライス加工、テーブル形横中ぐりフライス盤によるラインボーリング

図 2.19　初歩的な機能記述の提案（Stau による）

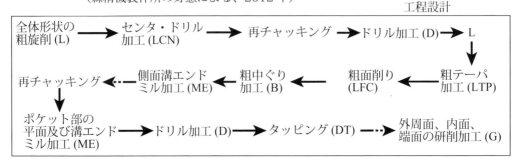

図 2.20　サンプル工作物、その工程設計と工程記号、並びに工程記号の加工方法記述への変換

はなく図 2.20 に示す部品そのものを加工する場合の工程設計を行ってみると、図に同時に示すようになる。なお、ここでは工程記号も併記してあり、それは同じく図中に示すように加工方法記述に変換できる。そこで、部品の形状創成に必要なすべての加工方法記述を抽出して、最大公約数的な必要機能記述を求めてみると、この部品の加工には C/A_1ZX なる形状創成運動の必要なことが判る。ここで、この部品の加工には、図 1.2 に示した TC が候補として挙げられているとしよう。さて、この TC の機能記述は $(C_1Z + C)/(A_1ZX + ZX)$ となり、二つの機能記述を比較すると、図 2.20 に示した部品の加工に必要な形状創成運動が含まれているので、使用可能な立場にある候補機械と判断できる。

　ところで、周知のように、一枚の部品図が与えられて工程設計を行うと、各ユーザの所有する技術資産の内容、下請け企業の有無、担当する工程設計者の考え方等によって幾つかの工程設計の結果が提示される。又、同一ユーザ内でも工程設計者が異なると、異なった工程設計の結果が示される。但し、いずれの工程設計も間違いではなく、提示された部品図に従った部品は必ず仕上げられる。ここに、工程設計の難しさと曖昧さがあり、その原因の一つには「加工コストを如何に低減するか」という制約条件がある。そこで、工程設計の際に役立つ簡便な加工コストの算出方法を紹介しておこう。

それは、「割歩」と呼ばれるコスト算出用の単価を用いる方法である。例えば、図 2.20 中に工程記号で示された各加工方法の遂行に要する単位時間当りのコストが「割歩」であり、企業によっては製品及び工程設計部門に週、あるいは月毎に提示される。そこで、「割歩」に加工時間を乗じ、全ての所要の加工方法のコストを積算すれば、図面に記載された部品の加工コストを知ることができる。

いま、部品1個当りの加工コストを C（円）とすると、

$$C = [K_m + K_z][(T_i/n) + T_e] \quad (2.1)$$

但し、 $K_m = A[(1 + \alpha)/60T_0]$

$K_z = P[(1 + \beta)(z/60)]$

ここで、K_m: 機械費（円/分）、K_z: 作業費（円/分）、T_i: 段取り時間（分）、n: ロットサイズ、T_e: 1個当りの加工時間（分）、A: 工具費込みの機械購入費（円）、T_0: 年間総稼働時間（時間）、α: 金利、P: 平均労務費（円/時間）、β: 間接費率、z: 作業者必要率

式（2.1）中の（K_m+K_z）を「割歩」と呼ぶが、この他に原価償却を考えて K_m を求める方法、あるいは工作物の搬送費を組入れる方法などがある[2-6]。

このように、「割歩」を用いれば、部品図をみて大まかな工程設計を行い、加工コストを計算できるので、設計者自身が製品設計部門で加工コストの低減を目指した部品の形状・寸法の改善も行うことができる。図 2.21 には、細部の形状の変更で大きな加工コストの低減が図れる例を示してある[2-7]。逆に、このような細部の処置で加工コストが大きく変わることが、同一図面に対して複数以上の工程設計が作成される理由でもある。ここで、図 2.21(a)では、幅 15 mm の溝（当初は二点鎖線のエンドミル加工）を図示のように「角形状」とすることにより、「穴やねじ穴加工」と一緒に、「一回の段取り」で加工できるようになり、加工コストの低減につながる。又、図 2.21(b)では、「組立及び分解時の回転止め用溝」を「すり割りフライス加

脚註 2-6：設計技術者と云えども、「部品の原価計算」、並びに「設備更新費用及び更新時期（例えば、新MAPI）」という経済的な面の素養を所有すべきである。その反面、そのような自己革新に必要な工程設計と加工コストの資料は、各企業のノウハウに密接に関係するので、公表されていないことが多い。ちなみに、これ迄にも在来形自動盤と NC 自動盤の経済性の比較、あるいは単軸自動盤による加工工程と加工時間の例が稀にメーカから公表されているに過ぎない。

Diekmann U, et al. "Numerisch gesteuerter Mehrspindeldrehautomat". ZwF 1978; 73-5: 223.

"主軸移動形 CNC 自動旋盤 NT20/NP20 の経済性について". マシニスト 1986; 30-8: 67.

脚註 2-7：図 2.21 は、元豊田工機の島吉男氏から提供された数多くの実例中からの抜粋であり、それらの公開は同氏から快諾を得ている。

工」から「六角目打ち加工」へ変えることにより、段取りと加工を簡単化して加工コストを低減している。ちなみに、組立及び分解のために軸端に設ける「抜きタップ穴」を使うことも考えられ、このように工程設計は数多くの選択肢から一つを選択するという難しい作業である。

ちなみに、ミルターンのような加工機能集積形の機種が主力である現今では、部品図作成の際に次の2点に特に留意すべきである。

(1) 複合加工機能の利点を積極的に使える図面へ昇華させること。例えば、再チャッキングを不要とする「背面加工機能」の積極的な利用。
(2) NC機向きの図面の作成。すなわち、座標系に従った寸法記入によりNCプログラミングを容易にすること。

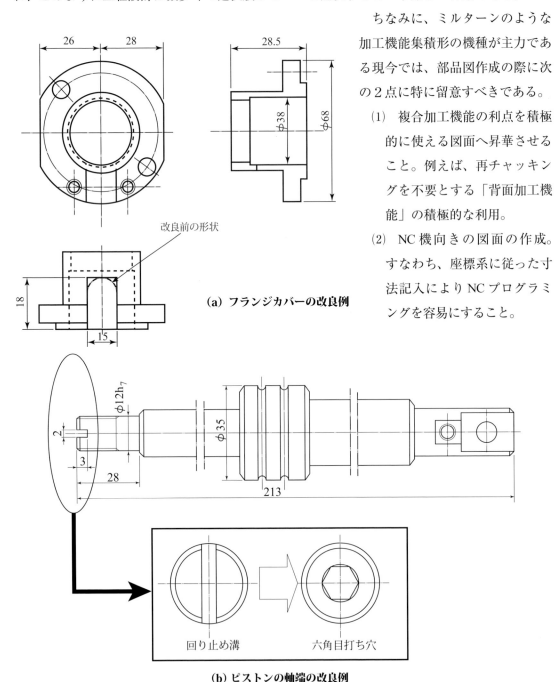

図 2.21 簡単な改良で得られる加工コストの低減例（元豊田工機　島 吉男氏の好意による）

2.3　機械の静止状態下での形状創成運動の誤差

　前節で述べたように、加工空間で可能な加工方法は使われる工作機械の基本及び拡張機能記述から抽出できる。それは理想的な幾何学的情報に過ぎないものの、そこから工作機械の誤差解析で最も基本的で重要な情報を抽出できる。すなわち、「力の流れの中に位置する本体構造要素そのものの加工誤差及び組立誤差からなる"機械の静止状態下の形状創成運動の誤差（固有形状創成誤差）"」を少なくとも予測することができる。

　これに関しては、旧ソ連で研究が活発に行われ、例えばKhomyakovとDavydovは以下のような提案を行っている [2-6] [2-8]。

(1) 各本体構造要素の運動を隣接する要素との相対運動と考えると、その集積が加工点に於ける形状創成運動となる。

(2) 「力の流れ」の中でi番目に位置する本体構造要素の局所座標系を S_i (i=1----j) とすれば、S_{i-1} と S_i の間では一自由度の運動が行われる。そこで、変換マトリックスを Λ_i とすれば、

$$r_i = \Lambda_i r_{i-1} \qquad (2.2)$$

ここで、r_i = 局所座標系 S_i に変換した (i-1) 番目の本体構造要素の有する幾何学的誤差。誤差は、直線運動及び回転運動に対して、それぞれ (Δx、Δy、Δz) 及び (α、β、γ) である。

(3) 要するに、i = 1 から j 迄の各本体構造要素の有する幾何学的誤差（局所座標系で表示）を機械の加工空間、例えば機械本体や工作物に設けた基準座標系へ順次変化する作業を行えば良いことになる。この場合、回転運動に関わる変換マトリックスは、局所座標間の距離を考慮する必要がある。

　このような誤差解析は、設計候補が幾つかある際に、それらの内から加工点での誤差が最も

脚註 2-8：機能記述を展開してKhomyakovとDavydovが行ったような加工点での工具の幾何学的な位置誤差については、その後にReshetovとPortmanが書として集大成している。ところで、2010年代でも日本国内では、ReshetovとPortmanの書に基づいた形状創成運動の研究が行われているが、これは「局所座標系で表示された誤差を機械に設けた全体座標系に変換する作業」に過ぎない。数学的な処置が一見複雑であるので、学術研究として取り上げているようであるが、技術の本質を見失っていると考えられる。ちなみに、このような手法は1950〜1960年代に万能フライス盤のフライス頭の空間座標内での運動機能とそれらにより可能な形状創成の誤差算定で実用に供されている。従って、「実用技術への昇華」、特に「同じ図面で製造された機械間の個体差の解明」を目指した研究が今後必要であろう。

Reshetov D N, Portman V T. "Accuracy of Machine Tools". ASME Press, 1988.

少ない配列を探るのには有用である。しかし、理論主体の設計方法論であるので、実用技術としては次のような問題点が残されたままである。

(1) 形状創成運動に関わる本体構造要素のみを考えているので、運動機能を有していない、すなわち「固定機能のみを有する本体構造要素の誤差」を考慮する方策の構築。

(2) 各本体構造要素の有する誤差が同じ重みの下で「固有形状創成誤差」に影響するとしていること。しかし、実際には加工点での形状創成誤差に及ぼす各本体構造要素の誤差の影響には違いがある。又、「不感構造」のように、大きな誤差を有する本体構造要素の影響を最小化する設計も行われることがある。そこで、本体構造要素間での誤差に優位性を設けて、加工点での形状創成運動の誤差を算出すること。

なお、実用技術としては、上記の「固有形状創成運動の誤差」を基に、(1)無負荷状態下の機械の運動誤差、並びに (2)加工環境下での加工誤差を知ることが重要である。そこで、それらについては3章で取扱うことにする。又、これら3つの誤差を論じる時には、「同じ図面で製造された幾台かの機械の間、しかもバッチ生産された一群の機械でも個体差があること」に留意すべきであり、これを如何に誤差論へ組込むかは今後の課題である。

参考文献

[2-1] Vragov Yu D. "Structural Analysis of Machine-Tool Layouts". Machine and Tooling 1972; 18-8: 5-8.
[2-2] Saljé E, Redeker W. "Methodisches Planen und Konstruieren spanender Fertigungssysteme". Werkstatt und Betrieb 1974; 107-10: 631-634.
[2-3] Saito Y, Ito Y, Ohtsuka T. "Automatisierte Darstellung von Entwurfszeichnungen für Werkzeugmaschinen-Konstruktionen". ZwF 1980; 75-10: 492-495.
[2-4] Sorge K-P. "Die Technologie des Drehfräsens". Darmstädter Forschungsberichte für Konstruktion und Fertigung, Carl Hanser Verlag, 1984.
[2-5] Stau C H. "Die Drehmaschinen". Springer-Verlag, 1963, S. 3.
[2-6] Khomyakov V S, Davydov I I. "Prediction of the Accuracy of a Machine Tool at an Early Stage of Its Design, with Layout Factors Taken into Account". Stanki i Instrument 1987; 58-9: 5-7.

第3章 部品の加工精度 – 固有形状創成運動からの偏倚に及ぼす力学的影響因子

　前章で述べたように、設計図面に従って工作機械を製造しても、本体構造要素の有する加工誤差及び組立誤差のために、機械そのものが固有形状創成誤差を内包することになる。しかも、バッチ生産した場合でも、同一バッチ内で機械毎に個体差を生じるのが普通である。

　ところで、工作機械で加工を行うとなれば、必然的に機械に力学的及び熱的な荷重が作用することになる。それらのうち力学的な荷重は静荷重と動荷重に大別されるが、このような荷重によって機械の形状創成誤差は、固有値からさらに増加することになる。本章では、最終的に問題となる「部品の加工精度」に直接的に関係する「静及び動荷重の作用下で具現化される形状創成運動の精度」をまず論じることにする。なお、熱的な荷重としては「加工に伴って生じる切削熱」、「堆積した切屑の熱」、「駆動電動機や油圧装置の発生熱」、「太陽光の照射や暖房機器からの伝熱」等があり、これらについては5章で取扱っている。

3.1　荷重下の形状創成運動及び加工点に作用する荷重

　1章で代表的な例を示したように、加工空間は機械 – アタッチメント – 工具 – 工作物系からなっている。従って、この系の作用荷重による変形を求めれば、「静的及び動的な荷重の下での形状創成運動」を知ることができ、所望の加工精度が得られるか否かが判断できる。それには、「力の流れ」の中に位置する (1) 本体構造要素とそれらの結合部の変形、次いで (2) アタッチメント、工具、並びに工作物の変形を求めて、作用荷重による固有形状創成誤差からの偏倚を知る必要がある。そこで、加工空間の変形状態を把握するために、図1.23を参考にして図3.1に示す典型的な旋削について「力の流れ」を眺めてみると、図3.2に示すようになり、次のような特徴的な様相が判る。

(1)　機械本体の変形は、「力の流れ」の中に位置する本体構造要素とそれらの結合部の変形、すなわち機械の骨格を構成する構造の変形によって決まる。これが機械の「静的及び動的な荷重の下での形状創成運動」の精度、いわゆる（実体）形状創成精度を支配する。

(2)　切削点（加工点）で生じた「力の流れ」は、「工具 – アタッチメント」、並びに「工作物

第3章　部品の加工精度

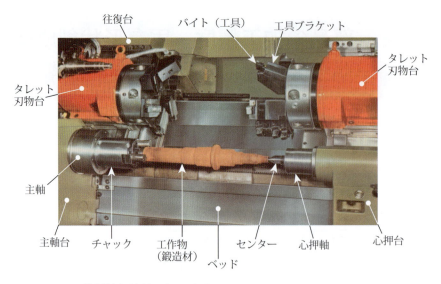

図 3.1　典型的な旋盤の加工空間
－双タレット刃物台形 NC 旋盤、Heyligenstädt 社、1979 年

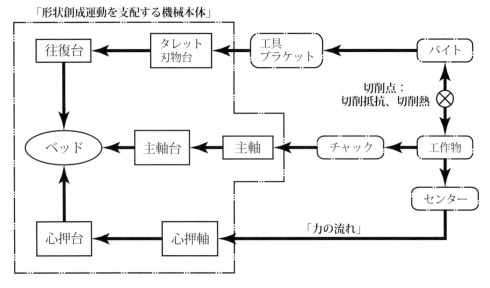

図 3.2　NC 旋盤による旋削加工中に生じる切削抵抗及び「力の流れ」

－アタッチメント」に二分され、後者では、更に二つに分かれる。これらは加工空間内の変形そのものに関係して、ユーザが変形を制御できる領域である。

(3)　「工具－アタッチメント」及び「工作物－アタッチメント」は、機械本体と同様に作用荷重で変形し、それはアタッチメント、工具、並びに工作物自身の変形、並びにそれらの結合部の変形からなっている。

要するに、機械の形状創成精度に「加工空間の変形」を重畳すれば、加工精度を予測できる。従って、まず(1)機械本体の形状創成運動に関わる基礎知識、並びに(2)加工空間の作用荷重を知ることが必要、不可欠となる。ここで問題となるのは、ユーザの利用技術によって千差万別に変化する「加工空間に生じる変形」であり、その予測は一般的には難しい。例えば、アタッチメントの体系化はチャックを除けば未整備な状態であり、その結果として把握時の工作物や工具の変形の算出は難しく、又、多様な材料特性の素材からなる工作物の切削抵抗を正確に知ることも難しい。

3.2 機械本体の形状創成運動と負荷時の変形挙動

工作機械は、図 3.3 に示すように、数多くの部品やそれらの結合部から構成されている。それらの中で形状創成運動に密接に関係するのは本体構造要素（大物部品）である。そこで、図 3.4 には、TC 及び MC について本体構造要素の概要を示してある。このように、機械の骨格は数多くの本体構造要素の組合せで構成されていて、これら本体構造要素そのもの、並びにそれらの結合部の変形の集積が加工点に於ける機械の全変形となる。ここで図を眺めてみると、相対運動を可能とするための案内面を有する本体構造要素（移動用本体構造要素）、例えば TC のベッド、サドル、クロススライドなど、並びに固定支持を目的とする案内面を有しない構造要素（固定用本体構造要素）、例えば TC のベース、主軸台などのあることが判るであろう。

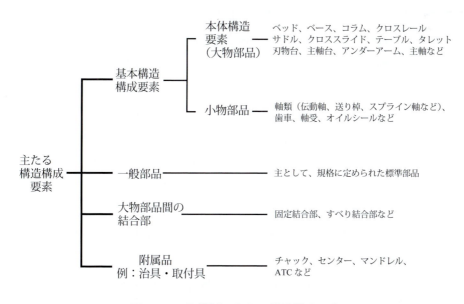

図 3.3　工作機械の主たる構造構成要素

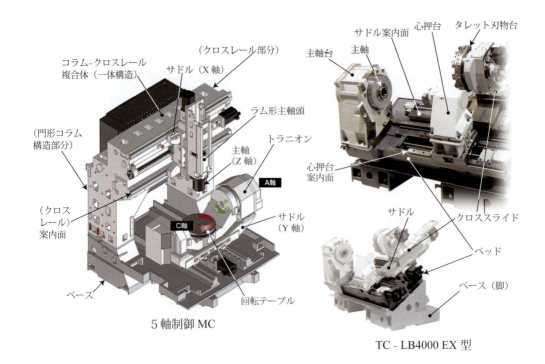

図 3.4　代表的な本体構造要素（オークマの好意による、2009 年）

　従って、機械の固有形状創成運動の精度は、まず固定用本体構造要素の加工及び組立誤差が基準となり、それに移動用本体構造要素の案内精度が集積して決まる。次いで固有形状創成運動の精度は、静的及び動的な荷重による機械全体の変形により低下して、形状創成精度として評価されることになる。なお、いずれの本体構造要素に案内機能を設けるかは設計思想や機種によって異なり、一義性はない。ちなみに、**図 3.4** 中の MC では、案内面付きクロスレールが門形コラムと一体化されている。しかし、一般的には門形コラムとクロスレールは別の本体構造要素として取扱われ、その場合には門形コラムにクロスレールの案内面が設けられる。又、図に示すようなラム形主軸頭（移動形）の場合には、コラムを固定形とすることが多く、その一方、クロスレールには主軸頭の案内面が設けられる。

　ここで、機械本体に作用する静荷重と動荷重を整理してみると、具体的には次のようになる。なお、これら荷重は機械のユーザの利用状態によるところ大であり、設計の際に製品寿命の全期間にわたる作用荷重の時間的な履歴の推定は非常に難しい。しかし、出来る限り正確に推定する設計能力、並びにそのための「負荷頻度分布」なる設計データの整備が、後述するように、メーカには要求される。

静荷重：「切削抵抗の静的成分及び変動成分」、「本体構造要素の自重」、「工作物やアタッチメントの自重」、「機械の操作によって生じるクランプ力」等。

動荷重：「切削抵抗の動的成分」、「駆動電動機や油圧装置の振動」、「外部から工場床を通して伝播される振動」、「回転体の不釣り合いで生じる遠心力」等。

3.2.1 案内精度の定義と基礎知識

相対運動が可能な一組の本体構造要素の案内精度は、直交座標の軸方向及び各軸周りの回転方向で考える必要があり、荷重の作用下では各軸周りの回転方向の精度が支配的となる。そこで、工作機械の構造設計では、三つの案内精度、すなわち「ピッチング（Pitching）」、「ヨーイング（Yawing）」、並びに「ローリング（Rolling）」を図 3.5 に示すように規定している。図は双主軸形 MC の転がり案内面を例としていて、そこでは一般的なナローガイド方式が採用されている。

さて、これら三つの案内精度は、図からも判るように、モーメント（転倒モーメント）が作用した時に移動する側の本体構造要素に生じる傾き、すなわち「理想的な直線運動軸からの偏倚」を示している。この傾きは、滑らかな運動を具現できるように調整した本体構造要素間の「微小な隙間」、並びに「結合部の変形」によって生じる。ここで詳しくは次項で説明するが、すべり案内面の場合には Levina によると、垂直力及びモーメントを荷重した時の結合部変形は線形挙動を示す。従って、幾何学的な傾きに案内結合部の変形を重畳すれば、案内精度が求められる [3-1]。

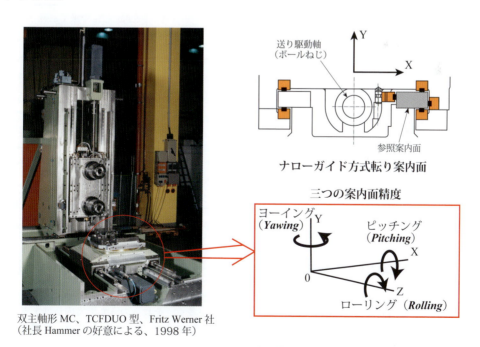

双主軸形 MC、TCFDUO 型、Fritz Werner 社
（社長 Hammer の好意による、1998 年）

図 3.5 案内精度の定義

ところで、案内精度の解析では移動体に作用する力とモーメントの算出の基準点をどこに設定するかが問題となるが、設計計算上は特段の規制はない。しかし、設計原理の一つは、「移動体に作用する転倒モーメントが最小となる位置に駆動軸を配置すること」であり、その結果、案内面に出来る限り近い位置に駆動軸が配置されている。従って、図 3.5 の例では算出の基準点を案内面の中心、駆動軸の中心のいずれに設定しても大差がない構造となっている。但し、一般的には、「案内面の中心」に基準点を設けている[3-1]。

ここで、図 3.6 には在来形普通旋盤の転倒モーメントの計算式の例を示してある。これは、Atscherkan が提示したものであり、基準点は、参照案内面である「逆 V 形」の中央に設定している [3-2]。例えば、直歯ピニオン－ラック駆動方式の場合には、ピッチングを支配する Y 軸周りの転倒モーメントは次式で与えられる。

$$\Sigma M_y = A\,x_A \cos\alpha + B\,x_B \cos\beta + C\,x_C + P_x z_P - P_z x_P - G\,x_G +$$
$$Q_x z_Q - Q_z x_Q + \mu(A + B + C)s = 0 \quad (3.1)$$

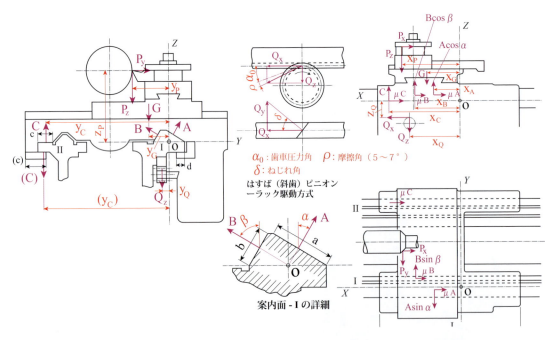

図 3.6　案内面を基準とした転倒モーメントの最小化 – 普通旋盤の場合（Atscherkan による）

脚註 3-1：一般的に、案内面は二条、あるいは三条であることが多く、それらのうちで案内精度を支配する主たる案内面を「(基準) 参照案内面」と呼んでいる。望ましいのは、この「(基準) 参照案内面」の中心に基準点を設けること。なお、図 3.5 に示したように、幾つかある案内面のうち、一条の案内面を「案内の基準」とすることを「ナローガイド（Narrow guide）」と呼ぶ。

ここで、s：摩擦力μA、μB、並びにμCの対応する座標軸への投影距離。μの値は、すべり速度大（例：平削盤）の場合に0.05〜0.10、又、すべり速度小（例：旋盤）の場合に0.10〜0.15。

3.2.2 静的及び動的な荷重作用下の本体構造の変形

図3.7は、ラジアルボール盤を例として、機械本体に静荷重が作用した時の変形状態を模式的に示したものである。図中の主軸、主軸頭、アーム、円筒コラム、並びにベースが本体構造要素であり、箱形テーブルはアタッチメントである。このように、静荷重が作用すると、機械本体は「曲げ変形」を生じる他に、荷重状態によっては「ねじり変形」を生じる。そこで、この変形状態を定量的に表現するために、図中に同時に示す「（静）剛性（Static stiffness）」なる評価指標、すなわち「1μm変形させるに必要な作用荷重」が使われている。

ここで、「（静）剛性」なる評価指標は、工作機械の構造設計の最も特徴的な様相を示している。すなわち、工作機械は「マザーマシン（母なる機械）」と呼ばれるように、加工される部品に工作機械自身の精度が転写されるので、他の機械が「応力基準の設計」であるのとは異なり、「変位基準の設計（Allowable deflection-based design）」となっている。ちなみに、人間社会では多種多様な機械や装置類が用いられているが、「変位基準の設計」がなされているのは、工作機械と兵器の一部に過ぎない[3-2]。

さて、「変位基準の設計」では、設計に際して「許容応力」ではなく、「許容変位」を設定して所定の作業を行う。その結果、一般的な許容応力を規定する設計とは大きく異なる様相を示すので、それを**図3.8**に示す一端固定梁で眺めてみよう。

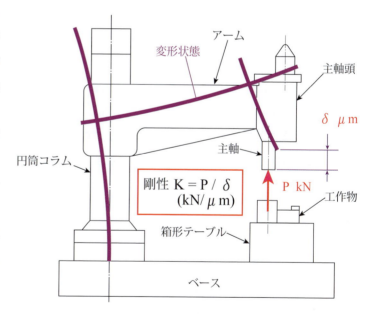

図3.7 ラジアルボール盤の単純化変形モデルによる「剛性」の説明図

脚註3-2：**図3.7**中では剛性の単位をkN/μmとしているが、古くから慣用的にkgf/μmが使われている（1kgf = 9.80665 N）。なお、古く中国語では、工作機械は「工作母機」とも呼ばれた。

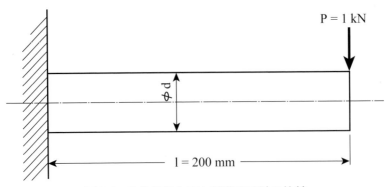

図 3.8　変位基準と応力基準の設計の比較

(1) 梁の材質を S45C とすると、その引張強さは約 0.6 kN/mm² (60 kgf/mm²) であるので、安全率を 3 とすれば、許容応力は、0.20 kN/mm² (20 kgf/mm²) となる。最大曲げ応力 $\sigma_{max} = Pl/z$ (z: 断面係数) であるので、d の設計値は約 22 mm。

(2) 許容変位を 1/100 mm とすると、最大変位 $\delta max = (Pl^3)/3EI$ (E: ヤング率、I: 断面二次モーメント) は梁の先端部に生じて、d の設計値は約 70 mm となる。これは応力に換算すると、わずか 6 N/mm² (0.6 kgf/mm²) であり、許容応力に対して 1/30 となる。

このように、「変位基準の設計」を採用すると、機械は絶対に壊れない状態になるが、その反面寸法・形状は非常に大きくなる。ところが、工作機械も人間が使う機械であり、「取扱い易い形状・寸法」とせねばならない。要するに、「所要の剛性を確保するには必然的に大きな形状とすべきである」が、「剛性を確保しながら小さな形状の機械として具現化する」ところに工作機械の構造設計の心髄がある。その結果、これ迄に様々な創意・工夫がなされてきて、後述するように、特徴的な構造形態要素、構造の補強手段、構造構成材料等が具現化され、実用化されている。

ところで、工作機械には静的荷重と同時に動的荷重も作用する。図 3.9 は、動的荷重下の工作機械の最も簡単な数学モデル、すなわち周期的加振力の作用する一自由度の振動系である。周知のように、動剛性 K_d は次式で与えられる。

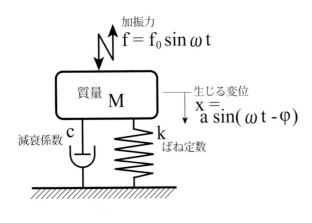

図 3.9　動的荷重下の構造本体の数学モデル

$$K_d = f_0/a = M\sqrt{(\omega_n^2 - \omega^2)^2 + 4\varepsilon^2\omega^2} \quad (3.2)$$

ここで、

$$2\varepsilon = c/M, \quad \omega_n^2 = k/M \quad (3.3)$$

さて、問題となるのは共振点近傍であるので、

$$K_{dcr} = c\sqrt{k/M} \quad (3.4)$$

従って、高い動剛性を確保するには、(1)減衰能の増加、(2)重量の軽減、並びに(3)静剛性の増加が必要、不可欠なことが判る。要するに、「高い減衰能を有する軽量化・高静剛性構造」とすることが構造設計の基本となる。しかし、構造構成材料は、一般的に「高い静剛性（大きなヤング率）の材料は内部減衰能が小さい」という特性を有していること、並びに設計原理の面からは「高い静剛性の構造には大きな減衰能を付与し難いこと」が知られている。

表 3.1 本体構造設計で守るべき基本事項

Ⅰ．作用荷重のうち「曲げ」と「ねじり」が構造の特性を支配するので、コンパクト・軽量化という制約条件の下で曲げ及びねじり剛性（静及び動剛性とも）を可能な限り大きくすること

　設計原則：
　　曲げ荷重への対応：構造の断面二次モーメントを出来る限り大きくすること
　　ねじり荷重への対応：構造を閉鎖断面形状とすること

Ⅱ．コンパクト・軽量化という制約条件の下で十分な静及び動剛性を具備させるために、構造形態や主要断面形状などに配慮して、静及び動剛性の増強を可能な限り図ること

　設計原則：
　　リブ、横継ぎ、隔壁、ボス、鋳抜き穴などの適正配置を図ること
　　二重壁構造、セル構造、双主軸構造などの適切な採用
　　製造の容易さを確保した一体構造の採用、「剛性の方向依存性」を活かす構造形態の採用

Ⅲ．案内面を有する本体構造では、案内部の設計に特段の配慮を払うこと：(1)案内精度の長期に亘る維持と保証、(2)所要の案内精度を確保できる「案内面の寸法と形状の決定」、(3)案内面構成材料や案内面の表面処理の選択に留意すること、(4)クランプ力による変形に対して不感構造とすること

Ⅳ．熱変形を極力小さくすると同時に、単純化、すなわち制御しやすい「伸び」のみとすること：(1)主電動機のような発熱源となる機器を本体内に格納する場合、(2)重切削や高速切削により多量の熱を発生する場合、(3)パネルカバーやスプラッシュガード等の採用により構造本体からの熱の空気中への放熱が妨げる場合等には、特に綿密な設計が要求される

Ⅴ．切屑による損傷を生じない、又、切屑排出が容易な構造形態とすること：一般的には「スラントベッド、あるいはスラントベース」（Chip flow 形構造）の採用

Ⅵ．一体化構造を除けば、一台の機械は数多くの本体構造要素(大物部品)を組合わせて構成されるので、「高い結合剛性と組立精度」の得られる結合面と結合方法の具現化（適切な結合部設計の実施）：特に、所要の結合剛性を維持しながら「組立精度の確保と繰返し再現性」の具備が重要

要するに、工作機械の構造設計の心髄は、(1)所要の静剛性を確保しつつ、コンパクトな構造形態とすること、並びに (2)「高い静剛性と高い減衰能の具備」という相反条件を好適な状態で満足させることに帰着する。又、(1)静剛性は「工作物と切削工具間の相対変位を規定」するので、仕上げられる部品の「幾何学的形状精度」、並びに (2)動剛性は「仕上げられる部品の表面品位と耐びびり振動特性」と最も密接な関係にあるとされている点にも留意すべきである。

ところで、最適ではなく好適な解という条件下でも、工作機械の構造設計の心髄を完全に満足させることは困難である。そこで、まず構造設計の伝統的な考えを以下に紹介しておこう。

(1) 設計の大指針：「本体構造構成材料」と「剛性を最大化できる構造形態」の好適な組合せを行うこと。

(2) 設計の原則：(a)単位重量当りの静剛性の最大化、あるいは (b)減衰能の最大化に個別に対処。

(3) 具体的な設計対処策：鋳造構造、又は鋼板溶接構造の採用。特に後者は高い縦弾性係数の材料を使って、比較的廉価で複雑な構造形態を実現できる。

次に、上記を具体的な設計指針へ詳細化、すなわち「本体構造設計で守るべき基本事項」として整理したものを表 3.1 に示してある [3-3, 3-4]。この表中では、次の2点について特に配慮が必要である。

(1) 曲げ及びねじり剛性を可能な限り大きくすること：一般的には、これら両者を同時に大きくすることは難しく、いずれか一方を大きくできるのみである。そこで、両者の釣り合いの取れた好適解を得られるような構造設計が望まれる。図 3.10 は、「大なる断面二次モーメント（曲げ剛性に関係）」と「閉鎖断面（ねじり剛性に関係）」を同時に具備させることに成功した数少ない例である。但し、倣い旋盤という機種の荷重状態下という条件に注意すべきで、他の機種への適用は慎重に検討せねばならない [3-3]。

(2) 「剛性の方向依存性 (Directional orientation in stiffness)」を活かす構造形態：作用荷重（合力）を X、Y、並びに Z 方向成分に分解して考えると、本体構造要素の各分力方向の剛性は異なるのが一般的であり、これを「剛性の方向依存性」と称している。在来形が主

脚註3-3：構造設計の詳細については、以下の書を参照のこと。
　　1) 日本工作機械工業会．"工作機械の設計学（基礎編）"．平成10年．
　　2) 日本工作機械工業会．"工作機械の設計学（応用編）"．平成15年．
脚註3-4：以下の小冊子は、構造設計の基本思想を知ること、並びに技術史の観点から価値がある。但し、PERA の賛助会員である総合大学及び単科大学の常勤教員のみへの使用許可という制約条件付．
　　1) Survey of Literature on Machine Tool Structures - Part 1 Basic Structural Elements, Report No. 166, July 1967, PERA.
　　2) Survey of Literature on Machine Tool Structures - Part 2 Components and Assemblies, Report No. 172, January 1968, PERA.

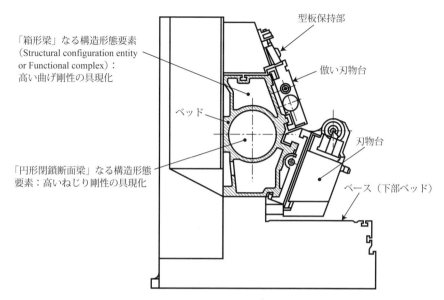

図 3.10 「大なる断面二次モーメント」と「閉鎖断面」を同時に具備した望ましい構造の典型例 – 倣い旋盤のベッド構造（1971 年、Frank による）

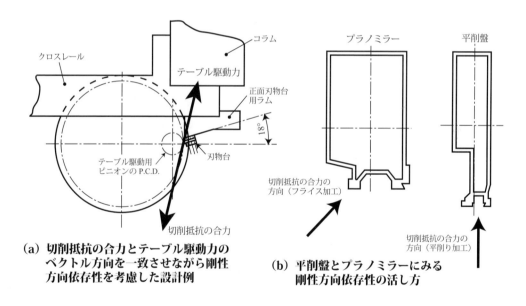

(a) 切削抵抗の合力とテーブル駆動力のベクトル方向を一致させながら剛性方向依存性を考慮した設計例

(b) 平削盤とプラノミラーにみる剛性方向依存性の活し方

図 3.11 「剛性方向依存性」を活す本体構造の設計例

流の時代には、機種によって荷重状態が異なるので、図 3.11(b)に示すように、「剛性の方向依存性」を活かした構造設計がなされていた。すなわち、加工方法による合力の方向の違いを考慮すると、正面フライス加工が主であるプラノミラーでは、矩形状のコラムとし

て対角線上に、その一方、平削りが主である平削盤では、長方形状のコラムとして短辺側に荷重が作用するようにしている。又、図3.11(a)に示す東芝機械 – Berthiez 製立旋盤（TB型、1960年代）のように、更に「剛性の方向依存性」を巧みに利用した設計例もある。すなわち、正面刃物台を傾斜配置することにより、まず切削抵抗の合力とテーブル駆動力のベクトルの方向を一致させている。これにより、作用荷重を低減させた上で、次いでコラムの断面二次モーメントが大きくなる方向に荷重を作用させている。但し、この手法を加工機能が集積されているTCやMCに応用するには、相当の構造設計の力量が要求されるであろう。

　ここで、表3.1中に示されている本体構造要素の特徴的な様相を示す「構造形態要素」、例えば「二重壁構造」、「セル」、「隔壁」等を簡単に紹介しておこう。これらは、いずれも「軽量化・高剛性」を具現化させる普遍的な構造設計上の対策例である。

(a) リブ（Rib）、隔壁（Partition）等の補強要素：図3.12には、1960年代の治具中ぐり盤の「双柱形単コラム（Column of twin-pillar type）」を示してある。二つの柱状の構造形態要素からなるコラムの内部を主軸頭が上下運動する対称構造であり、高い案内精度を確保できる。この利点を更に活かすために、柱状であるコラムの両側面部は二重壁構造として剛性を確保するとともに、リブや隔壁のような補強要素を配置している。ちなみに、これは、「門形コラム」なる名称で現今では中、小形の横形MCの標準的な形態となっている[3-5)]。

(b) 二重壁構造（Wall with box section [英]；Double-walled configuration）：既に図3.12に示してあるが、図3.13には二重壁構造を採用した横形及び立形MCのコラムを示してある。図から判るように、案内面近傍（コラム案内面側）の剛性を高くして案内精度を確保するために、二重壁構造が採用されている。特に、横形MCでは、前述のように、双柱形単コラム内を主軸頭が上下運動を行うので、コラムを閉鎖断面形状とすることが構造設計上は難しい。そこで、コラム案内面側を「二重壁構造」にするとともに、主軸軸線方向に長い「長方形状断面」として曲げ剛性を増強することが多い。なお、立形MCには、「ボス」なる補強要素も配置されている。ちなみに、二重壁構造は、古く1950年代後半に実用化されたものである。

脚註3-5：門形コラム（Column of Portal Type[英]，Double-column Type）は、平削盤、プラノミラー、五面加工機などの大形工作機械で多用されてきていて、コラムが幅広いベースの両側面に配置されている、いわゆる「門」の形のものを指すのが一般的である。しかし、MCの急速な発展、特に高精度化により、高精度加工を主目的とする治具中ぐり盤で使われていた門幅の狭い、形態からみるとPortalとは云い難いコラム構造を慣用的に「門形」と呼称するようになっている。その結果、英文用語も含めて混乱が生じているので、本書では、「双柱形単コラム」という名称を採用している。ちなみに、1960年代以前には、「単柱式コラム」なる名称も使われていた。

(c) セル構造 (Cellular configuration)：図 3.14 には、横形 MC のベースに採用されたセル構造を示してあり、字義どおり「小さな隔室」が多数組合わされて「閉鎖断面」を有する本体構造要素を構成している。従って、鋳造構造では、鋳物砂落しに配慮する必要がある。

それでは、ここで本体構造設計の際に必要な更なる基礎知識に触れることにしよう。

本体構造要素の構成材料

既に述べたように、本体構造要素は鋳造構造、あるいは鋼板溶接構造であることが多く、コンクリート構造も使われている。その一方、機能や性能の向上を目指して、設

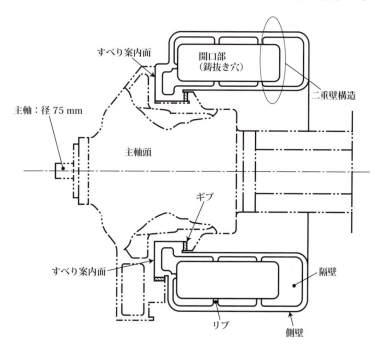

図 3.12　治具中ぐり盤の「双柱形単コラム」の構造 − 75N 型、Dixi 社製、1960 年代

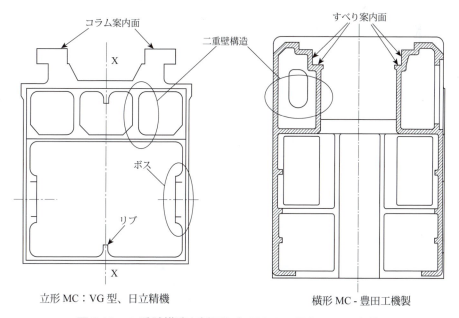

立形 MC：VG 型、日立精機　　横形 MC − 豊田工機製

図 3.13　二重壁構造を採用した MC のコラム − 1980 年代

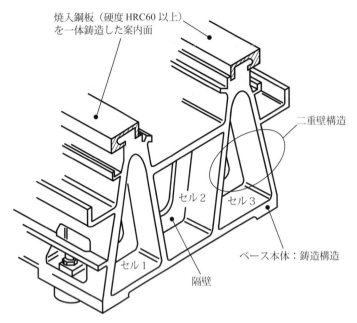

計目的によっては低熱膨張鋳鉄、アルミニウム合金、CFRP（炭素繊維強化形プラスチック；Carbon Fiber Reinforced Plastics）等が使われることもある。そこで、一般的な鋳造構造と鋼板溶接構造を除いて本体構造要素の構成材料の全体像をまとめてみると、図 3.15 に示すようになる。ここで、参考迄に今後の期待される材料について簡潔に説明しておこう。

図 3.14　セル構造からなる横形 MC のベース
－HG 500 型、日立精機製、1988 年

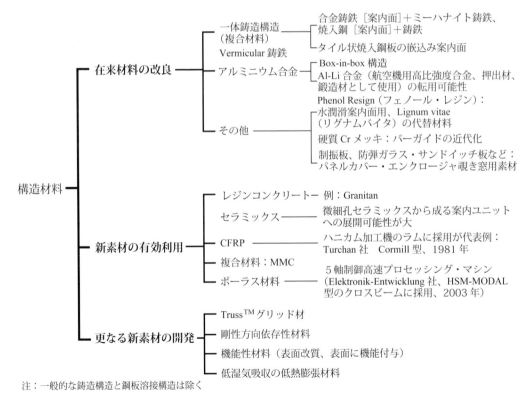

図 3.15　本体構造要素の構成材料の一覧

(1) Vermicular 鋳鉄（コンパクト黒鉛鋳鉄）：2005年頃からドイツ、MAN社で自動車エンジンのシリンダーブロックに採用されていて、その目的の一つは適切な強度を維持しつつ、軽量化を図ることにあると考えられる。従って、この材料を工作機械の本体構造へ利用できる可能性はかなり高いであろう。

(2) コンクリート：色々なコンクリートを商品化した後に、現今では商品名「Granitan」なるポリマー・コンクリート（プラスチック・コンクリート）が普遍化している。Granitanは、花崗岩の砕石を骨材としてエポキシ樹脂で固めた材料であり、その最大の特徴は骨材やエポキシ樹脂の混合比を変えることにより材料特性を制御できることにある。例えば、熱膨張係数をねずみ鋳鉄と同じ値として機械全体の熱的安定性を向上できる[3-4]。これらコンクリート系の素材については、エポキシ樹脂より安価なメタアクリルエーテルを用いる反応硬化（Reaction-hard）形コンクリート、機械加工が可能なフェライト・レジンコンクリート、又、セラミックス・レジンコンクリート等も研究はされたが、実用には至っていない。

(3) セラミックス：1980年代頃からセラミックス製主軸の研究、更にはセラミックスからなる主軸や主軸受を組込んだセラミックス製主軸台等の試作も行われた。その後、例えば耐摩耗性を向上させるために主軸テーパ穴へのセラミクス・スリーブ貼付けやセラミックス溶射案内面の実用化が進み、現在では普遍化した構造材料となっている。2000年代には、例えば、ソディックEMGはセラミックス製案内ユニット（I形ビーム、T形レール、クイル、アーム等）を市販している他に、微細孔セラミックスも商品化している。ここで、微細孔セラミックスの場合、空気軸受材料としての用途が考えられる他に、微細孔へフィラーを充填して、「機能性のある案内材料」へ展開する可能性もあろう。ちなみに、そのような試みは、薬剤を含侵させた人工骨に例をみることができる。以上の他に、豊田工機が1987年に試作した超精密平面研削盤の主軸に用いた、「零膨張係数ガラスセラミックス」のような材料も今後は再検討すべきであろう

(4) ポーラス材：高剛性と同時に高減衰性を具備できるので、今後が期待できる構造用材料である。ドイツでは、既にAl系ポーラス材からなるサンドイッチ板を素材としたクロスビームを組込んだ「ガントリー形パラレルリンク方式五面加工機」が実用に供されている[3-5]。

(5) Truss グリッド材：グラファイト／エポキシ複合材を蛇籠状に編んで構造素材としたものであり、Elektronik-Entwicklung社製のガントリー形5軸制御プロセッシングマシン（HSM-MODAL型、2003年）では、走行クロスビームをサスペンション・ブリッジのように支えている部材に使用されている[3-6]。

結合部の剛性及び減衰能

図 3.16 は、結合部の分類体系である。本体構造要素が色々な目的で使われるのに対応して数多くの結合部が存在するが、大きくは「固定形」と「移動形」に分類される。ここで、固定形の代表例は「ボルト結合部」であり、図 3.17 には、直径約 10 メートルの大形立旋盤のベースの例を示してある。この例ではベースを 3 分割して、電熱線を挿入した中空ボルト（加熱ボルト）で締結している。この方法は、ボルトが冷却時に収縮することを利用したものであり、強固な締付けが必要なとき、特に大径ボルトに用いられる。又、図中には機械の据付け時に用いられる「球面座付き基礎ボルト」の例も示してあり、これはボルト結合の展開形とみなせる。

これに対して、「移動形」の代表例は案内面であり、しかも現今では図 3.18 に示すようなリニアガイドが多用されている。このように、一言で結合部と言っても色々な形態があり、その静的及び動的な特性はかなり異なっている。しかも、本体構造要素と同様に、「高い静剛性の結合部は、減衰能が小さい」という問題を抱えている[3-6]。

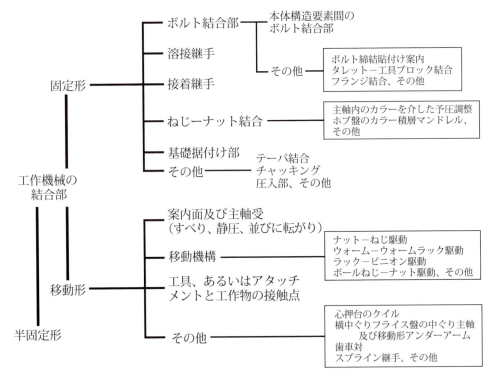

図 3.16　結合部の分類体系

脚註 3-6：結合部の静的及び動的特性の詳細については、次の書を参照。
　　　　 Ito Y. "Modular Design for Machine Tools". McGraw-Hill, 2008.

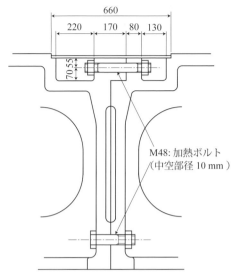
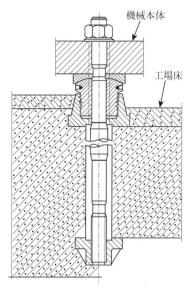

注：1960 年代から使用

NC 大形立旋盤のベース - TDP 型、東芝機械製、1972 年（テーブル径：10,500 mm）

球面座付き基礎ボルト
（Gemex 社、ドイツ特許 2304132）

図 3.17　ボルト結合部の例

ところで、多種多様な形態の結合部の基本は「二平面接合部」であり、その垂直荷重作用下の静剛性は次の Ostrovskii の式によって与えられる。ちなみに、この式の妥当性は理論的及び実験的に数多くの研究で検証されている。

$$\lambda = Cp^m \tag{3.5}$$

ここで、λ：接合面の垂直方向変位（μm）

　　　　p：面圧力（kgf/cm^2）

　　C, m：定数であり、接合部の材質、仕上げ方法、表面粗さや平坦度、仕上げの方向性、接合部面積によって定まる。

　　　　　一般的な接合部では $m = 0.5$

よって、単位面積当りの接合部剛性は次式で与えられる。

$$dp/d\lambda = [1/(Cm)] \times p^{(1-m)} \tag{3.6}$$

要するに、結合部の剛性は「非線形性」を有する。

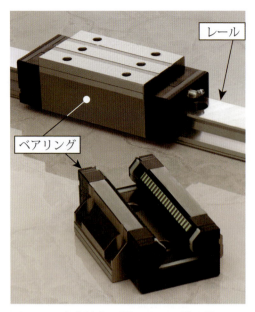

図 3.18　案内結合の例 – リニアガイド
（2010 年代、日本精工の好意による）

これに対して減衰能については、次の事実が広く認められている。すなわち、本体構造の振動モードにおいて振幅の大きなところに結合部が配置されている場合には、素材（鋳鉄及び鋼）、ボルト結合部、並びに一台の機械全体の対数減衰率は、0.005〜0.01、0.05〜0.2、並びに 0.1〜0.6 である。しかし、Ostorvskii の式のように、多くの研究者によって確認された表示式は未だ確立されていない。その大きな理由は、減衰能に大きく関係する接合部の摩擦損失エネルギーが、クーロン摩擦で規定できない「微視的なすべり」状態によって生じ、そこでは「接線力比（微視的なすべり状態に於ける摩擦係数；Tangential force ratio)」が主要な因子となるからである。この接線力比は、「すべり量依存性」なる特性を有し、その結果、接合部は「粘性減衰」的なエネルギー損失の特性を示すようになる。

材料の疲れ限度（Fatigue limit, Endurance limit）を用いた応力基準の設計との融合

　工作機械は「変位基準の設計」に基づいていると云っても、それは母性原則に密接に関係する本体構造要素及びそれらの結合部、いわゆる大物部品に限定されている。但し、加工空間で見た場合には、これにアタッチメント、工作物、並びに工具の変形を考慮すべきである。その一方、主軸の伝動機構のような「機械の内蔵」に相当する部品の場合には、応力基準の設計が用いられている。要するに、図 3.19 の主軸系にみられるように、変位基準と応力基準の設計を同一機械内で融合させる必要がある。

　しかし、材料の引張り強さと安全係数を用いる一般的な設計では、この融合が難しい。そこで、小物部品、例えば伝動歯車、伝動軸、送りねじ等はコンパクト・軽量化を実現するために、同じ応力基準でも「材料の疲れ限度設計」が用いられる。要するに、回転部品では曲げやねじり荷重が正負繰り返し作用する状態、いわゆる交播荷重の下で運転されることが多い。その結果として単純な曲げ荷重やねじり荷重の作用下よりも数段と低い応力で部品の破壊、いわゆる「疲れ破壊」が生じる。そこで、次のように許容応力 σ_a を定めて設計を行う。

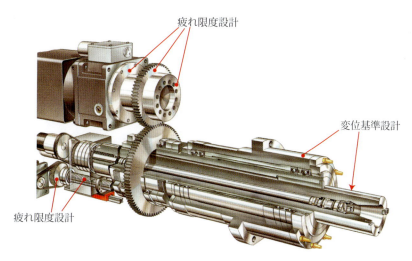

Heckert 社、重切削 MC、CWK 型の主軸系、1993 年

図 3.19 変位基準と応力基準設計の巧みなバランスによる「コンパクト・軽量化設計」の具現化

$$\text{許容応力 } \sigma_a = [1/(f_m f_s)][(\xi_1 \xi_2 \sigma_w)/\beta_k] \qquad (3.7)$$

ここで、σ_w：標準試験片（研削により前加工後に鏡面仕上げ）を用いて得られた疲れ限度、
　　　　例えば σ_{wb} は、繰返し回転曲げ疲れ強さ

　　　β_k：切欠係数

　　　ξ_1：寸法効果、ξ_2：表面状況による低下率

　　　　f_m = 材料の疲れ限度に対する安全係数：材料の欠陥、化学成分、熱処理、加工等の不均一性、資料と実物の違い、実験値のばらつき、並びに f_s, ξ_1, ξ_2, β_k 等補正した推定値に対する不確実さを補うための安全係数。

　　　　σ_w の下限の値を使用した時には、$f_m = 1.0 \sim 1.2$

　　　　f_s = 使用応力に対する安全係数：作用する荷重の見積りの不確実さ、応力計算の近似等による不確実さに対する安全係数、一般的には、$f_s = 1.5 \sim 2.0$

さて、図 3.20 は「疲れ限度設計」の概念を示す「S-N 曲線」である。図にみられるように、繰り返し荷重の作用下で生じる応力が材料の疲れ限度より小さければ永久に破壊しないが、それでは設計の際の許容応力が小さくなり、構造体は寸法・形状が大きくなる。そこで、許容できる応力の繰返し数を鋼であれば、$10^6 \sim 10^7$ より少なく設定することによって高い許容応力を

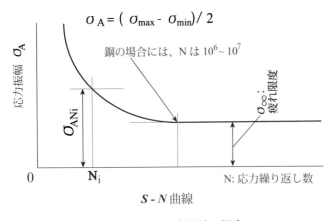

図 3.20 疲れ限度設計の概念

用いられるようにして設計を行い、コンパクトな構造体を具現化することが行われる。要するに、σ_∞ではなく、σ_{ANi}を設計基準応力とする設計方法であり、その場合には構造体の設計寿命はN_iとなる。すなわち、作用する応力の繰返し数を把握して、一定時間経過後に該当する部品を交換することになる[3-7]。

従って、質の高い疲れ限度設計を実現するためには、製品寿命期間中の「荷重頻度分布 (Cumulative load distribution)」に関わる設計データの整備が必要である。ところが、そのような設計データは1960年代や1970年代に多少は公表されたに過ぎない。又、工作機械の場合にはユーザに於ける利用状況を把握し難いこともあり、設計データとして整備しているメーカは数少ない。但し、NC工作機械では、稼働履歴がNC装置に記録されているので、データの収集は可能であろう。なお、主電動機の出力を全て使用する、あるいはそれに近い重稼働状態は稀であり、全寿命期間中で10％程度とも云われている他に、経験的に荷重頻度はΓ分布に従うとされている。

3.3　加工空間に作用する荷重

工作機械に作用する荷重としては、不要な部分を除去する際に生じる加工抵抗（加工力）、例えば、切削抵抗や研削抵抗が主たるものである。しかし、大形工作機械の設計の場合には、移動する本体構造要素の駆動力や工作物の自重などが加工抵抗よりも問題になることもある。但し、そのような場合にも、図3.11に示した大形立旋盤のように、加工抵抗のベクトルの方向を知る必要がある。その典型例は、現今では工業先進国では消え去っている平削盤の構造設計にみることができる。周知のように、大きな駆動力をテーブルに与えるために、平削盤のテーブルは多くの場合に「ピニオン－ラック駆動方式」であるが、ピニオンの半径方向分力は

脚註3-7：「疲れ限度」を用いる設計は、航空機の分野で実用化されたもので、ここでは基本のみを説明している。現今では、より進んだ「累積損傷設計」のような手法が多用されているので、必要な向きは参照のこと

大きく、それによってテーブルに局部変形が生じる。そこで、**図3.21**に示すように、クロスレールに設ける刃物台の位置をピニオン駆動軸の垂直方向に一致させ、切削抵抗の背分力と駆動力の半径方向分力を相殺させている。

ところで、既に**図2.9**に示したように、工作機械では多種多様な加工が行われるので、基本的には各々の加工抵抗を実験的、あるいは理論的に知る必要がある。そのためには、各加工方法の形状創成運動を考慮して議論を進める必要があるが、ここでは「二次元切削機構」を主体に基本的な知識を述べるに留める（詳細については関連の書籍を参照）。

周知のように、二次元切削機構は「片刃バイトによる外丸削り」や「平削り」の数学モデルであるが、これが他の加工方法の基本となることを幾つかの例で初めに紹介しておこう[3-8]。

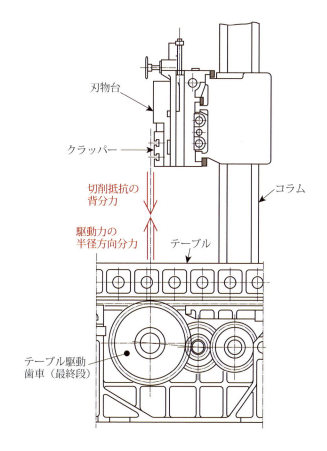

図3.21 平削盤の典型的な設計例
－駆動力と切削抵抗のバランス

下穴付き工作物へのドリル加工

大径ドリルによる穴あけ加工では、軸推力を低減させるために予め小径の下穴をあけることが普通に行われる。この場合、下穴の径はドリルのチゼルエッジ（チゼルポイント、のみ刃部；**図3.26**参照）より大きくするので、加工の状態は**図3.22**に示すように、旋削の形態となる。但し、ドリルの切刃は、図に同時に示すように、半径方向に「すくい角」が大きくなるので、切込み方向に連続的にすくい角が変化する旋削となる。

脚註3-8：2000年代では、数値計算力学、例えば有限要素モデルで切削機構を解析することは普遍化している。又、公表されているソフトウエアの得失についての検討結果も次のように報告されているので、必要な向きは参照のこと。
Heisel U, et al. "Die FEM-Modellierung als moderner Ansatz zur Untersuchung von Zerspanprozessen". ZwF 2009; 104-7/8: 604-616.

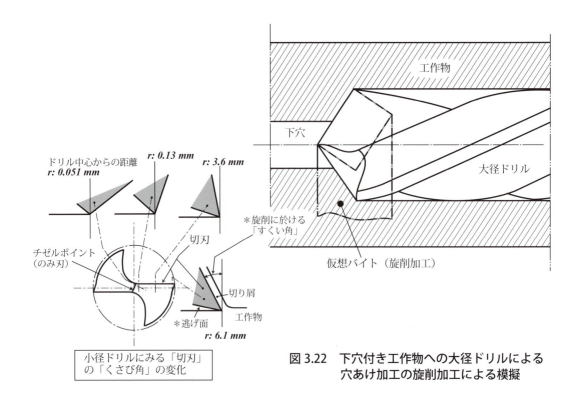

図 3.22　下穴付き工作物への大径ドリルによる穴あけ加工の旋削加工による模擬

フライス加工

　フライス削りでは、フライスの切刃が工作物に喰込んだ後にフライスの回転にともなって切屑厚さが変化する。そこで、そのような切削機構の基本を理解するために、図 3.23(a)には、相隣る二つの刃の軌跡を示してある [3-7]。ここで、図 3.23(b)に示すように、この軌跡に挟まれる長さが切屑厚さとなる。なお、これらの図は、円筒フライスの刃先を想定して描かれているが、正面フライスの端面側からみれば、図 3.23(c)から類推できるように、同じ刃先の運動となる。

　さて、図 3.23(a)から判るように、刃先は回転しながら相対的に直線運動を行うので、その軌跡は「トロコイド曲線」となる。そこで、フライスの最下点を原点として、図に示すように座標（x、y）を定めると、最初に原点にあった刃先Bがφ回転してP（x、y）点にきたとすると、その座標、並びに先行する刃先Aの座標は次式で与えられる。

$$\left. \begin{array}{l} x = [s/(2\pi n)]\varphi + r\sin\varphi \\ y = r(1-\cos\varphi) \end{array} \right\} \quad (3.8)$$

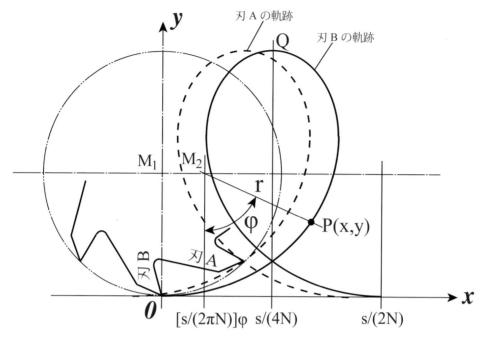

(a) 刃先の運動軌跡 – トロコイド曲線

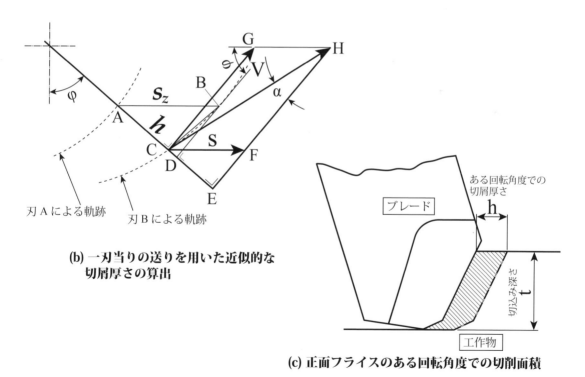

(b) 一刃当りの送りを用いた近似的な切屑厚さの算出

(c) 正面フライスのある回転角度での切削面積

図 3.23　フライス削りに於ける切屑厚さ

$$\left.\begin{array}{l} x = [s/(2\pi n)](\varphi + \varphi_z) + r\sin\varphi \\ y = r(1-\cos\varphi) \end{array}\right\} \quad (3.9)$$

ここで、r: フライスの半径、 s: テーブルの送り速度 mm/min、
　　　　N: フライスの回転数 rev/min、$\varphi_z = 2\pi/z$ (z: 刃数)

ところで、トロコイド曲線は超越関数であるので、式 (3.8) と (3.9) に挟まれた長さを正確に算出するのは難しい。そこで、図 3.23(b)を用いて近似解を求めることにする。

いま、C 点を刃先とすれば、長さ AC が切屑厚さに相当し、又、水平方向にはテーブル送り s、AC に直角方向にはフライスの周速度 V が存在する。なお、線分 CH が C 点に於けるトロコイド曲線の接線となる。よって、

$$\begin{aligned} h = AC &= AD - DC \\ &= AB\sin\varphi - BD\tan\angle CBD \end{aligned} \quad (3.10)$$

ここで、AB（一刃当りの送り量）= s_z = s/(Nz)、
　　　　BD = $s_z\cos\varphi$、 ∠CBD = $\alpha - \Delta\alpha$

よって、フライス削りの機構を勘案して、$\Delta\alpha = 0$、s/V ≒ 0 とおけば、フライス一刃当りの切屑厚さは次式で与えられる。

$$h = s_z\sin\varphi \quad (3.11)$$

要するに、フライス削りでは、フライスの回転にともなって切屑厚さが連続的に増加、あるいは減少する。従って、最も簡単には「テーパ形工作物を二次元切削する機構」で模擬できることになる。

平面研削加工

図 3.24 には、砥石フランジに装着された砥石車を示してある。図中に同時に示すように、砥石車の特徴は「研削砥石の三要素」と呼ばれる構成にある。すなわち、砥石は切刃である「砥粒」、数多くの砥粒を結び付ける「結合剤」、並びにそれらの間に存在する「気孔」から基本的に構成されている。又、これらに関わる「粒度」、「結合度」、「組成」、並びに「形状・寸法」が砥石車の機能・性能に大きく影響する。

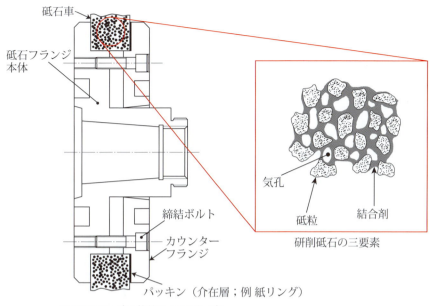

図 3.24 砥石の三要素

　ここで、観点を変えてみると、研削砥石車は、「フライスの刃を非常に小さく、切屑排除空隙を無数に多くした高速回転刃物」であり、しかも、砥粒は「負のすくい角」を有しているとみなせる。ここで、結合剤はカッタボディに、又、気孔は切屑排除空隙に相当する。従って、前述のフライス削りからも判るように、基本は二次元切削機構となろう。

　要するに、研削抵抗もフライス削りの応用として解析できることになり、例えば確率論的に研削に関与する砥粒の数、又、各々の砥粒による研削抵抗を求めて、それらの総和を算出すれば良いことになる。しかし、大きな障壁は「切刃である砥粒の自生作用」である。要するに、砥粒が摩耗して先鋭さを失う、いわゆる鈍摩の状態になると、自動的に砥石作業面から脱落して、代わりに新しい砥粒が切刃として関与するようになる。この「砥粒の自生作用」のために、研削加工では二次元切削機構のようなモデルによる解析が難しくなる。

3.3.1　切削・研削抵抗の三分力、並びに静的及び動的成分

　加工抵抗を論じる際には、その大きさと作用方向（加工抵抗の合力）が重要であるが、一般的には作用方向は加工条件で異なり一義的には決まらない。そこで、論議の便宜上、機械内に設けた直角座標に従って加工抵抗を三つの分力に分けて考えるのが一般的である。この場合、直角座標系は形状創成運動を論じる時に用いるものと一致させることが多い。

さて、図 3.25 及び図 3.26 には、代表的な機械加工である旋削及び研削、並びにフライス加工及びドリル加工について合力と三分力を示してある。旋削にみられるように、切削速度の方向、バイトの送り方向、並びに切込み方向に対して、各々「主分力」、「送り分力」、並びに「背分力」と称している。ここで、特徴的な様相を列挙すると、次のようになる。

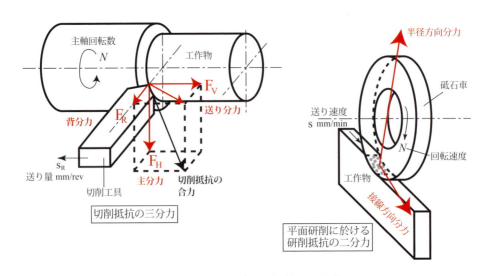

図 3.25　切削及び研削抵抗の三分力

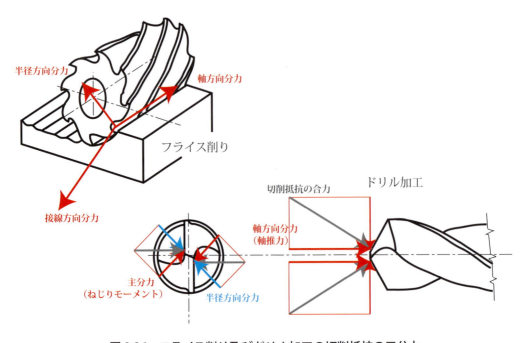

図 3.26　フライス削り及びドリル加工の切削抵抗の三分力

(1) 切削では、主分力が最も大きいが、研削加工では、主分力に相当する接線方向分力よりも背分力に相当する半径方向分力の方が大きい。

(2) 研削加工では切込み深さが小さいので、一般的には半径方向分力は加工面に垂直、又、接線方向分力は平行と看做して、二分力に分ける。

(3) ドリル加工では、使用済みドリルを再研削した場合でも、二枚の刃先が対称状態から偏倚することは非常に稀である。その結果、半径方向分力は釣り合い状態になるので、ドリル加工では、「主分力（ねじりモーメント）」及び「軸方向分力（軸推力）」という二分力の状態となる。

なお、歴史的な経緯により三分力の呼称も加工方法によって異なり、例えば旋削加工に於ける「主分力」及び「背分力」がフライス加工では「接線方向分力」及び「軸方向分力」となる。

ところで、1970年代初めにスイス、Kistler社が実用性の高い水晶圧電素子を用いた切削抵抗測定器（切削動力計）を市販するようになって、切削抵抗を詳細に測定できるようになった。その結果、これまでの切削動力計では、ノイズとみなされていた出力信号に貴重な情報、すなわち「切削抵抗の動的成分」の含まれていることが判っている。要するに、**図 3.27** に模式的に示すように、切削抵抗は、(1)静的成分、(2)変動成分、並びに (3)動的成分からなっていることが確認されている。ここで、静的成分は、従来から測定されているもの、又、変動成分はフライス削りのように、加工に関与する刃数が変わることによる静的成分の増加分である。

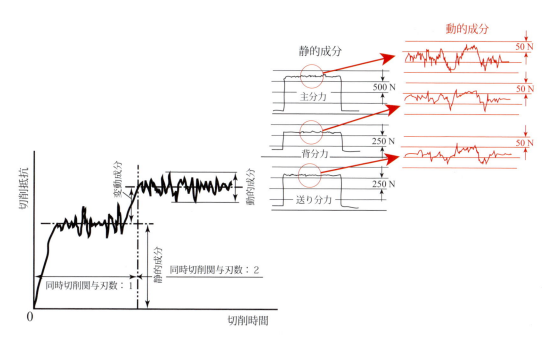

図 3.27　旋削抵抗の静的成分、変動成分、並びに動的成分

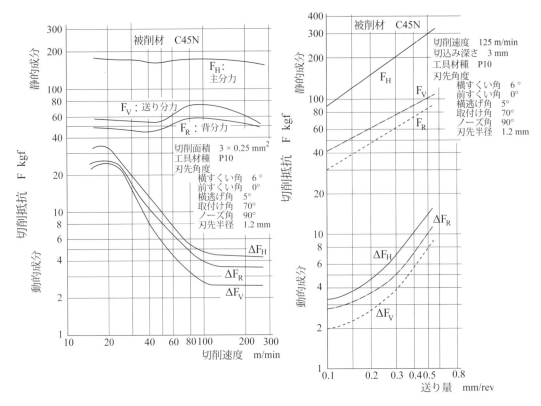

図 3.28　旋削加工に於ける切削抵抗の静的及び動的成分（Langhammer らによる）

図 3.28 には、参考迄に Langhammer が報告した普通炭素鋼の旋削データの例を示してある [3-8、3-9] [3-9]。図から (1)静的成分と異なって動的成分は送り量に対して非線形性を示すこと、又、(2)切削速度の増加にともなって減少、いわゆる「垂下特性」を示すことという興味ある事実が観察できる。これらは、それ迄に知られていなかったことであり、特に、「垂下特性」は一般的に「びびり振動」の原因の一つと見なされているものである（4 章参照）。

3.3.2　切削抵抗の簡易計算式

現今では、被削材（素材、工作物）の材料特性に対して幾つかの仮定は必要ではあるが、数値シミュレーションによって仔細に切削・研削抵抗を予測できるようになってきている（3.3.3 項及び脚註 3-8 参照）。その一方、設計中に機械の作用荷重、あるいは工場で加工中の工作物に作用する切削抵抗を暗算で算出する必要性は皆無ではないであろう。しかし、そのような簡便

脚註 3-9：文献 [3-9] は、Langhammer のアーヘン工科大学に提出した学位論文を公開したものであるので、Opitz 教授が筆頭者となっている。又、図 3.28 は、煩雑さを避けるために、実験点の表示を省略している。

な切削抵抗の算出式は、現今では話題にすらならない。

　実は、簡便な切削抵抗の算出式は、数多くの実験データを整理して、使い易い形で提供されていて、例えば、Kronenberg の式、海老原－益子の式、ASME の式などが知られている[3-10]。これらのうちでは旋削を対象とした益子の式が簡便で使い易いので、以下に紹介しておこう。但し、計算する際に必要、不可欠な「比切削抵抗 p_s」の値は、現今の工作物材質に適合するように修正せねばならない。なお、普遍的な普通炭素鋼では、p_s は 200〜300 kgf/mm^2 である。

　　　　切削抵抗の主分力 $F_H = p_s \cdot s_R \cdot t$　　　　　　(3.12)

　　　ここで、$p_s = k_\delta \cdot k_\kappa \cdot p_c$
　　　p_c: 工作物材質と送り量により定まり、δ（切削角）= 90°、
　　　　　κ（取付け角）= 90°のときの比切削抵抗
　　　$k_\delta = (\delta/90)^{\varepsilon_\delta}$: δ に関する定数で、$\varepsilon_\delta$ は切屑の形で定まり、流れ形切屑では 0.70、又、
　　　　　剪断形では 0.90
　　　$k\kappa = (90/\kappa)^{\varepsilon_\kappa}$: 取付け角に関する定数で、$\varepsilon_\kappa$ は材料の種類で定まり、例えば鋼では
　　　　　0.22、又、鋳鉄では 0.17
　　　s_R: 送り量、t: 切込み深さ

　ちなみに、前述の式（3.11）により平均切り屑厚さを求め、それに式（3.12）を適用すれば、フライス削りにおける切削抵抗の概略値も推定できる。ここで、その一例として Kienzle の式を応用した Thämer の歯車形削りの切削抵抗算出式を紹介しておこう [3-10]。

　まず、平削りや旋削のような単純な切削加工の主分力を対象として Kienzle は次の式を提示している。

　　　　主分力 $F_H = k_s \cdot h \cdot l$ (kp)　　　　　　　　　　　　(3.13)

　　　ここで、h: 切屑厚さ、l: 刃先長さ
　　　$k_s = k_{s1.1}/h^z$、刃先の形状及び材種、切削速度、工作物材質に関わる定数

脚註 3-10：これら切削抵抗の簡易計算式については、参考文献 3-7 の他に、Kronenberg M. "Grundzüge der Zerspanungslehre". Verlag von Julius Springer（1927）、並びに日本機械学会工作機械部門委員会（編）「工作機械」（1957 年）に詳しい。

さて、歯車形削りでサイクロイド歯形を創成するとすれば、切り屑厚さは、図3.29に示すように、歯車素材（歯車ブランク）とピニオンカッターの相対運動の軌跡、並びにピニオンカッター1回転当りのストローク数Hで与えられる送りによって決定される。いま、ある座標系（x、y）を設定すれば、サイクロイド曲線は次式で与えられる。

$$x = r_2 \left[\left(\frac{r_1}{r_2} + 1\right) \sin \frac{r_1}{r_2} \cdot \varphi - \frac{r_1 + k}{r_2} \cdot \sin \left(\frac{r_1}{r_2} + 1\right) \cdot \varphi \right]$$

$$y = r_2 \left[\left(\frac{r_1}{r_2} + 1\right) \cos \frac{r_1}{r_2} \cdot \varphi - \frac{r_1 + k}{r_2} \cdot \cos \left(\frac{r_1}{r_2} + 1\right) \cdot \varphi \right] \tag{3.14}$$

ここで、r_1：ピニオンカッターの半径、r_2：歯車素材の半径、k：ピニオンカッターの刃先部長さ、φ：ピニオンカッターの刃のエンゲージ角（喰込み角）

従って、刃先の1回目と2回目のストローク間には、刃は$\Delta\varphi = \varphi_2 - \varphi_1$回転するので、切り屑厚さは次式で与えられる。

$$h = \sqrt{(x_2 - x_1)^2 + (y_2 - y_1)^2} \tag{3.15}$$

いま、$\Delta\varphi = 2\pi/H$であり、又、$(\varphi_1 + \varphi_2)/2 = \varphi$とすれば、

$$h = \frac{r_1 + r_2}{r_1} \cdot \frac{2\pi}{H} \sqrt{4r_1(r_1 + k)\sin^2(\Delta\varphi/2) + k^2} \tag{3.16}$$

ここで、参考迄に図3.30には、エンゲージ角とカッターのストローク数を変化させたときの切屑厚さの計算例を示してある。

3.3.3　最も基本的な二次元切削機構 – 切削抵抗の算出と内包されている議論すべき本質的な課題

多種多様な加工方法の基本が二次元切削機構であることは既に二、三の例を挙げて説明したので、ここでは「単純剪断面モデル」を用いた最も簡略化した二次元切削機構について説明しよう。なお、脚註3-8でも触れたように、現今では数値シミュレーションで切削機構を論じるのが主流となっている。

さて、図3.31は、二次元切削の概念及びその切削機構を説明するための単純剪断面モデルである。切削加工では、「流れ形」、「剪断形」、「むしれ形」、「亀裂形」等色々な形態の切屑が生成されるが、それらの中で最も多くみられるのは「流れ形」である。「流れ形」では、刃先の進行にともなって工作物（被削材）が弾性状態から連続的に塑性変形して切屑となり、切刃

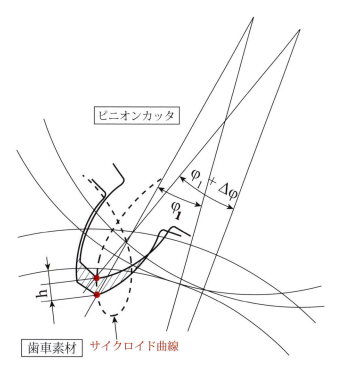

図3.29 歯車形削りによってサイクロイド歯形を創成する際の切屑厚さ（Thämerによる）

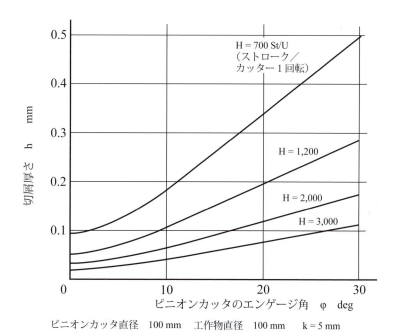

ピニオンカッタ直径　100 mm　　工作物直径　100 mm　　k = 5 mm

図3.30 歯車形削りにおける切屑厚さの計算例（Thämerによる）

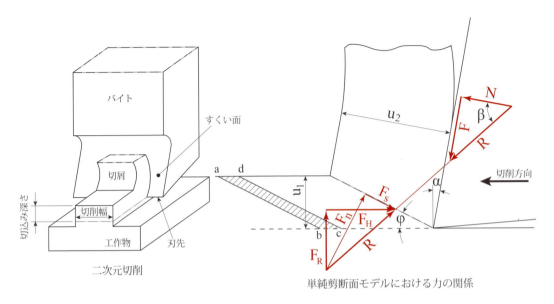

図 3.31　二次元切削の概念及びその単純剪断面モデル

のすくい面上を擦過する。ここで、塑性変形が剪断面で瞬時に生じるとするのが、単純剪断面モデルであり、切削の基本が次のように理解できる。

まず、剪断角 φ は、切込み深さ u_1 及び切屑厚さ u_2 を測定すれば求めることができる。すなわち、

$$\tan\varphi = \frac{(u_1/u_2)\cos\alpha}{\{1-(u_1/u_2)\sin\alpha\}} \qquad (3.17)$$

ここで、$u_1/u_2 = r_c$ は、「切削比」と呼ばれる。

弾性状態の工作物中に、図 3.31 に示すような微小な平行四辺形（abcd）を考えると、これが剪断面で変形するので、剪断歪み γ は、次のようになる。

$$\gamma = \frac{\cos\alpha}{\sin\varphi\cos(\varphi-\alpha)} \qquad (3.18)$$

更に、切削速度 V、切屑流出速度 V_c、並びに剪断速度 V_s の間には次式が成立する。

$$V_c = \frac{\sin\varphi}{\cos(\varphi-\alpha)} \cdot V$$
$$V_s = \frac{\cos\alpha}{\cos(\varphi-\alpha)} \cdot V \qquad (3.19)$$

ところで、**図 3.31** から切削にともなって生じる切削抵抗は、剪断応力 τ_s、すくい面摩擦角 β、並びに剪断角 φ が既知ならば、次式によって求められる。

$$\mu = \tan\beta = F/N = \frac{F_R + F_H \tan\alpha}{F_H - F_R \tan\alpha}$$

$$F_H = \tau_s b u_1 \cos(\beta - \alpha)/[\sin\varphi \cos(\varphi + \beta - \alpha)]$$
$$F_R = \tau_s b u_1 \sin(\beta - \alpha)/[\sin\varphi \cos(\varphi + \beta - \alpha)] \tag{3.20}$$

ここで、b = 切削幅

ところで、問題となるのが剪断角 φ を決定することであり、切削方程式で与えられるとされている。しかし、切削方程式は色々な説のある材料の降伏条件に密接に関わるので、同じく色々な式が提案されている[3-11]。例えば、Merchant は、工作物を完全剛塑性体と仮定して、切削の所要動力が最小となる方向に剪断面が生じると考えて次式を提示している。

$$2\varphi + \beta - \alpha = \pi/2 \tag{3.21}$$

このように、二次元切削機構及びその単純剪断面モデルは切削現象を理解する上で便利であるが、その一方、切削機構を解析する際の本質的な問題点を次のように如実に示している。従って、数値計算で切削抵抗を求める場合には、その確度に対する考慮が必要、不可欠である。

(1) 切削機構の設定に関わる問題点：単純で判り易くモデル化されているが、二次元切削と云えども切削幅からはみだす「材料の側方流れ」、又、単一剪断面ではなく「塑性変形の過渡領域」、更にはすくい面に「二次塑性流動層」が存在する。これらが如何なる効果や影響を実際の切削に及ぼしているかは明らかとなっていないと考える方が妥当な状況にある。従って、該当の切削機構の適用範囲には留意すべきである。

(2) 剪断角 φ を決定する「切削方程式」は、工作物（被削材）が如何なる「降伏条件」に従っているかで変わってくる。それにもかかわらず、切削によって切屑が生成される際の工作物（被削材）の確たる降伏条件は確定されていない。

(3) 切削機構の解明では、剪断面剪断応力として材料試験の結果を用いることが多い（歪み速度：$10^{-3}/s$）。しかし、切削時の剪断面近傍での変形は極めて高い歪み速度（$10^3/s$）及び高温下で進行する。そこで、ホプキンソン・バー方式や小銃から発射された弾丸の切削

脚註3-11：提案されている色々な切削方程式については、例えば「精密工学便覧」（コロナ社、1992年）参照

等で高い歪み速度の下での剪断応力の解明も試みられているが、確たる解答は得られていない。

(4) 二次元切削機構を適用して「すくい面の摩擦係数」を求めてみると、それは一般の金属面にみられる摩擦係数よりも数段と大きい。これについては、生成された直後の切屑は処女面で活性に富むので、すくい面を擦過する際には「凝着状態」になるためと説明されている。又、この凝着状態では、「見掛けの接触面積と真実接触面積が等しくなる」とされているが、これが実証されたという報告はなされていない。

以上の他に、実際の加工では、「切れ刃に丸みの存在」、「工具のすくい面及び逃げ面摩耗」、「切削油剤の供給」等更なる切削抵抗への影響因子が存在する。従って、切削抵抗を理論のみで求めることは、厳密な解析が行われているとされる数値計算でも難しいことに留意し、常に計算結果の適用範囲を考えておく必要がある。ここで、図 3.32 は、実際の切削状態を模式化したものであり、二次塑性流動層は切削速度が増大するとともに薄くなること、並びに刃先丸みの箇所では塑性変形された切屑が停留状態となることが知られている。なお、この刃先丸み部に作用する力は、刃先部を工作物中へ押込み、切屑生成には関与しないとされている[3-12]。又、切削油剤を使用しない乾式切削と使用する湿式切削を比較すれば、周知のように、切削油剤を使用した時には切削抵抗は低減される。

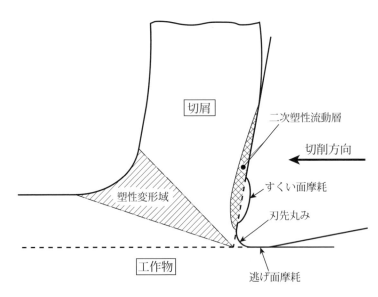

図 3.32　二次元切削モデルで模式化した実際の切削状態

脚註 3-12：「切れ刃」部は先鋭であるので、切削を開始すると直ちに「丸み」を生じる。又、刃先が鋭利過ぎると、「刃先の欠け」を生じて「切れ味」が低下するので、刃先を鋭利に研いだ後で、例えばハンドラップで丸みを付して、「刃先の切れ味」を確保することもある。

3.4 切削・研削抵抗の測定技術

切削・研削抵抗を理論解析のみで正確に予測することは、現状では未だに達成できていないので、切削・研削抵抗の測定技術が重要な意味を有することになる。しかし、「力」を直接的に検出するのは難しく、多くの場合に「力によって生じる現象、例えば弾性体の変形」を介して、「その現象をセンサー（トランスデューサ）、例えば歪みゲージ」で検出することにより、間接的に測定している。その結果、色々な測定方法が考案・実用化されており、図3.33 に示すようにまとめられる。

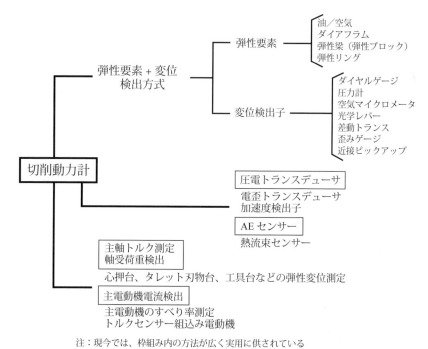

図 3.33 切削動力計の分類例

ところで、現在では測定要求の高度化、使用できるセンサーや信号処理技術の性能向上等によって、図中の枠で囲った方法が主として使われている。又、それらのうちでは水晶圧電素子をセンサーとして使うものが主流である。但し、センサーが故障の原因となり易いことを考え、又、NC 装置の有効利用を画して、センサーを使わない方式も鋭意開発されている。図 3.34 は、その一例であり、特に超精密加工中の切削抵抗を測定している[3-11]。この方法では、空気静圧軸受支持のテーブルの位置制御装置に設けられた「外乱オブザーバ」の出力信号

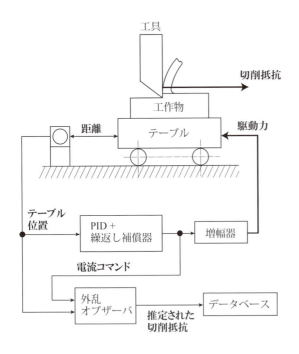

図 3.34　センサーを使わない切削抵抗の測定方法
（新野の好意による）

を利用している。ちなみに、Al-Mg 合金をダイヤモンド工具で切込み深さ 10 μm で加工した場合に生じる 2〜6 N という切削抵抗を測定できる。

それでは、ここで水晶圧電形切削抵抗測定器について述べることにしよう[3-13]。周知のように、水晶に力を加えると電荷が生じることはキューリ兄弟により古く 19 世紀に発見され、その特徴は「零に等しい変形下で大きな電荷を生じる」ことにある。これは、切削抵抗測定器として非常に望ましい特性であるが、多少の試みがなされたのみで、1970 年代にスイス、Kistler 社が実用性に優れたものを市販する迄は等閑視されていた。それは、水晶圧電素子が有する次のような欠点のためであり、Kistler 社は、詳細を後述するように、これらを巧みに克服している。

(1) 水晶に垂直荷重を加えた時に電荷が生じることは広く知られていたが、切削・研削加工では三分力を測定する必要がある。しかし、コンパクトな素子で三分力を測定できる仕組みが見出せなかった。

脚註 3-13：切削抵抗測定器に要求される基本的な特性は次の通りである。

(1) 高い固有振動数：素子そのものが高い固有振動数を有していても、測定器の形態にすると、多くの場合に固有振動数が低下する。ちなみに、水晶圧電素子単体では数十 kHz の固有振動数であるが、Kistler 社の初期のテーブル形測定器（1970 年代）では、テーブル上に工具ブロックを搭載することによって固有振動数は 5 kHz 程度に低下している。

(2) 高い剛性と高い感度：弾性体を使用する測定器では、これは相反する要求となるので、如何に解決するかが大きな問題となる。しかし、水晶圧電素子では、この相反関係は無視できる。

(3) 一般的には、例えば測定された主分力に他の分力の影響が混入する、いわゆる「分力間の相互干渉」が生じるので、それを最小化すること。

(4) 信頼性の高い測定値が得られること：具体的には、「切屑流出による影響のないこと」、「較正曲線の作成が容易なこと」、「出力信号のヒステレシスが小さいこと」、「原点浮動の少ないこと」、並びに「温度変化に対するドリフトの少ないこと」が要求される。ちなみに、水晶圧電素子は温度変化によるドリフトが大きいという欠点を有する。

(5) 搭載する工具との適合性が良く、又、コンパクトで測定範囲の広いこと。

(6) 測定器の応答特性が荷重点の如何にかかわらず一定であること。

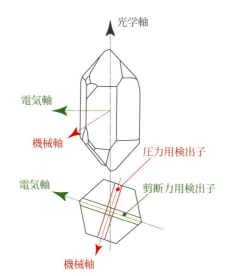
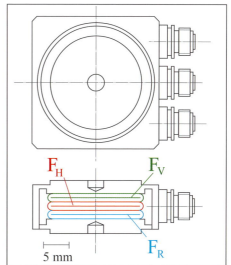

F_H: 主分力、F_V: 送り分力
F_R: 背分力

水晶の結晶と切出し方向で異なる圧電効果

三分力用荷重検出セルの構造

**図 3.35　水晶圧電形切削抵抗測定器の基本構成
－荷重検出セル（Kistler 社による、1970 年代）**

(2) 水晶で生じる電荷は漏洩しやすく、安定した出力信号とする方策がなかった。なお、湿気による漏洩は特に問題となる。

図 3.35 には、Kistler 社の切削抵抗測定器の原理を示してあり、特に水晶の電気軸に平行に切り出した素子が剪断力を感知することに着目した点が高く評価できる。すなわち、機械軸に平行に切り出した素子が圧力を感知するので、これと剪断力を感知する素子2枚（互いに90度で交差）を組み合わせて、コンパクトな「荷重（検出）セル」を完成させている。これにより、切削抵抗の三分力が精度良く、しかも相互干渉が非常に少ない状態で測定できる。

周知のように、2000 年代には Kistler 社の切削抵抗測定器は一種の世界標準となっていて、そこには二つの利用方法がある。一つは、ここで問題としている多様な工作物材質に対する「切削・研削抵抗のデータ集」の整備である、他の一つは実機へのインプロセスセンサーとしての搭載である（6.3 節参照）。そして、「切削・研削抵抗のデータ収集」にはテーブル形が広く用いられるが、初期の切削抵抗測定器には温度変化によるドリフト及び切削油剤への油・水密性に問題があった。但し、これらは 1990 年代に次のように解決されている。

(1) 温度ドリフトを抑制するために、**図 3.36** に示すように、荷重セルの検出面を垂直に配置して、又、テーブルとの接触面積を小さくしている。更に、同時に一対の荷重セルに一

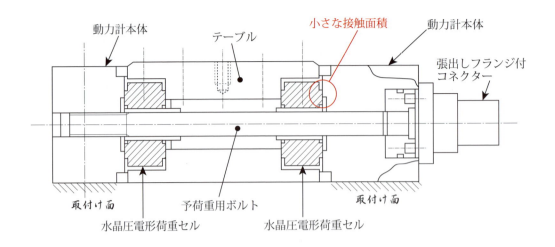

図 3.36 荷重セル垂直設置方式切削動力計
－MiniDyn 9256A1 型（1995 年頃、日本 Kistler の好意による）

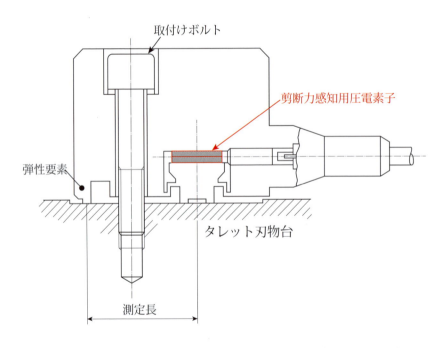

図 3.37 タレット刃物台へ搭載された圧電歪みセンサー（Kistler 社）

本のボルトで予荷重を加えられるようにして、測定精度に影響する予荷重の調整精度を高めている。これにより、従来の方法で生じた測定精度の低下、すなわちテーブルの熱変形による「そり」の影響を除去できるようになった。ちなみに、従来の方法では、荷重セル

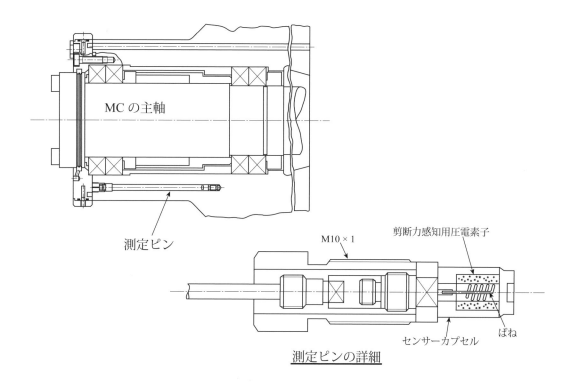

図 3.38　MC の主軸に組込まれた切削抵抗の軸方向分力の測定ピン
（1994 年 10 月 IMS Meeting に於ける Dr. Kirchheim, Kistler 社の報告による）

の検出面を水平に配置してテーブル裏面と接触させていた。

(2) 油・水密性の確保には、図 3.36 に示してあるように、従来のバイオネット方式に換えて、「張出しフランジ形」のコネクターを採用している。

ところで、日本のメーカとユーザは、故障なしとも云えるほど信頼性の高い NC 技術を保有していたので、又、センサーが高額なこともあって、ドイツとは違って水晶圧電形荷重セルの実機への搭載については魅力を感じなかったようである。そこには、文化風土の違いもあろうが、その後これらのインプロセスセンサーに関連する技術が進歩しても、ドイツでますます実機への搭載が普及したとの情報は得られていない。恐らく、インプロセスセンサーが当初期待されたような数多くの利点をもたらさないためであろう。ここで、参考迄に、図 3.37 には 1980 年代に商品化された「圧電歪みセンサー」、又、図 3.38 には 1990 年代後半に開発された MC の主軸内への組込み方式インプロセスセンサーを示してある。前者は、簡便にタレット刃物台へ装着でき、センサー出力を処理して「工具衝突」、「工具破損」、並びに「工具摩耗」が検出できる。又、後者では、切削抵抗の軸方向分力を剪断力感知用圧電トランスデューサで検出している。

それでは、切削・研削抵抗を測定する最近の必要性を最後に**表 3.2** にまとめておこう。これらも、加工空間の形状創成誤差と並んで、今後の研究・技術開発に対して一つの指針となるであろう。

表 3.2　最近における切削抵抗の測定要求

- Mill-turn のような複合加工機能を有する機種の複雑な荷重状態に関わる設計データの整備
- 高速切削時の切削抵抗情報を用いた加工空間の可視化：ミストや粉塵のために直視が不可能な状態への対処策
- S/N 比の非常に小さい仕上げ削り用インプロセス測定技術の確立
- 新しい加工方法の切削状態認識：トロイダル軌跡による長いスロット加工
- 高速ドリル及び高速エンドミル加工時の遠心力による振れ回りの切削抵抗への影響
- 機能性ドリル（中心部が粘り強く、周辺部が硬いドリル）の優位性の解明
- 新素材の被削性や新しい工具の切削性能の把握

参考文献

[3-1] Levina Z M. "Research on the Static Stiffness of Joints in Machine Tools". In: Tobias S A, Koenigsberger F.（eds）Proc. of 8th MTDR Conf., Pergamon, 1968, p. 737-758.

[3-2] Atscherkan N S. "Werkzeugmaschinen Band 1". VEB Verlag Technik Berlin, 1961: S. 269-289.

[3-3] Frank J. "Guß für Werkzeugmaschinen". Industrie-Anzeiger 1971; 93-42: 981-985.

[3-4] Diviawe S E, Tay T, Shumsheruddin A A. "Development of a Machine Tool Structures Using Composite Synthetic Granite". In: Davies B J.（ed）Proc. of 23rd MTDR Conf. 1983: 31-37, MacMillan

[3-5] Neugebauer R, Hipke T, Ihlenfeldt S. "Hochdynamische Werkzeugmaschinenstrukturen und-komponenten". ZwF 2001; 96-9: 445-450.

[3-6] Jensen D W. "A Glimpse into the World of Innovative Composite Iso Truss Grid Structures". SAMPE Journal 2000; 36-5: 8-16.

[3-7] 海老原敬吉、益子正己．"マシナリー文献集 No.7 精密工作法と切削理論"．小峰工業出版 昭 26（1951）、p. 142-145.

[3-8] Langhammer K. "Die Zerspankraftkomponenten als Kenngrößen zur Verschleißbestimmung an Hartmetall-Drehwerkzeugen". Dissertation der RWTH Aachen, 1972.

[3-9] Opitz H, et al "Statische und dynamische Schnittkräfte beim Drehen und ihre Bedeutung für den Bearbeitungsprozess". Forschungsberichte des landes Nordrhein-westfalen, Nr. 2144 Westdeutscher Verlag, 1970.

[3-10] Thämer R. "Untersuchung über Schnittkräfte bei der Zahnradbearbeitung". Industrie-Anzeiger 5 Jan. 1962; Nr. 2: 35-40.

[3-11] Shinno H, Hashizume H, Yoshioka H. "Sensor-less Monitoring of Cutting Force during Ultraprecision Machining". Annals of CIRP 2003; 52-1: 303-306.

第4章　加工空間の技術課題 – その1
―自励びびり振動―

　工作機械の利用技術の中で最も解決の難しいのが、部品の加工中に遭遇することが多い「びびり振動」である。その難しさは、国内、外で約80年に及ぶ研究と技術開発が行われてきたにもかかわらず、現今でも決定的な解決策が見出されていないことで判るであろう[4-1]。しかも、感覚的な判断ではあるが、生産技術の中では「切削・研削加工」及び「自動工程設計」と並んで学術研究が枚挙にいとまがない程行われてきた技術課題である。そして、これら研究論文や技術報告では例外無く、「びびり振動」は機械－工具－工作物系の問題であると冒頭に述べられている程、加工空間に密着している技術課題であることに特に留意すべきであろう。

　ところで、上述のような長い歴史的経緯を経た後に、2000年初頭に至って「びびり振動」に関わる研究や技術について見直しを図るべきとする機運が醸成されつつある。要するに、「根本的な解決策が見出せないのは何故か」、又、「びびり振動の本質へ迫る研究は何故進まないのか」と問題提起をできるように、これまで等閑視されてきた数多くの議論すべきことが顕在化している。そこで、本章では、「びびり振動」の現状をまず把握し、次いで確度の高い学識が集積されている再生形自励びびり振動の概要を紹介している。更に「びびり振動の本質」に関わって顕在化しつつある今後の研究及び技術開発課題についても述べている。

　さて図4.1は、そのような記述に資するために、これ迄の数多くの研究や技術開発などを基に整理した「びびり振動の分類体系」の一例である。一言で「びびり振動」と云っても、長い年月の間には多種多様な形態の「びびり振動」が観察され、類型化されていることが判り、「びびり振動」の現状を知るには便宜かと思われる。その一方、そこには「びびり振動」の本

脚註4-1：特筆すべきは、「びびり振動」の学術研究を国際的にも初めて行ったのは、旧大日本帝国が旧満州（現、中国東北部）に創立した旧旅順工科大学の土井静雄教授（その後に名古屋大学に勤務）であること。第二次世界大戦中であるにもかかわらず、同教授が日本機械学会にて公表した業績は敵国である英国、University College of Swansea の Arnold 教授によって1944年に認められている。
Arnold R N. "The Mechanism of Tool Vibration in the Cutting of Steel". In: Proc. of IMechE No. 152, 1945, p. 261-284.
土井静雄．"工作機械の振動"．誠文堂新光社、昭和29年（初版、この書の基になる研究論文は、1937年及び1940年に日本機械学会論文集へ掲載されていて、これらを Arnold は引用）．

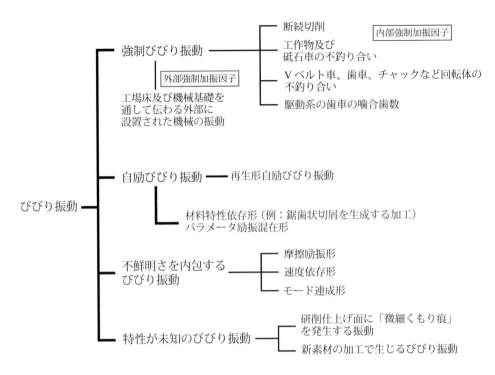

図 4.1　びびり振動の分類体系の一例

質に関わって議論すべき点が次のように内包されている。

(1)　「びびり振動」は、「機械－工具－工作物」系に明確な外的及び内的な加振源が確認できないのに、加工中に振動が発生する現象である。又、甚だしい場合には激しい振動状態となり、「甲高い音を発生」と経験的に説明されている。ちなみに、強制びびり振動は、系から強制加振因子を除去すれば消滅するが、それにもかかわらず、系の内外の加振因子によって生じる強制びびり振動が分類表に記載されていること。

(2)　耐熱鋼を切削加工すると鋸歯状の切屑を生成することがあり、その切屑生成周波数に極めて近い周波数の「びびり振動」が発生する。これを自励びびり振動に分類している根拠。

(3)　不鮮明さを内包する「びびり振動」は、古く 1960 年代から存在が指摘されているが、その本質が現在に至るも解明されていない理由。

(4)　最近話題となっているアルミニウム合金の高速切削時にみられる微細な切削痕、あるいは研削加工にみられる「微細くもり状のマーク」は本当に「未知のびびり振動」であるのか否か。例えば、水溶性切削液の供給の下で、アルミニウム合金（A5052）を相当長く突き出した直径 12 mm の 3 枚刃エンドミルで加工すると、主軸回転速度 12,000 rev/min で刃先が暴れたような微細なマークが仕上げ面に残ることが観察されている。

このように、依然として数多くの論議すべき事項が残っているのは、1960 年代以降に学術

研究及び技術開発が再生形自励びびり振動、それも Tobias、Tlusty、並びに Merritt によって方向付けされた路線上に注力されたことに大きな原因があろう。逆に、在来路線上の再生形自励びびり振動であるならば、その発生機構、抑止策等について確度の高い学識や実用技術が一般的に記述できることを意味している。但し、そのような再生形自励びびり振動でも、後述するような幾つかの解決すべき難問を抱えていることに留意すべきである。

4.1 自励びびり振動の発生機構 – 切削加工

「如何なる原因で自励びびり振動が始まるのか」についての説明は依然として不鮮明である一方、Tobias [4-1] 及び Tlusty [4-2] による再生形自励びびり振動に関わる知見の集大成は高く評価されている。彼らの業績によれば、一度振動が開始して加工面に「うねり」が生成されると、それを削り去る際に機械－工具－工作物系に加振エネルギーが供給され、振動が持続、あるいは増幅するとされている。この学識を現場の技術開発に使い易い形に発展させたのが Merritt である。周知のように、Merritt は自動制御理論を導入して再生形自励びびり振動を解析する手法を提案している。すなわち、まず再生形自励びびり振動の挙動をブロック線図で表現して、次いで自動制御系の安定判別の手法を用いることにより、機械－工具－工作物系の安定－不安定を判断できることを示している [4-3]。

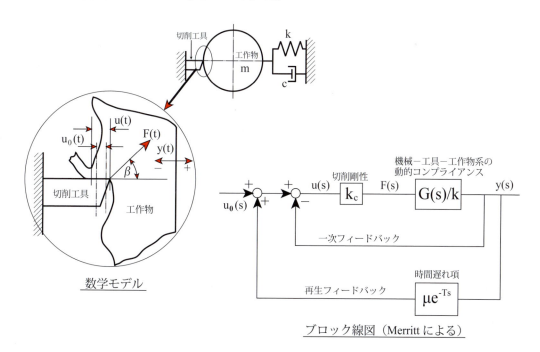

図 4.2 再生形自励びびり振動の数学モデルとブロック線図

この Merritt の提案した手法によれば、「再生形自励びびり振動」、並びにその抑制策を理解しやすく説明できるので、ここでは Merritt の手法を紹介しよう。まず、**図 4.2 (左)** が数学モデルであり、このモデルから導かれる次の三つの基礎方程式によって再生形自励びびり振動の挙動を表現できる。但し、簡素化のために、図には異なった方向に作用している切削抵抗 F(t) のベクトルと工具の振動変位 y(t) は同一方向に作用、すなわち β= 0 とし、又、一自由度の振動系と仮定している。

未切屑厚さ方程式　　$u(t) = u_0(t) - y(t) + \mu y(t-T)$　　　　　(4.1)

切削過程方程式　　　$F(t) = k_c\, u(t)$　　　　　(4.2)

構造方程式　　　　　$m\dfrac{d^2 y(t)}{dt^2} + c\dfrac{dy(t)}{dt} + ky(t) = F(t)$　　　　　(4.3)

ここで、$u_0(t)$: 初期設定切込み深さ、

　　　　$u(t)$: 時刻 t に於ける瞬間切込み深さ、

　　　　$T = 1/N$、N: 主軸回転速度、k_c: 切削剛性（比切削抵抗）、

　　　　$F(t)$: 切削抵抗の合力、

　　　　m、c、並びに k: 系の等価な質量、減衰係数並びにばね定数、

　　　　$y(t)$: 工具と工作物間の振動変位

さて、これらの方程式をラプラス変換すると、次のようになる。

$u(s) = u_0(s) - y(s) + \mu e^{-Ts} y(s)$　　　　　(4.4)

$F(s) = k_c\, u(s)$　　　　　(4.5)

$y(s)/F(s) = (1/k)G(s)$　　　　　(4.6)

式 (4.4) 〜 (4.6) より、**図 4.2 (右)** に同時に示してあるブロック線図が導かれる。そこで、このブロック線図から一巡伝達関数を求めて安定判別を行えば、**図 4.3** に示すような（葉状）安定線図が得られる[4-2)]。すなわち、$[u(s)/u_0(s)] < 1$ なる条件を満足する限界切削量（振動を発生せずに加工できる最大の切削幅、あるいは切込み量）及主軸回転数に相当する特性値

脚註 4-2: **図 4.3** 中に「低域安定性」なる領域が示されているが、ここでは理論上は再生形自励びびり振動が発生するにもかかわらず、実際には発生しないことが確認されている。補遺 I で触れているように、低域安定性については色々な提唱がなされ、2000 年代でも論議が続いている。しかし、それらは 1960 年代の延長線上であり、低域安定性の本質に関わる議論はなされていないと云ってよいであろう。

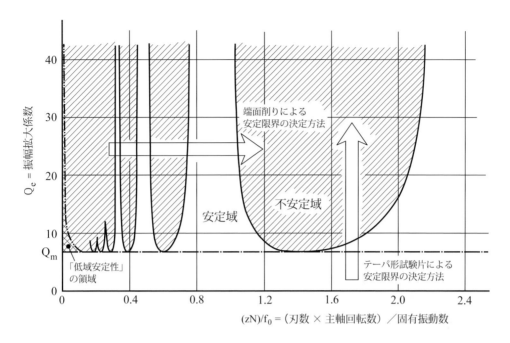

図 4.3　再生形自励びびり振動の安定線図（Tobias による図に試験方法を追記）

（指標）を縦軸及び横軸として、安定 − 不安定の境界を描けば安定線図を作成できる。ちなみに、**図 4.3** は、Tobias が示した理論安定線図の一つであり、縦軸には構造体の「振幅拡大係数」、又、横軸には、多刃工具への適用も考えて、工具の全刃数を考慮した主軸回転数に関わる指標を用いている。ここで、振幅拡大係数 $Q_e = 1/(2D)$、$D =$ 等価減衰定数／限界減衰定数である[4-3]。

ここで、参考迄に**図 4.3** には、実験的に安定線図を求める際の二つの方法を示してある。すなわち、(1) MTIRA（The Machine Tool Industry Research Association）が提唱したテーパ形工作物を用いて、主軸回転数を一定に保ちながら連続的に切込み深さを増加させて限界値を求める方法、並びに (2) 旋盤による面削りのような方法で、切込みを一定に保ちながら連続的に主軸回転数を変えて、安定及び不安定の境界を探る方法である。ちなみに、後者の方法では安定域と葉状突起の不安定域をバイトが交互に通過するので、1 回の切削で数多くの限界切込み深さが求められ、又、試験片には波紋状のびびりマークが残ることになる。

ところで、このテーパ形工作物から具体的に判るように、切削の再生形自励びびり振動では「切込み深さが大きくなると振動が生じる」ことになる。ちなみに、MTIRA は、外丸削り用及

脚註 4-3：安定線図の縦軸の指標としては、Tlusty は「切屑幅／限界切屑幅」なる無次元量、Opitz らは「切削剛性」、又、Merritt は、「切削剛性／機械剛性」を使用している。

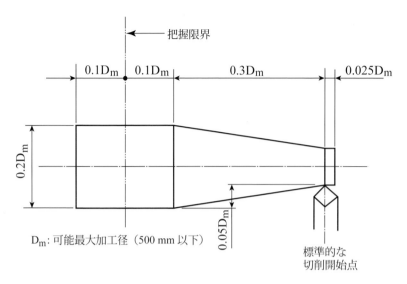

図 4.4　MTIRA の提唱した外丸削り用テーパ形工作物

び中ぐり用、更に面削り用テーパ形工作物について標準化を試みている。これは、耐びびり振動特性の受入れ試験の規格化を狙った活動であったが、結果としては成功しなかった。ここで、参考迄に図 4.4 には外丸削り用工作物の寸法・形状を示してある [4-4]。

さて、式 (4.1) ～ (4.3) から判るように、安定線図は機械の構造、加工方法、加工条件などで変わり、一般的には図 4.5 に模式的に示すような、葉状の突起部となる不安定領域とそれらの間に挟まれる安定領域の繰り返される様相を示す。これを Merritt は「葉状安定限界（Lobed Borderline of Stability）」、又、葉状の突起部の最小値を連ねたものを「接線安定限界

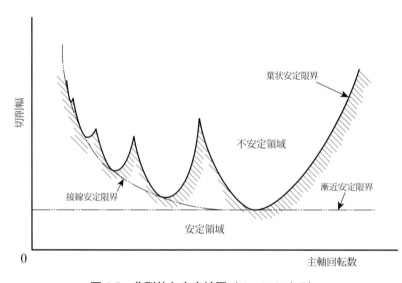

図 4.5　典型的な安定線図（Merritt による）

（Tangent Borderline of Stability）」、更に葉状の突起部の最小値で規定されるものを「漸近安定限界（Asymptotic Borderline of Stability）」と呼んでいる。但し、漸近安定限界を「絶対安定限界」と呼ぶことも多い。なお、NC が普遍化している現今では、後で簡単に触れるように、葉状突起部間の安定領域を如何に巧みに利用するかが関心事となっている。

ところで、9 章で述べるような加工空間を主体に考えるモジュラー構成を採用した場合には、加工空間を構成する本体構造要素と関連するアタッチメントの組合せは固定化されてく

る。その結果、安定線図は原型に相当する機械構造とその展開形に関わるものに限定され、それらの中で加工方法及び加工条件によって変化することになる。要するに、一般論的には無数にある安定線図が限定された数に集約されるので、ユーザが振動抑制対策を考案するのが容易になるであろう。

4.2　自励びびり振動の発生機構 – 研削加工

　研削加工では、砥粒の鈍角な切刃形状の他に、砥石車の弾性特性や摩耗特性等という切削工具にない複雑な因子が介在する。その結果、切削加工とは異なった自励びびり振動の様相を示し、例えば、**図 4.6** は古川が模式的に示した切削加工と研削加工の比較である[44)]。図に示すように、研削加工では加工開始後に直ちに自励びびり振動が生じることはなく、又、振動振幅も切削加工の場合よりも小さい。更に、「うねり」が加工面、あるいは砥石面のいずれに生じるかによって、二つの形態が

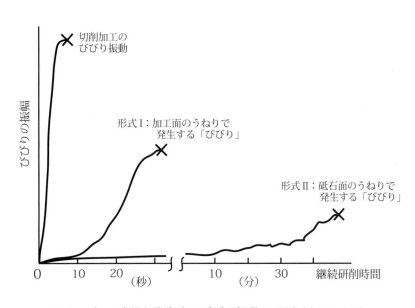

図 4.6　加工時間と発生するびびり振動の区別（古川による）

存在するという特徴的な様相が認められる。ここで、各々の自励びびり振動は次のような特性を示す。

脚註 4-4：本節の自励びびり振動の記述は、古川が日本機械学会の講習会で用いた教材によっている。ちなみに、Snoeys と Brown が似たようなブロック線図を既に 1969 年に公表しているので、参考迄に補遺 II に示してあるが、古川の提示したブロック線図の方が判り易く、又、研削粘性の項を導入して詳細化している。他には稲崎が 1977 年に Werkstatt und Betrieb に公表した論文もある。
　　　古川　勇二.「研削に於けるびびり振動とその抑制」、第 411 回講習会 "機械加工の基礎技術"、日本機械学会、1975 年 6 月 9～10 日.
　　　Inasaki, I. "Selbsterregte Ratterschwingungen beim Schleifen, Methoden zu ihrer Unterdrukung". Werkstatt und Betrieb 1977; 110-8: 521-524.

(1) 形式Ⅰ:「加工面のうねり」によって発生し、砥石車と工作物間の最も優勢なモードの共振周波数、あるいは幾分高い周波数で振動する（200～300 Hz 以下）。

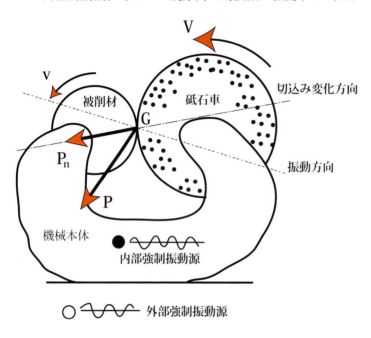

(2) 形式Ⅱ:加工開始から相当の時間が経過して砥石面にうねりが形成されると発生する。形式Ⅰの共振周波数よりもかなり高い周波数で振動する（数百 Hz 以上）。

さて、図 4.7 は、「びびり振動」が発生している場合の研削加工の模式図であり、「強制びびり振動」と「自励びびり振動」に分類して論じている。しかし、前述したように、強制びびり振動につい

図 4.7 「びびり振動」発生時の研削加工のモデル（古川による）

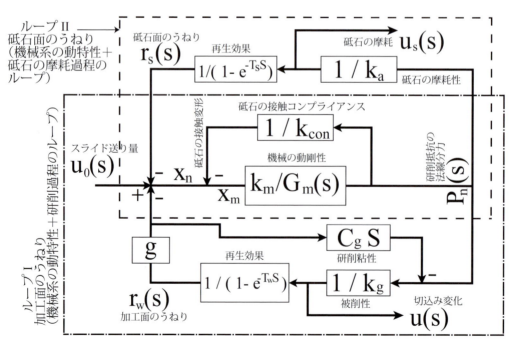

図 4.8 研削における自励びびり振動のブロック線図（古川による）

ては議論の余地があるので、ここでは自励びびり振動について再録している。

図 4.8 には、研削加工に於ける自励びびり振動のブロック線図を示してある。このブロック線図は切削加工における手法を援用して求めたもので、加工面及び砥石車作業面のうねりに対応する「ループⅠ及びⅡ」からなっている。又、ブロック線図中の重要な特性値は以下に示してある。なお、k_g（研削剛性）$\ll k_a$（砥石摩耗剛性）であると、加工面に「うねり」が形成され易いのに対して、砥石面には「うねり」は形成され難い。ここで、$u_0(s)$: 平均切込み深さ（初期設定切込み深さ）、$u(s)$: 瞬間切込み深さ、$r_w(s)$: 加工面のうねり、$r_s(s)$: 砥石面のうねり。

(1) 砥石車－工作物間の総合動リセプタンス

$$x_n/F(j\omega) = G_m(j\omega) / k_m + 1/k_{con} \qquad (4.7)$$

ここで、
F: 砥石車と被削材（工作物）間の切込み変化方向に作用する加振力、x_n: 同方向に測定した振動変位、$G_m(j\omega)/k_m$: 機械自体と工作物の振動の容易さ、k_{con}: 接触剛性 $= k^*_{con}B$（k^*_{con}: 単位研削幅当りの接触剛性、B: 研削幅）

(2) 研削剛性

$$k_g = (\kappa B v) / (V+v) \qquad (4.8)$$

(3) 研削粘性

$$c_g = [(\kappa B)/(V+v)]\sqrt{[(2Rr)/(R+r)]u_0(t)} \qquad (4.9)$$

ここで、
V: 砥石車の周速度、v: 工作物（被削材）の周速度、R: 砥石車の半径、r: 工作物の半径、$\kappa = (\tan^{-1}\beta)\sigma_s$、$\sigma_s$: 比研削抵抗、$\beta$: 切込み方向と研削抵抗の合力方向のなす角度

(4) 砥石車摩耗剛性（研削抵抗の法線方向成分／砥石車摩耗厚さ）

$$k_a = P_n(s) / u_g(s) = k_g q V/v \qquad (4.10)$$

ここで、q は研削比であり、炭素鋼の標準的な研削条件下では、q は 20 以上、又、V/v は 50〜100 である。よって、$1{,}000 < k_a/k_g < 2{,}000$ となり、砥石車摩耗剛性は研削剛性に比べて 1,000 倍以上も大きい。

ところで、ブロック線図には「g」なる特性値が組込まれている。これは、砥石車と工作物

間の法線方向の振動変位 x_n が加工面のうねりとなる割合（干渉効果）を示すもので、近似的に次式で与えられる。

$$g = |r_w/(2x_n)| = (1/2)[1-\cos(\omega_{cr}/\omega)\pi] \text{------} (\omega_{cr}/\omega) < 1$$
$$= 1 \text{--------} (\omega_{cr}/\omega) \geqq 1$$
$$\omega_{cr} = v/\sqrt{[(2rR)/(r\pm R)]x_n} \tag{4.11}$$

ここで、＋符号は円筒外面及び平面研削に、又、－符号は内面研削に適用される。要するに、砥石車の変位を $x_n = \cos\omega t$ とすると、自励びびり振動数 ω に対して臨界角振動数 ω_{cr} が小さいほど干渉効果が大きく、加工面のうねり r_w は小さくなる。ここで、ω は、機械の構造上から一般的に円筒、平面、並びに内面研削の順に大きくなるのに対して、ω_{cr} は、内面、平面、並びに円筒研削の順に大きくなる。従って、一般には、円筒、平面、並びに内面研削の順に、かつ工作物周速 v が低い程、干渉効果が大きいことになる[4-5]。

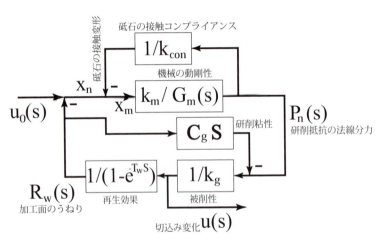

図4.9 加工面のうねりに起因する再生びびり振動（古川による）

それでは、図4.8を用いて図4.6に示した二つの形式の「びびり」について眺めてみよう。まず、図4.9には加工面のうねりに起因する自励びびり振動のブロック線図を示してある。又、この形式の特徴は次のようにまとめられる。

(1) 工作物周速 v が低く、平均切込み深さ u_0 が大きいほど、安定性が増加。切削加工では切込みが深くなると不安定となるので、逆の

脚註4-5：特性値「g」を求めるために、うねりを正弦波としてモデル化している。その結果、再生効果に関わる「未切屑厚さ方程式」には、実際のうねり状態との違いを補正すべき「非線形成分」が理論上は生じる。その値は、$(1/4u_0)\{x(t-T_w) - x(t)[dx(t)/dt]\}$ であり、小さいので無視をして図4.9及び図4.10中の特性方程式を求めている。これは、研削自励びびり振動を厳密に解こうとする際の難しさを示す例であろう（古川との共同研究者であった日本大学李和樹教授から2014年1月に頂いた情報による）。

特徴的な現象として注意すべきである。

(2) 接触剛性が小さいほど、すなわち軟らかい砥石車ほど安定化。

(3) 寸法効果が小さい「円筒研削」、「センターレス外面研削」、並びに「横軸回転テーブル平面研削」で発生し易い。

次に、図 4.10 には砥石作業面のうねりに起因する自励びびり振動のブロック線図を示してあり、この形式の特徴は次のようである。

(1) 接触剛性及び摩耗剛性が小さい砥石車、すなわち「弾性的で摩耗しやすい砥石車ほど、安定性は向上。

(2) 研削剛性が小さい、すなわち工作物の被削性の良い条件ほど安定性は向上。

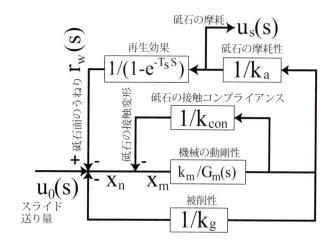

特性方程式：
$$G_m(s)/k_m + 1/k_{con} + 1/k_g = -1/k_a(1 - e^{T_s S})$$

図 4.10　砥石作業面のうねりに起因する再生びびり（古川による）

4.3　自励びびり振動の抑制策

工作機械に限らず、人間社会で使われる産業機械、建築物等は例外無く振動及び騒音問題を抱えている。又、その抑制にはダンパー（防振装置）や防振合金が多用されていて、それらは工作機械でも使われている。図 4.11 には、工作機械で使われている「びびり振動の抑制策」をまとめてある。他の機器と異なって、加工条件や工具を工夫して振動の抑制を行うこともあるが、これは「現場的な対策」と考えて良いであろう。

ところで、使用できる材料や要素部品、あるいは関連技術の進歩によって近代化されているが、ダンパーの基本は変わっていない。そこで、参考迄に図 4.11 に示した方策の幾つかの例を以下に示しておこう。

フライス盤用ダイナミックダンパー

ダンパーの中でも最も古くから普及しているのがダイナミックダンパーであり、周知のように、副振体を用いて共振点近傍の振動振幅を大幅に減少できる。図 4.12 には、Cincinnati 社が「Dynapoise」という商品名で実用化したフライス盤のオーバアーム用のダンパーを示してある。

第4章　自励びびり震動

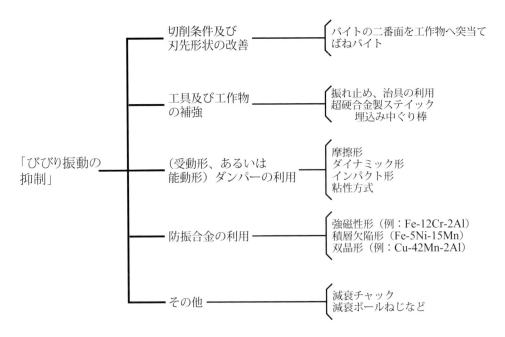

図 4.11　一般的な「びびり振動の抑制方法」

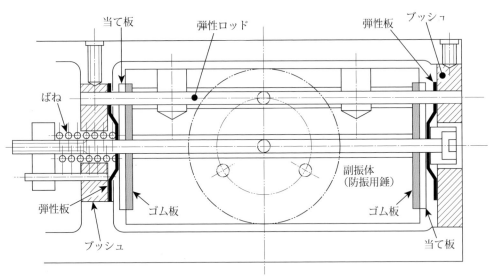

図 4.12　フライス盤のオーバアーム用ダイナミック・ダンパー－「Dynapoise」、Cincinnati 社、1960 年

　図にみられるように、「副振体」、それを支える「弾性ロッド」、並びに「弾性板」が減衰機構の核である。ここで、「弾性板」は、外周部をブッシュに、又、中心部を当て板に溶接さ

れ、軸方向にのみ移動可能となっている。又、ゴム板も組込み、それに「当て板」を介して「ばね」によって予圧力を与えて、減衰能の増強も図っている。

中ぐり棒の耐びびり振動対策

図 4.13 には、鋼製中ぐり棒に角溝を設けて「超硬合金」を埋込み、剛性を向上させた例、並びにインパクトダンパーの例を示してある [4-5, 4-6]。ちなみに、前者では超硬合金をエポキシ樹脂で接着して、又、後者ではインパクト作用を行わせる質量を油で封じ込めて、更に粘性減衰の能力向上を図っている。このように、**図 4.11** に示した幾つかのダンパーを同時に組込んでいる実用例が多い。

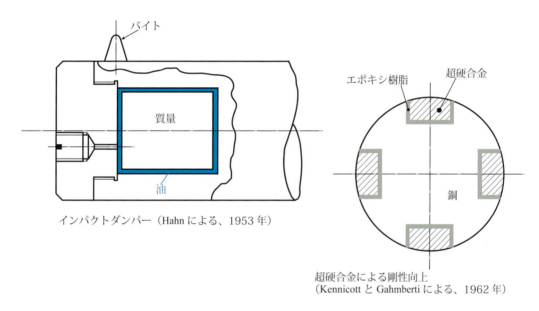

図 4.13　中ぐり棒にみる耐びびり振動対策の例

能動形ダンパー

図 4.14(a)は、古く 1970 年代に試みられた能動形ダンパーである [4-7]。図にみられるように、主軸及びダンパー質量の加速度を検出して直流モータを駆動することにより、ダンパーのばねとダッシュポットを制御している。すなわち、ネオプレン製 O リングの圧縮力を調整して、振動振幅を最小となるようにしている。なお、コイルばねは、ダンパー質量のカウンターバランス用である。これに対して、**図 4.14**(b)は、一枚刃の深穴ドリル用適応形把持具である。この保持具は、磁性流体（MRF; Magnetic Rheology Fluid）を用いて流体継手、あるいはトルクコンバータのような動きにより駆動側と被動側を結合していて、これにより一枚刃ドリルによる効率の良い深穴加工を行うことができる。又、同時に磁界の制御による振動抑制と

第4章 自励びびり震動

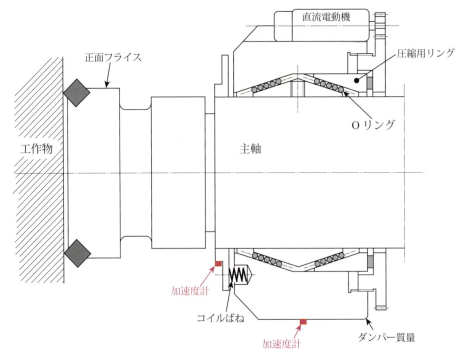

(a) ダイナミックダンパー（Slavicek らによる、1970 年）

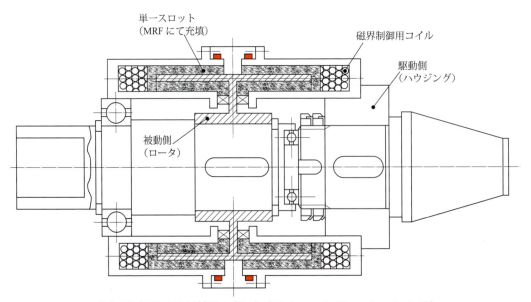

(b) 適応形工具保持具の概要（Weinert と Kersting による）

図 4.14 能動形ダンパーの例

いう能動的機能を有するので、新しいとみなされる側面を有する技術とも評価できる。その一方、図 4.14(a)と比較してみると、関連技術の進歩で利用可能となった要素を古くからの「能動形ダンパー」に取り込んだ改良策に過ぎないとみなされる側面もある [4-8]。

高減衰材料を組込んだ工具ホルダー

これらに対して、図 4.15 に示す減衰工具ホルダーは、圧入方式のミーリングチャックにプラスチックを封入して高い減衰性を付与したものである。これは、ドイツ、Schunk 社が 2001 年に MC 用として商品化したもので「等歪円」の弾性変形を利用している（商品名：TRIBOS）。ちなみに、(1)振れ回りは 3 μm より小さく、(2)繰返し把握精度は 3 μm より良好、並びに (3)工具交換時間は 30 秒以下という性能である。

ところで、加工空間で「びびり振動」が生じた時に、特性の如何にかかわらず、それを抑制する普遍的な方策をまとめたのが図 4.11 である。そこで、特に再生形自励びびり振動という側面に注目して、その抑制策について次に述べることにしよう。その場合には、図 4.2 に示したブロック線図を用いて論じるのが判り易く、又、効果的と思われる。要するに、ブロック線

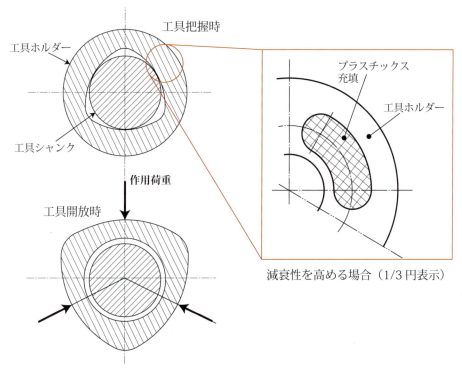

図 4.15　等歪円を利用した減衰工具ホルダーの例 - TRIBOS

図を構成する三つの要素、すなわち (1)切削剛性 k_c、(2)機械 – 工具 – 工作物系のコンプライアンス（動剛性の逆数）$G(s)/k$、並びに (3)時間遅れ項 μe^{-Ts} を適切に制御すれば、再生形自励びびり振動を抑制できることが明示されているからである。具体的に述べれば次のようになる。

(1) 切削剛性の制御：この典型例は、切刃部を鋸歯状とした「セレーション（Serrated-tooth）エンドミル」である。しかも、この工具は同時に時間遅れ項も制御できる。

(2) コンプライアンスの制御：これは、良く知られているように、機械 – 工具 – 工作物系の剛性、あるいは減衰能を増加させる対策となり、例えば各種のダンパーの利用がある。

(3) 時間遅れ項の制御：この典型例が不等ピッチ及び不等リード回転工具である。同じで発想の下で「主軸の回転速度を変動させる方策」も試みられたが、実用技術としては不等リード（ねじれ角変化形）エンドミルが普及している。例えば、エンドミルの不等リードが、4枚刃では35度と38度の組合せ、6枚刃であれば44度、45度、並びに46度の組合せのエンドミルが使われている。なお、今日では日常的となっている不等リードの技術の開発に Vanherk [4-9] や Stone [4-10] が取組み、成果を公表してから約40年も経過していることも改めて認識すべきであろう[4-6]。

ここで、再生形自励びびり振動の抑制策を検討する際には、「安定線図」も有用であることに注目すべきである。すなわち、安定線図から次の二つの抑制策の可能なことが判る。

(1) 安定線図は、多数の不安定領域を示す葉状突起部分（Lobe）から構成されているが、その先端の包絡線を結んで得られる「接線安定限界」、あるいは全ての速度域で振動が生じない（絶対）安定限界を大きくする方策。

(2) 接線安定限界はそのままとして、「葉状突起部間に存在する安定域」に該当する切削条件で、振動を生じることなく重切削を行なう方策。

これらは、切削条件の調整による抑制策とも解釈でき、最近では制御技術の進歩もあって、「葉状安定限界」を積極的に利用する対策を採用するメーカもある。しかし、安定線図が本来は「切削条件が変わる毎に変化する」という不安定さを有することに留意すべきであり、この観点からは接線安定限界を大きくする方が安全策であると考えられる。

4.3.1 不等ピッチ正面フライスと不等リード円筒フライスにみられる異なる効果

さて、再生形自励びびり振動を最も特徴付けるのが「時間遅れ項」である。そこで逆に、これを制御して多刃切削工具を使用した時に発生する振動を抑制しようとするのが、「不等ピッ

脚註 4-6：これらの技術が考案された当初には、「可変ピッチ」、「不等刃ピッチ」、並びに「ねじれ角変化形」なる用語を使っていたが、ここでは、現在広く使われている「不等ピッチ」及び「不等リード」なる用語に統一している。

チ及び不等リード回転工具」なる考えである。しかし、その効果は不等ピッチ正面フライスと不等リード円筒フライスでは大きく異なることに注意すべきである。なお、この考えは単刃工具には適用できないので、前述のように、単刃工具では主軸回転速度を変動させることになる。

　ここで、まず時間遅れ項を制御する抑制策についての研究状況を概観してみると**図4.16**に示すようになる。図には、基礎研究が盛んに行なわれた時期を横軸に、又、縦軸には主軸速度変動法と不等ピッチ及び不等リード法を示してあり、いずれの方法も1970年代に技術の基礎は確立されていることが判る。興味深いのは、図の第一象限と第三象限に該当する研究がみられないことであるが、そこには逆に新しい抑制策が示唆されている。なお、主軸速度変動法が有効であるのは平均主軸速度 305 rev/min に対して変動幅 100 rev/min であり、しかも速度変動の周期は5秒とされている。これは実用性に疑問を持たせる数値であり、実際に実用化が進んだとする報告はなされていない。又、第4象限で実用化されたものとして「不等ピッチブローチ」が示されているが、これは、切削工具としてブローチが特殊な方に属するために、実用化が遅れただけに過ぎないと解釈できる。ちなみに、円筒フライスを展開した形がブローチ

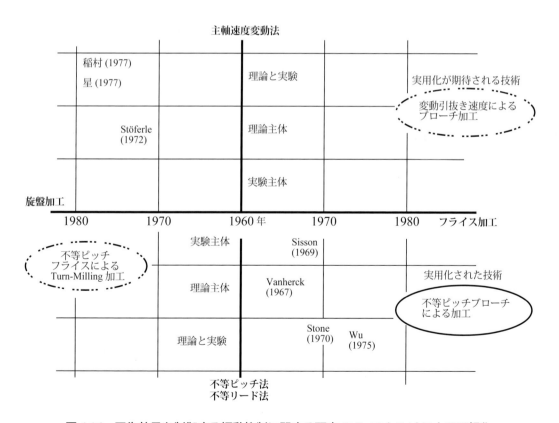

図4.16　再生効果を制御する振動抑制に関する研究の Puttick Grid による可視化

加工であるので、Stoneの研究では初めにブローチ加工、次いで円筒フライスが取り上げられている。なお、このような可視化の手法は、これ迄の研究・技術開発の状況を概観して、新たな試みに挑戦する際に使い勝手の良い資料を提供してくれる。

　図4.17は、典型的な不等ピッチ正面フライスであり、例えばOpitzらにより図4.18に示すような不等ピッチの効果が示されていて、このような結果はSissonやSlavíčekらも示している[4-11]。なお、図中のb/aは、不等ピッチの状態を示し、次式で与えられる。

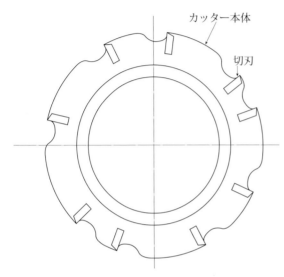

図4.17　不等ピッチ正面フライスの例

$$(b/a) = [240(f_0/z) + N]/[240(f_0/z) - N] \quad (4.12)$$

ここで、f_0(cycle/sec)：機械－工具－工作物系の固有振動数、N(rev/min)：主軸回転数、z：切刃の数

　さて、図に実線と破線で不等ピッチと等ピッチを比較して示してあるように、最

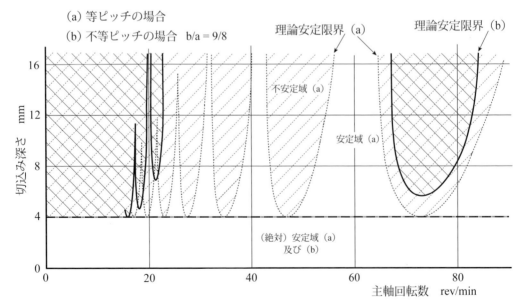

図4.18　不等ピッチ正面フライスの使用による安定域の増加（Opitzらによる）
　　　　－フライス直径355 mm、刃数16枚

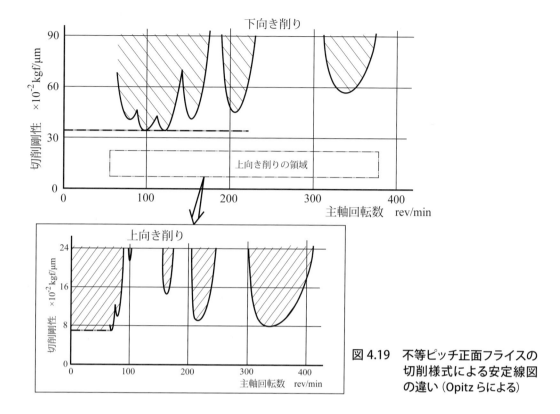

図 4.19 不等ピッチ正面フライスの切削様式による安定線図の違い（Opitz らによる）

大絶対安定限界は 4 mm と同じであるものの、不等ピッチの明瞭な効果は主軸速度が 20～70 rev/min の範囲に認められる。これは、式（4.12）からも判るように、不等ピッチの特徴的な様相であり、その効果が機械－工具－工作物系の固有振動数と密接に関係する主軸速度範囲に限定されることは定説として受入れて良いであろう。又、当然のことながら、上向き削りと下向き削りでは、図 4.19 に示すように安定線図の様相が大きく異なる。図では、縦軸に切削剛性なる指標を用いているが、これは切込み深さに相当するので、下向き削りの方が上向き削りよりも数段と振動を発生し難いことになる。なお、平面加工中の正面フライスの一枚の刃に着目すると、既に述べたように、その刃はトロコイド曲線なる軌跡を描くことになる。そこで、Opitz らの解析では先行する刃と現在切削中の刃の軌跡から求められる「一刃当りの切込み深さ」及び「同時切削中の刃数」から動的な切削抵抗を求めている。

　現今では、当初から適用が試みられていた不等ピッチ正面フライスや不等分割リーマの他に、(1)材料の切断に使われるバンドソーやメタルソー、(2)板材に大きな穴をあけるのに用いられるホールソー、(3)側刃フライス、(4)エンドミル、並びに (5)ブローチで「不等ピッチ」の考えが実用に供されている。更に興味深いのは、不等ピッチ正面フライスが当初は一定周期の変動切削抵抗に起因する強制（びびり）振動を緩和する目的で使用され始めたことである。しかし、

第4章 自励びびり震動

図4.18及び4.19に示すような再生形自励びびり振動に対する大きな抑制効果があるので、これを更に有効に使うべく考えられたのが「不等リード円筒フライス」である。

4.3.2 普及している不等リード回転工具

不等リード円筒フライスは、不等ピッチ正面フライスの刃を軸方向に螺旋状に延長するとともに、ピッチ間隔も連続的に変化させた形態と解釈できる。従って、その再生形自励びびり振動の抑制効果は、不等ピッチ正面フライスとは大きく異なった様相を呈し、それらについてはStoneが明解に述べている。そこで、Stoneの報告の要点を以下に紹介しよう [4-10]。

まず、図4.20は異なったねじれ角を有する隣接する切刃部の展開図である。いま、切刃が一定リード(ピッチ)となる位置を工作物の中央にとり、x座標の原点とすれば、xの位置の微小長さdxに作用する動的切削抵抗は次式で与えられる。

なお、切刃が一定ピッチ以外の場所ではリードが変化することになる。

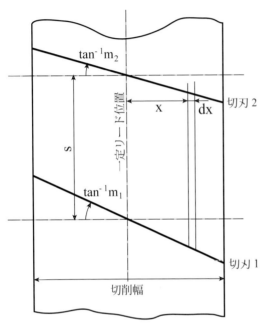

図4.20 不等リード円筒フライスの展開図（Stoneによる）

$$-k[y_0 \sin\omega t - y_0 \sin\omega(t-\tau)]dx \quad (4.13)$$

ここで、k: 比切削抵抗、y_0: 振動振幅、 ω: 振動の角振動数、t: 時間、τ: 切刃1と2が同じ点を通る時間間隔

式(4.13)中の第2項は再生効果の項であり、次に切刃の数をz、フライスの1回転に要する時間をTとすれば、一定ピッチ線上でτ = T/zとなる。従って、xの位置では、

$$\tau = (T/z)\{[(m_1 - m_2)x + s]/s\} \quad (4.14)$$

要するに、m_1とm_2の差によって再生効果を切刃全長に亘って連続的に制御できることになる。そこで、Stoneは式(4.13)で与えられる動的切削抵抗が作用する機械－工具－工作物系

の運動方程式を導き、安定線図を示している（解析の詳細は参考文献を参照のこと）。

図 4.21 は、不等リード円筒フライスの効果を二つのねじれ角状態について示したものであり、図の縦軸は、「限界切削幅」（平均切込み刃数、切削弧の長さ、単位力当りの最大振幅、比切削抵抗、並びに工作物の限界切削幅に関わる特性値）、又、横軸は「主軸回転数」（全刃数、固有振動数、並びにフライス1回転に要する時間に関わる特性値）に相当する指標である。なお、図中の破線は接線安定限界を示している。又、β は減衰比であり、h/k（h: ヒステレシス減衰係数、減衰能が小さい場合には粘性減衰と同様な作用、k: 構造体のばね定数）で与えられる。

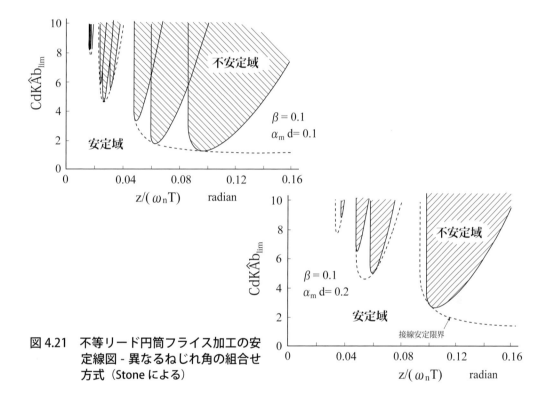

図 4.21　不等リード円筒フライス加工の安定線図 - 異なるねじれ角の組合せ方式（Stone による）

ここで、安定線図は、ねじれ角の変化量を示す $\alpha_m d$ により大きく変化し、d は「フライスの切削弧の長さ」、又、α_m は次式で与えられる。

$$\alpha_m = [(1/m_1 - 1/m_2)\, m]/(2s) \tag{4.15}$$

但し、$\tan^{-1} m =$ 平均ねじれ角

図から判るように、不等リード円筒フライスの振動抑制効果は、不等ピッチ正面フライスと

は大きく異なって、主軸回転数の低い範囲で顕著なこと、並びにねじれ角の変化が安定域に大きく影響することを特徴としている。

ところで、Stone が示している留意点を更に列挙すれば、次のようになる。
(1) ねじれ角の差を大きくすると振動抑制効果も大きくなるが、その差が4度以上では効果が飽和すること。
(2) 一つの切刃のねじれ角を連続的に変化させても、同じような抑制効果が得られること。
(3) ブローチ加工やエンドミル加工についても適用できること。

ところで、不等リード方式の特徴は、見かけ上「再生形自励びびり振動の低域安定性」と似ており、高速領域よりも中・低速域での安定限界が大きい。これは、「重切削が低速域で行われること」を考えると、実用性の面で非常に有益である。その結果、現在では当初から対象であった円筒フライスやブローチよりもエンドミルで多用されている感がある。それは、(1)不等ピッチの底刃と不等リードを組合せたエンドミル、(2)ニックを有する正弦曲線状の波形刃からなる円筒フライスなどへ展開した実用例からも理解できるであろう。又、Stone の初めの研究対象がブローチであったことに例示されるように、実用に供されている不等ピッチブローチを発展させた「ヘリカル内面ブローチ」には簡単に不等リードの考えを適用できる。

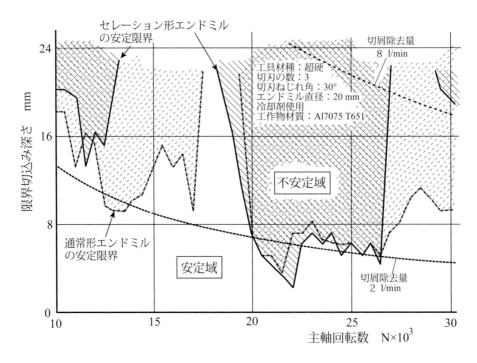

図 4.22　高速溝加工時に於けるセレーション形エンドミルの耐再生形自励びびり振動特性
　　　　（Denkena らの好意により原図を模式化；Gr/59693@IFW for further reference）

それでは、最後に不等リード方式の有用性を自動車や航空機産業で話題となっているAl合金製一体複雑形状部品の加工で眺めてみよう。このような部品は高速切削を行ないつつ、単位時間当りの切屑生成量を大きくする、いわゆる「高速・重切削加工」を必要とする。現今では、そのような「高速・重切削加工」向きの工作機械は容易に入手可能であるが、再生形自励びびり振動の発生によって深い切込みを設定できないことが大きな問題となっている。そこで、ハノーバー大学のDenkenaらは、これに対処すべく3枚刃不等配分ニック付きセレーション形エンドミルの耐びびり振動性を通常のエンドミルと比較して、**図 4.22** に示すような結果を得ている[4-12]。要するに、効果的な切込み深さの減少と切刃に沿って不等配分されたニックにより再生形自励びびり振動の発生を防止して、単位時間当りの切屑生成量を約 50 %も大きくしている。例えば、主軸速度 27,000 rev/min 以上では、切屑除去量は 8.85 ℓ/min に達する。なお、主軸速度 20,000～27,000 rev/min では、実験装置に組込んだ切削動力計の振動特性が顕著に現れていて、エンドミルの特性を示していないと説明されている。又、この研究は Heller、MAG、Waldrich Coburg、ならびに Walter との共同研究であることを付記しておこう。

4.4　切削加工の自励びびり振動方程式に関わる解決すべき問題点

　一言で自励びびり振動と云っても、切削と研削では研究及び技術開発の状況は大きく異なり、「研削びびり」の研究は「切削びびり」に比べるとかなり立ち後れている。又、「切削びびり」でも曲げ振動を対象としたものが多く、ねじり振動を取扱ったものは少ない。要するに、1960 年代以降には再生形自励振動、しかも曲げ振動に注力して研究や技術開発がなされてきたと云える。

　ここで留意すべきは、その間に「多重再生効果」のような重要な学識の提起があったにもかかわらず、それらを等閑視して現今に至っていることである。「多重再生効果」は、東京大学名誉教授佐藤壽芳らによって初めて提唱された概念である [4-13] [4-7]。それ迄は、又、現今でも、例えば旋削の場合には「加工面に形成された一回転前のうねりを削り取ることによって自励びびり振動が発生し、継続する」とするのが大勢である。これに対して、**図 4.23** に示すように、「数回転前に形成されたうねりも振動挙動に関与する」と提起していて、これによれば自励びびり振動が発生後に一定振幅を維持して継続する現象を巧みに説明できる。従って、この「多重再生効果」の提起する意味は重大なものであるが、その意義が不十分ながら認められ

脚註 4-7：**図 4.1** には、「多重再生効果」に相当するものが示されていないが、これは次のような佐藤壽芳氏の見解を考慮したためである。「Tobias らの提唱する再生効果で自励びびり振動が始まったとしても、それが一定振幅で継続するのは多重再生効果による」。

第4章 自励びびり震動

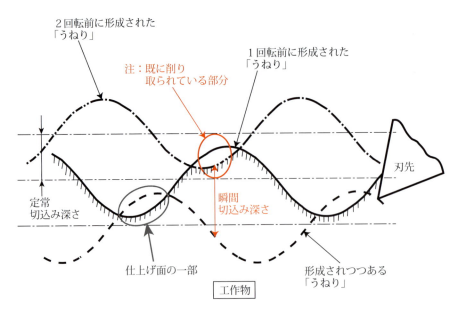

図 4.23 多重再生効果の概念（近藤、佐藤らによる）

たのは最近である。しかも、一回転前と数回転前の再生効果を比較して「多重再生効果による安定線図の変化」を具体的に検討することにより、自励びびり振動の質の変化を浮き彫りにすることも未だなされていない。その原因の一つは、Tobias、Tlusty、Merritt らの路線上の既成概念にとらわれて、他の発想を無視してきた、あるいは評価できない研究環境が挙げられる。そこで、今後の新たな研究や技術開発を展開する一助として、ここでは議論すべき幾つかの課題を挙げておこう。ちなみに、これら課題については、これ迄にも散発的に疑義が提示されている。

4.4.1　動的比切削抵抗（Dynamic Cutting Coefficient）の妥当性

「切削過程方程式」によって瞬間的な切屑厚さにより生じる動的な切削抵抗を求めるためには、「切削剛性」、すなわち動的比切削抵抗を知る必要がある。しかし、再生形自励びびり振動の初期段階の研究が行われた 1960 年代には、現在では「切削抵抗の静的成分」と認識されている物理量のみが測定できる状況であった。その結果、3 章で述べたような「二次元切削機構」を援用して動的比切削抵抗を求めていた。

その後、再生形自励びびり振動で生じるような「うねり」のある面を切削する数学モデルを用いて動的比切削抵抗を求める試みもなされている。又、Altintas らは、過程減衰を考慮した動的比切削抵抗の式を提案し、加振力位相制御の振動切削とみなせる方法で必要な過程減衰を測定していると主張している（補遺 I 参照）[4-14]。更に、Denkena らも電磁軸受支持・リニア

モーター駆動方式の主軸を用いてエンドミル加工の場合の過程減衰を測定したと報告している [4-12]。しかし、これらの研究では低加振周波数の振動切削を行ない、工具逃げ面と工作物の接触状態による切削抵抗とその際の工具変位を測定しているに過ぎない。又、切削抵抗をKistler社の切削動力計で測定しているが、それらは振動切削時の切削抵抗を測定しているに過ぎず、再生形自励びびり振動の発生直前、あるいは発生直後の動的比切削抵抗を同定しているとは考えられない [4-15]。すなわち、設定している「うねり」が振動しているときの「うねり」と同等に、正しくモデル化されて動的比切削抵抗を測定している保証はなんらなされていない。

これに対して考慮すべきは、1970年代以降に急速に普及したKistler社の水晶圧電素子を用いた切削動力計による切削抵抗の測定結果である。代表例は、Langhammerによる一連の研究であり、それによれば、これ迄の動的比切削抵抗とは意味合いの異なる動的比切削抵抗の存在が予測される。すなわち、Langhammerは、既に**図3.28**に示したような「切削抵抗の動的成分」の存在を指摘しているが、この動的成分が再生形自励びびり振動に及ぼす影響については、これ迄なんらの研究もなされていない。常識的な発想によれば、振動現象には無関係と考える方が妥当な「切削抵抗の静的成分」に相当するものから動的比切削抵抗を求めるのは問題であり、そこには、切削過程方程式の動的比切削抵抗の本質を如何に考えるかという大命題があると思われる。すなわち、既に**図3.28**に普通炭素鋼を加工したときの動的成分の挙動を示したように、動的成分は明白な「垂下特性」を示していて、これは「びびり振動」の一つの原因とされている。

要するに、動的比切削抵抗と切削抵抗の動的成分の違いについては何らの関心も示されていないし、又、静的、あるいは準動的な切削力から動的比切削抵抗を求めることへの疑問が無視されている。別の表現をすれば、振動問題であるにもかかわらず、**図3.27**に示したF(t)に含まれる変動成分や動的成分の役割が未検討である。

4.4.2　構造方程式への非線形性の導入及び切削状態への対応

既に3章で簡潔に説明したように、結合部の剛性は非線形性を示し、工作機械の形状創成運動を実現する上で不可欠な案内面は結合部の代表例である。又、案内面に存在する遊隙（がた）が非線形性を増大させるとするのは当然の考えであろう。従って、機械本体の非線形性が再生形自励びびり振動に及ぼす影響は、1980年代から解明が進んでいて、「非線形ビルディング・ブロック手法（NLBBA）」と称する手法で、主軸の周波数応答特性とともに、振動の安定性を取扱った例もある [4-16]。

その研究では、前部及び後部主軸受部の主軸との「嵌合部」に存在する遊隙が1 μmの場

合を「非線形ばね」として取扱っている。そして、加振力が25及び100 Nの場合について、FEM（有限要素法；Finite Element Method）を用いて解析を行い、複素平面上に主軸コンプライアンスのベクトル軌跡（ナイキスト線図）を描いていて、それによれば加振力が25 Nの場合には非線形性の影響で最大負実部の大きくなることが示されている。これは振動に対する安定域が大きくなることを意味し、経験的な知識とも一致する。なお、計算時間も従来の時間領域における方法よりも数段と短縮されることも同時に示されている。

ところで、構造方程式を決める系の特性値、すなわち単純な系にモデル化した際の等価な質量、減衰係数、並びにばね定数は、すべて理論的に求まるわけではない。有限要素法による構造解析が普遍化している現在でも、これらの数値は実験により求めることが一般的である。例えば、力センサー付きのインパクトハンマーで打撃加振を行い、それに対する機械の動的応答を加速度センサーで検出して機械の諸特性を決定している。これは、機械が基本的に多自由度系であり、機械の諸特性は方向依存性を有していることによっている。それでは、方向依存性迄考慮して合理的に実験を行って、必要な全ての特性値を得ることができるかといえば、現状では難しいであろう。

しかも、インパルス加振は機械の静止状態、あるいは無負荷運転状態にて行われている。これは、実際の切削時における系の特性値とは異なることは自明であろう。そこで、2000年代になると、実際の切削時の特性値を求める研究が行われるようになってきている。例えば、NicolescuとArchentiは、本体構造の非線形性と同時に、機械の切削状態における系の諸特性を検討した結果を報告している[4-17]。彼らの研究では、両センター支持された円筒状工作物の外丸削りを行い、安定切削時及び「びびり振動」発生時の振動信号をマイクロホンで検出している。その一方、ホワイトノイズで加振される系の運動方程式を考えて数値シミュレーションを行い、検出された信号と比較してばね定数と減衰係数を同定している。

更に大きな問題は、「機械－工具－工作物系」として取扱うべきであると常に唱えられながら、工作物や工具の把握方法を明示せずに理論値と実験値を比較して、理論解析の妥当性を主張している論文が圧倒的に多いことである。そこで、チャックの特性が旋盤加工の再生形自励びびり振動に及ぼす影響を例示しておこう。

三つ爪チャックでは、工作物一回転毎に剛性が顕著に三回変化するという「工作物剛性の方向依存性」が認められる。その結果、三つ爪チャックで把握した実験では、パラメータ励振の混在する危険性が高くなる。図4.24には、三つ爪チャックに片持ち状態で把握された工作物にみられる「びびりマーク」の例を示してあり、爪の有無によって再生形自励びびり振動の開始点が異なることが明瞭に観察できる。又、この「びびりマーク」を三次元粗さ測定機で観察してみると、図中に模式的に拡大表示してあるように、再生形自励びびり振動により生成され

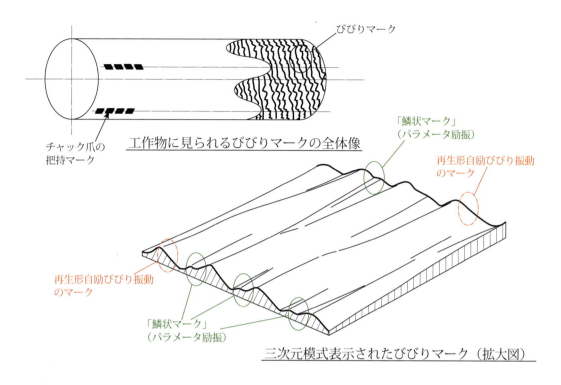

図 4.24　再生形自励びびり振動にパラメータ励振の混在を証する「鱗状マーク」
　　　　（土井による）

る「びびりマーク」の斜面に「魚の鱗状に削りとったマーク」が付加的に存在することが確認できる。この事実は、パラメータ励振が再生形自励びびり振動の安定限界になんらかの影響を及ぼしていることを示唆している [4-18]。そこで、**図 4.25** には、切削剛性とチャック－工作物系の平均剛性との比 k_c/k を指標として、同一加工条件の下でチャックのみを四つ爪単動チャック及び三つ爪スクロールチャックとした場合の安定線図の違いを示してある [4-19]。ここで、再生形自励びびり振動の安定線図は理論的に求めていて、又、〇印が実験値であり、図から興味あることを次のように指摘できる。

(1)　四つ爪単動チャックの場合には、実験値は理論安定線図の絶対安定限界付近にあり、そこにはパラメータ励振の影響は認められない。

(2)　三つ爪スクロールチャックの場合には、低速域では実験値は理論安定線図よりも遥かに低いところにある。その一方、高速域では、再生形自励びびり振動が安定域である領域でパラメータ振動が生じている。

要するに、チャッキングの条件によっては、パラメータ励振の混在によって安定限界が低下することが判る。又、土井は四つ爪チャックについて、単動形式とスクロール形式についても

第4章 自励びびり震動

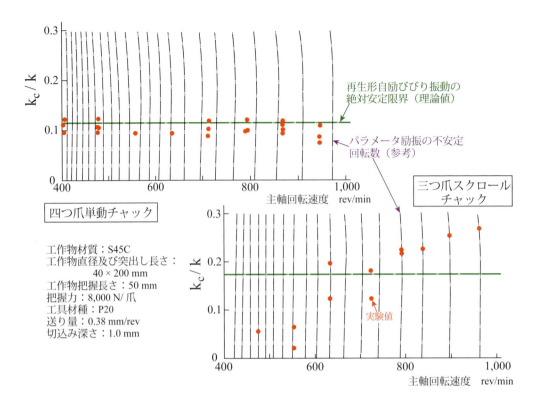

図4.25 パラメータ励振の混在による再生形自励びびり振動の安定限界の低下
－チャックによる安定線図の違い（土井らによる）

実験を行い、四つ爪スクロールチャックでは三つ爪スクロールチャックよりも大きな剛性の方向依存性が存在すること、又、それによる再生形自励びびり振動の安定限界の大きな低下を確認している。この事実は、チャックの爪の開閉機構が自励びびり振動に影響を及ぼすことも示唆している。

このようにチャックの種類は再生形自励びびり振動の安定限界に相当の影響を及ぼすという報告があるにもかかわらず、「びびり振動」の研究者の多くがこの事実に無関心である。逆説的に云えば、Tlusty自身が「びびり振動」の解説で、心押台の剛性の方向依存性や転がりセンターの種類による安定限界の違いを指摘しているにもかかわらず、その後の研究では、この事実が忘れ去られている [4-20] [4-8]。なお、このパラメータ励振の影響は、具体的には動的比切削抵抗の見直しに関わる課題である。

脚註4-8：砥石車の接触共振振動数を測定したHahn及びPriceの研究（ASTME Technical Paper, 1969）によれば、接触共振振動数には「方向依存性」が存在することが確認されている。従って、「研削びびり」にも、パラメータ励振の混在する可能性がある。

4.4.3 再生形自励びびり振動の開始点の学術的な規定

　Altintas と Weck が 2004 年に CIRP（International Institution for Production Engineering Research; 国際生産加工アカデミー）に於いて「びびり振動」に関わる展望論文を公表している。その中で、後で述べる Rahman の論文を引用しているが、文脈から判断する限りでは「びびり振動の開始点の規定を如何にするか」に対する重要性を認識しているとは考えられない。単に、検出した「びびり振動」を入力信号とした振動抑制という視点が強調されて引用されているようである。そこには、前述した工作物の把握方法を明示することなく理論安定線図と実験で得られた安定線図を比較することの無意味さと同様に、再生形自励びびり振動の開始点の判定が如何に重要であるかの視点が欠如している [4-21]。

　確かに、再生形自励びびり振動の発生点に関わる研究は 1990 年代半ば以来行なわれていない。しかし、ハノーバー大学の Denkena 教授らが 2010 年に上に述べたセレーション形エンドミルの耐びびり振動特性に関して公表した論文中で、改めて振動の開始点の判定を総合的に行なったと述べている。すなわち、Denkena らは、目視、仕上げ面の粗さ、加工中の音及び振動、並びに工具ホルダーの変形から総合的に判断して安定線図を作成したとしている。これらの指標は、これまで個別に再生形自励びびり振動の発生の判断に用いられてきたもので、特段目新しいものではない [4-12]。

　それでは、ことを改めて何故に再生形自励びびり振動の開始点判定について言及したのであろうか。そこには、依然として振動の開始点に関わる第三者的な判定基準が確立されていないことが示唆されている。別の表現をすれば、Denkena らのように判定基準に触れているのが希有であり、多くの論文では判定基準を明示せずに、理論安定線図と実験値が良く一致すると主張している。しかし、そのような論文は信頼性が低いと云わざるを得ない。実用技術の開発では、振動の開始点の学術的な厳密さは些細なことと主張できるであろうが、再生形自励びびり振動の本質を理解しようとする学術研究では避けて通れない大きな問題と考えられる。

　周知のように、工学問題一般でも安定域から不安定域への移行開始点を厳密に規定するのは難しい。しかるに、再生形自励びびり振動では、センサーにとって悪環境である機械加工中に必要な信号を的確に検出すること、検出した信号には本来の信号の他に数多くの外乱信号が混入しているので適切な信号処理を行なうこと、並びに振動の開始点に関わる信頼性の高い特徴的な指標を見出すことが更なる鍵となる。従って、再生形自励びびり振動の開始点を如何に規定して判定するかは難しい課題であるものの、多くの研究者はなんらの注意も払っていない。

　ところで、この難しい課題に初めて挑戦したのは、イスラエル工科大学の Braun であろう。Braun は、図 4.26 にみられるように、検出した「びびり振動」の原信号を検波処理して、振動振幅中の「Magnitude Plot」なる特性値を抽出した後に、それが急激な低下を示すところを

第4章　自励びびり震動

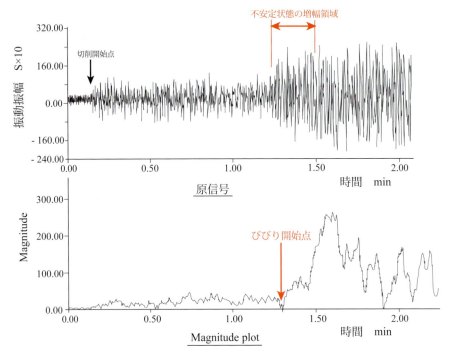

図4.26　びびり振動の開始点を規定する試み（Braunによる）

振動の開始点と規定している[4-22]。同じような試みは、中沢らによっても行われていて、そこでは旋削中の音響信号、あるいは振動の加速度信号を検出して、検出信号に含まれる固有振動数の変化に着目している[4-23]。この中沢らの研究でも、Braunの例のような特性値を見出して、それにより振動の開始点を正確に規定できるとしている。

このように、再生形自励びびり振動に関係する信号を検出して特性値を抽出すること、又、その特性値に顕著な挙動を見出すことはできる。しかし、如何なる特性値が振動の開始点を的確に反映しているのかという本質的な問題が残っている。そこで、Rahmanらは、旋削加工中の工作物の振動振幅、切削抵抗の三分力の変化、工作物の変位、更には加工後の仕上げ面粗さを系統的に調べて、再生形自励びびり振動の開始時には工作物の水平方向（バイトの切込み方向）変位に特徴的な挙動が認められることを指摘している。すなわち、前述のMTIRAが提唱したテーパ形試験片を用いて、連続的に切込み深さが増加する様式で外丸削りを行なっているにもかかわらず、図4.27に示すように、振動が始まる一瞬前に工作物の変位が減少する[4-9]。

脚註4-9：「切込み深さが連続的に増大」するにもかかわらず、工作物の変位が減少するのは理解に苦しむ現象である。しかし、佐藤壽芳東大名誉教授の提唱した「多重再生効果」を考えると、見掛け上は切削面積が増大しているものの、振動開始直後には「実効切削面積は減少」していて、工作物変位が減少するとも考えられる。

ちなみに、この点は仕上げ面粗さの増加する点に一致するものの、振動振幅にはなんらの特徴的な変化は認められない。又、図に同時に示すように、人間の耳で加工音の異常から判別する方法では、この工作物変位の特異な挙動点から相当に遅れて振動の開始を認識している。そこで、切込み深さで開始点を比較してみると、例えば、7.5 mm と 9 mm くらいの違いがある [4-24]。すなわち、このような信号処理により得られた開始点と人間の耳によって判定した開始点の間には、かなりの相違があることが指摘されている。これでは、理論安定線図と実験値が一致したと主張されても、どのように再生形自励びびり振動の開始点を実験で規定したかが示されねば納得し難いであろう。

さて、このように 1970 年代後半に幾つかの研究が

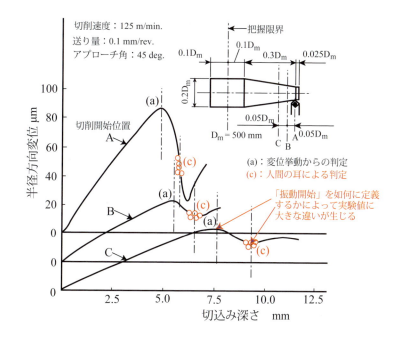

図 4.27 工作物の変位挙動から判定する再生形自励びびり振動の開始点（Rahman らによる）

表 4.1 「びびり振動」の開始点の判定に関する研究例

提唱者	判定基準／判定方法	参考文献
樋口ら	振動振幅の二乗平均値	4-25
Nicolescu	時系列解析を施した音響信号	4-26
葉ら	振動振幅の二重閾値 （振幅の平均値及びその偏差を使用）	4-27
土井ら	工作物の真円度誤差、あるいは平坦度誤差	4-28

なされたにもかかわらず、この課題は「びびり振動」の研究者の中で注目されることはなかった。しかも、その後 1980 年代後半から 1990 年代前半に再度幾つかの研究がなされたが、それ以降はまったく興味を示されることなく現在に至っているので、簡単にそれらの研究の概略を **表 4.1** にまとめてある。

4.4.4 未知の「びびり振動」は本当に存在しないのか

　研究や技術開発が1930年代以来行われているので、「びびり振動」の本質に関わるところは未解明であるにしても、常日頃の観察や数多くの現場の経験を通して、全ての「びびり振動」が類型化されて把握済みと思われるであろう。その一方、機械-工具-工作物系を構成する各要素が時代とともに発達・進化し、しかもチタン合金や耐熱鋼のような難削材、又、炭素繊維複合材のような新素材の加工要求が増大しているので、「未知のびびり振動は存在する」とする発想の方が自然とも考えられる。

　現状では、後者の考え方の方が妥当と思われ、それを示唆する典型例は研削加工における「曇り状仕上げマーク」であろう。すなわち、目で見て「なんとなく不透明さの残る研削仕上げ面」をアルカンサス砥石で軽く研いで（なめて）みると砥石車の暴れた痕や斜めに走る痕が確認できる。一般的な常識では、前者は強制振動、又、後者は再生形自励びびり振動の痕跡とみなせる。しかし、このように明瞭に判定できない曇り状仕上げマークも存在する。例えば、これに類似した曇り状仕上げマークは、図4.28に示すような歯車チャックで把握された曲り歯冠歯車（60 HRCに焼入れ）の穴部をcBN工具で加工した場合に観察される。歯車のチャッキングではピッチ円を基準として、球やピンを介して把握せねばならないので、本質的に把握剛性が低くなり、「びびり振動」が生じ易い。問題は、チャック本体が鋳鉄製であると、曇り状仕上げマークは発生しないものの、鋼鉄製ではマークが認められることである[4-10]。このように、加工点近傍に減衰能の大きい本体構造要素やアタッチメントを配置すると、加工に伴って発生する振動の高周波数成分を除去できることは、コンクリートを工作機械の刃物台に採用した際にも認められている。しかも、この高周波数成分の除去効果は、多くの研究者が個別に独立して報告しているの

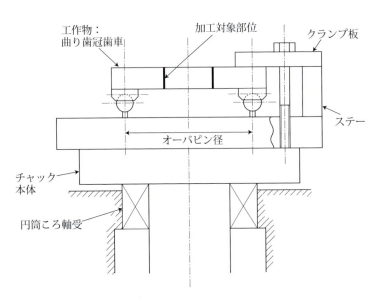

図4.28　オーバピン径を基準として把持する歯車チャックの概要

脚註4-10：1980年12月7日に著者が富士機械を工場見学した際のメモによる

で、まず間違いない事実であろう。

　要するに、加工の現場では、加工要求の高度化とともに多種多様な「仕上げマーク」の発現が観察されているが、それらを系統的に整理して自励びびり振動の観点から論じることは行なわれていない。例えば、4.3.2 で紹介した Denkena らの研究で取扱っていた航空機に多用される Al 合金の高速・重切削では、1 kHz 以上の周波数である「びびり振動」が別に観察されている。研究者によっては、これを「摩擦励振形」と位置付けている一方、切れ味の良い新品の工具を使えば除去できるので、「切屑の凝着」が原因としている説もある。従って、「未知のびびり振動は本当に存在しないのか」なる問いに的確に答えられる状況ではないと云える。

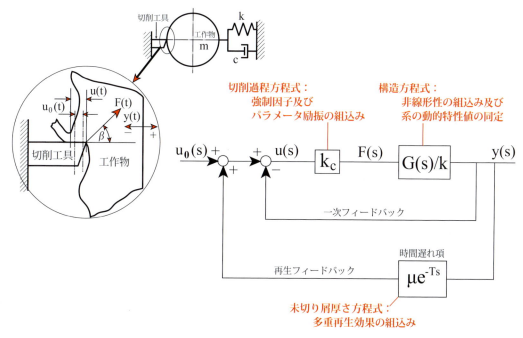

図 4.29　Merritt の自励びびり振動ループのブロック線図を一般化する提案

　さて、以上述べたように、再生形自励びびり振動の本質を解明するという究極の目的を達成するには、取り組まねばならない核と目される課題が幾つか存在する。それらは最終的には、Merritt により提案された「びびり振動のブロック線図」の一般化に帰着するであろう。具体的には、**図 4.29** に示すように、(1)切削過程方程式に「強制振動因子」及び「パラメータ励振」、(2)構造方程式に「非線形因子」、並びに (3)未切屑厚さ方程式に「多重再生効果」を組込むことである。これにより再生形自励びびり振動を総合的な視点から取扱えるようになるであろう。

4.5　研削びびり振動の研究状況及び解決すべき問題点

　既に述べたように、「切削びびり」に比べると「研削びびり」の研究は活発ではない。これは、理論的には「切削びびり」と同様な基礎方程式で解析できるものの、実用の際に不可欠となる方程式の特性値の定量的な同定が困難なことも一因であろう。その結果、4.2節で述べた理論の実証実験やそれを基にした実用技術への展開も数少ない。そのような状況下でStoneらが一連の興味ある研究を展開し、又、最近では展望論文も纏めているので、ここではそれらを紹介しよう。

　さて、研削自励びびり振動の理論によれば、機械－工具－工作物系の高い固有振動数（一次）と減衰能を維持しつつ、砥石車の（半径方向）接触剛性を小さくすれば耐びびり振動性は向上する。そこで、ツルーイングに熟練が必要で、しかも時間を要する汎用のcBN砥石車のハブ（砥石フランジ）材を柔軟なものとして、接触剛性を小さくするという実用的な方策、すなわち「弾性砥石車」の実用化が試みられている。実験では、ベークライト製ハブを有する通常のcBN砥石車との比較を行い、期待通りに、弾性砥石車は高速度鋼の平面研削で振動の生じない安定な研削を実現できることを確認している。ここで、柔軟なハブ材として、Dunlop Aviation製のNi系ポーラス材（商品名 Retimet）を使っていて、この材料は大きな減衰能と熱伝導性を有している。なお、試作した砥石車の半径方向静剛性は、mm当り約 1.4×10^6 N/mであり、このように柔らかい砥石車でも工作物の幾何学的精度には問題がなく、又、スパークアウト時間も短い[4-29]。

　SextonとStoneらは、この概念を焼入れしたCrMo構造用鋼（英国規格 EN31）の円筒研削にも応用していて、同様な「びびり振動」の抑制効果を得ている。そこでは、図4.30に示すように、円形断面のネオプレン製のパッド（40個）を介して、Al製ハブの外周部に砥粒層を有するT形状のリムを固定することによって柔軟な砥石車を試作している。ちなみに、この概念は、切削における「ばねバイト」と同じである[4-30]。

　ところで、このような弾性砥石車の耐びびり振動特性を可視化するには、「びびりリセプタンス」、すなわちブロック線図から安定判別を行う時に用いられる「機械－工具－工作物系」のコンプライアンスのベクトル軌跡（ナイキスト線図）を利用すると便利である。図4.31には、研削自励びびり振動でみられる「びびりリセプタンスの一般模式化」、「弾性砥石車の効果」、並びに「弾性砥石車の減衰係数の効果」を示してある。まず、図の上部に示してある最大負実部 R を与える周波数 ω_c、あるいはその近傍で自励びびり振動が発生する。そして、例えば最大限界研削幅（絶対安定限界）b_{lim} は、動的比研削抵抗を k とすれば、次式で与えられる。

4.5 研削びびり振動の解決すべき問題点

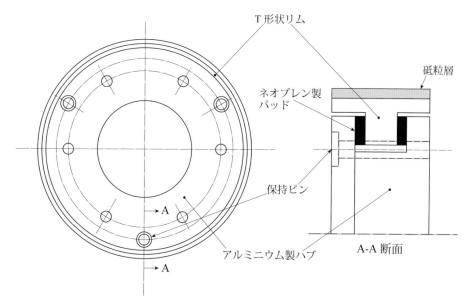

図 4.30 弾性 cBN 砥石車の例（Sexton らによる）

$$b_{lim} = 1/(2kR) \quad (4.16)$$

次に、同図左には通常の砥石車（剛性 :K_1）に対して 4 倍の柔軟性を有する弾性砥石車（K_2）を装着した場合のリセプタンスの比較を示してある。ここで、質量比 $m_1/m_2 = 100$、$\zeta_1/K_1 = \zeta_2/K_2$、（$\zeta$: 減衰定数）、機械構造の減衰係数 C_1（$\zeta_1/[2\sqrt{m_1 K_1}]$）$= 0.1$ と仮定しており、$C_2 = 0.5$ となる。図にみられるように、弾性砥石車を装着した場合の最大負実部は、それほど小さくはならないが、最大負実部が得られる周波数は 5 倍に増加している。更に、同図右には、弾性砥石車の減衰係数を変化させたときのリセプタンスの違いを示してある。期待されるように、減衰係数を増加させれば、最大負実部は小さくなる。なお、ここでは、周波数依存性のある粘性減衰を考えている。

ここで、**図 4.32** には**図 4.31** の具体例として、Sexton らが示した通常の cBN 砥石車と弾性砥石車のレセプタンスの比較を示してある。図中の 280 Hz 近傍にみられる最大負実部は、確かに通常の砥石車の -4.0×10^{-7} から弾性砥石車の -1.0×10^{-7} へと大幅に改善されている。

ところで、研削自励びびり振動についての展望は数少なく、最近では 2001 年の Inasaki らによる CIRP の Keynote Paper を挙げられるに過ぎない [4-31]。この展望論文は、従来の発想による研究を見直すには適しているが、切削自励びびり振動で述べたような問題の本質を探る視点は欠如している。例えば、安定限界を紹介している図をみても、そこには「びびり振動開始点

第4章 自励びびり震動

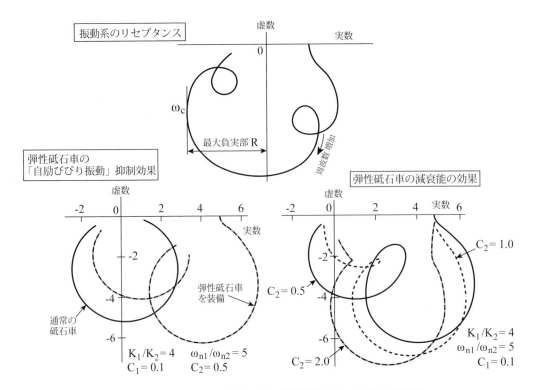

図 4.31　ナイキスト線図による弾性砥石車の効果の可視化

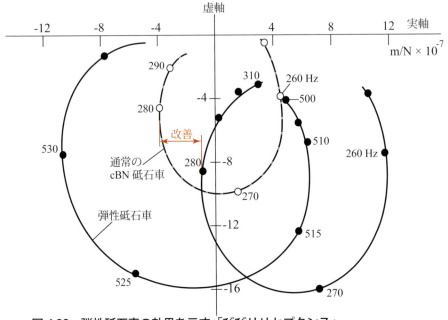

図 4.32　弾性砥石車の効果を示す「びびりリセプタンス」
　　　　－振動系のコンプライアンスのベクトル軌跡（Sexton らによる）

の判定」にかかわる曖昧さがみられる。ここで、そのような新たな視点に立脚しているものとしては、2013 年に発表された Entwistle と Stone の展望論文があげられる。この論文では、多くの研究が曲げによる再生形研削自励びびり振動を取扱っているのに対して、(1)それに研削抵抗による砥石車と工作物のねじり振動が重畳される場合、並びに (2)研削抵抗の垂下特性による「びびり振動」に注目すべきとしている。なお、「研削びびり振動」では、実験的研究が極端に不足していることも指摘している [4-32]。

まず「ねじり振動の重畳」については、Entwistle と Stone は研削砥石車 − 円筒工作物系の曲げ振動の固有振動数に対して、ある比率を有する工作物 − 砥石車系のねじり振動の固有振動数が独立に作用するとしている。そして、理論解析が主体であるものの、工作物のねじり振動は振動に対する安定性を向上させることを示している。問題は、動的比研削抵抗を切削自励びびり振動と同様に、静的な研削抵抗の式を時間で微分して求めていることにある。

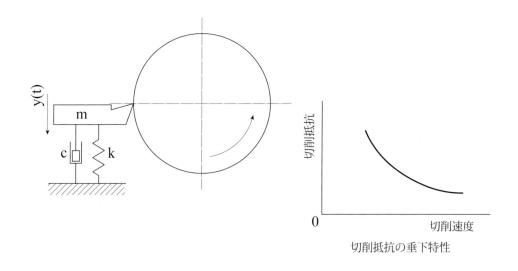

図 4.33 切削抵抗の垂下特性による「自励びびり振動」の発生機構

次に、研削抵抗の垂下特性に基づく「ねじりびびり振動」は、再生効果は伴わずに研削砥石車に起因して生じ、それは切削の場合と同じであるとしている。更に、この形の「びびり振動」は古く Arnold により指摘されたものの、再生形自励びびり振動が研究の主流となって以来、忘れ去られたとしている。そこで、図 4.33 には、切削の場合の機構を改めて示してあり、そこでは切削抵抗の主分力 F は次式で与えられる。

$$F = b\delta \left(R_0 - \beta \frac{dy(t)}{dt}\right) \tag{4.17}$$

ここで、b: 切削幅、δ: 切込み深さ、R_0 及び β: 工作物材質、切削条件、切刃形状等で定まる正の定数

又、一自由度の運動方程式は次式で与えられる。

$$m\frac{d^2y(t)}{dt^2} + (c - b\delta\beta)\frac{dy(t)}{dt} + ky(t) = 0 \tag{4.18}$$

ここで、速度項の係数が負の場合に系は不安定となることから、「びびり振動」の発生条件は次式で与えられる。

$$(c - b\delta\beta) < 0 \tag{4.19}$$

参考文献

[4-1] Tobias S A. "Schwingungen an Werkzeugmaschinen". Carl Hanser Verlag 1961.
[4-2] 例えば、Tlusty J. "Chapter 1 General Features of Chatter" and "Chapter 2 The Theory of Chatter and Stability Analysis within Section 2". In: Koenigsberger F, Tlusty J (eds) Machine Tool Structures Vol.1 1970, Pergamon Press, p. 115-163.
[4-3] Merritt H E. "Theory of Self-Excited Machine-Tool Chatter – Contribution to Machine-Tool Chatter Research – 1". Trans. of ASME, Jour. of Engg. for Industry Nov. 1965: 447-454.
[4-4] The MTIRA. "A Dynamic Performance Test for Lathes". July 1971.
[4-5] Kennicott W L, Gahmberti J M. "How to Eliminate Cutting Tool Vibration". Tools and Mfg. Engr. 1962; 48-2:77.
[4-6] Hahn R S. "Metal Cutting Chatter and Its Elimination". Trans ASME 1953; 75: 1073.
[4-7] Slavicek J, Bollinger J G. In: Proc. of 10th Inter. MTDR Conf., 1970, p. 71, Pergamon Press.
[4-8] Weinert K, Kersting M. "Konzeptionelle Entwicklung eines adaptiven Werkzeughalters". ZwF 2005; 100-6:352-354.
[4-9] Vanherck P. "Increasing Milling Machine Productivity by the Use of Cutters with Non-constant Cutting-edge Pitch". In: Proc. of 8th Inter. MTDR Conf. 1968, p. 947, Pergamon.

[4-10] Stone B J. "The Effect on the Chatter Behaviour of Machine Tools of Cutter with Different Helix Angles on Adjacent Teeth". In: Proc. of 11th Inter. MTDR Conf., Vol. A 1970; p. 169-180, Pergamon Press. 詳細は、以下の報告書に記載。
Stone B J. "The effect, on the regenerative chatter behaviour of machine tools, of cutters with different approach angles on adjacent teeth". Research Report No. 34, 1970-7, The MTIRA（会員限定配布報告書）

[4-11] Opitz H, Dregger E U, Röse H. "Improvement of the Dynamic Stability of the Milling Process by Irregular Tooth Pitch". In: Proc. of 7th Inter. MTDR Conf. 1967 Pergamon, p. 213-227.

[4-12] Denkena B, de Leon L, Grove T. "Prozessstabilität eines kordelierten Schaftfräsers". ZwF 2010; 105-1/2: 37- 41.

[4-13] 近藤禎孝 他．"多重再生効果を考えた自励振動の挙動について"．日本機械学会論文集（C）昭55; 46-409: 1024-1032.

[4-14] Altintas Y, Eynian M, Onozuka H. "Identification of dynamic cutting force coefficients and chatter stability with process damping". CIRP Annals – Manufacturing Technology 2008; 57: 371-374.

[4-15] 隈部淳一郎．"振動切削 – 基礎と応用"．実教出版、1979.

[4-16] Watanabe K, Sato H. "Development of Nonlinear Building Block Approach". Jour. of Vibration, Stress, and Reliability in Design, Trans. of ASME 1988; 110: 36-41.

[4-17] Nicolescu M, Archenti A. "Dynamic Parameter Identification in Nonlinear Machining Systems". Jour. of Machine Engineering 2013; 13-3: 91-116.

[4-18] 土井雅博 他．"三つつめチャック加工時に生じる特異なびびりマークの観察"．日本機械学会論文集（C） 昭57; 48-434; 1633-1639.

[4-19] 土井雅博 他．"チャック加工における係数励振振動の研究"．日本機械学会論文集（C編）昭60-3; 51-463: 649-655.

[4-20] Tlusty J. "4.3 Centre lathe". In: Koenigsberger F, Tlusty J（eds）Machine Tool Structures 1970, Pergamon Press, p. 243-265.

[4-21] Altintas Y, Weck M. " Chatter Stability of Metal Cutting and Grinding". Annals of CIRP 2004; 53-2: 619-642.

[4-22] Braun S. " Signal Processing for the Determination of Chatter Threshold". Annals of CIRP 1975; 24-1: 315-320.

[4-23] 中沢弘、三好由博、繁村一義．"びびり振動発生限界の検出（第一報）：検出のソフトウエア"．精密機械 1979; 45-11: 1353-1358.

[4-24] Rahman M, Ito Y. "A Method to Determine the Chatter Threshold". In: Proc. of 19th Inter. MTDR Conf., 1979, MacMillan, p. 191.

[4-25] 樋口峰夫、土井雅博、益子正巳．"旋削加工におけるびびり振動の発生判定に関する研究"．日本機械学会論文集（C）昭61-5; 52-477: 1697-1700.

[4-26] Nicolescu C M. "Analysis, Identification and Prediction of Chatter in Turning". Doctoral Thesis No. 18, Department of Production Engineering, Royal Institute of Technology, Stockholm, 1991.

[4-27] Yeh L J, Lai G L, Ito Y. "A Study to Develop a Chatter Vibration Monitoring and Suppression System While Turning Slender Workpieces". In: Proc. of 2nd Inter. Conf. on Automation Tech. Vol.2, p. 337-343, Taipei, 1992.

[4-28] 土井雅博、室谷康夫．"旋盤の動特性試験法の開発"．日本機械学会論文集（C）1990; 56-529: 2521-2526.

[4-29] Sexton J S, Stone B J. "The Development of an Ultrahard Abrasive Grinding Wheel Which Suppresses Chatter". Annals of CIRP 1981; 30-1: 215-218.

[4-30] Sexton J S, Howes T D, Stone B J. "The Use of Increased Wheel Flexibility to Improve Chatter Performance in Grinding". IMechE Proceedings 1982; 196-25: 291-300.

[4-31] Inasaki I, Karpuschewski B, Lee H.-S. "Grinding Chatter – Origin and Suppression". CIRP Annals – Manufacturing Technology 2001; 50-2: 515-534.

[4-32] Entwistle R, Stone B. " Fundamental Issues in Self-excited Chatter in Grinding". Jour. of Machine Engineering 2013; 13-3: 26-50.

補遺 I　低域安定性

　再生形自励びびり振動で古くから知られている「低域安定性」は、4.4節で述べた基礎方程式に関わって議論すべき点とは少々問題の質が異なっているので、補遺で取扱うことにする（脚註4-2参照）。すなわち、Tobiasが1960年代に「低域安定性は喰込み効果（Die Eindringungsgradvariation; Rate of Penetration）による」として以来、それを疑うことなく該当する用語を「過程減衰（Process Damping）」と変えたのみで、最近でもAltintasやDenkenarが研究を行っている。

　低域安定性は、**図4.3**にも示したように、主軸速度が低い領域では「再生形自励びびり振動」の安定域が大きくなる現象である。すなわち、「理論解析では振動が発生」となるものの、実験では「振動の発生しないこと」が観察されている現象である。重切削が低速度で行われることを考えれば、実用技術面からみると非常に歓迎される話である。

　この低域安定性は、「動的切削抵抗」に「喰い込み効果」を考慮すると説明できるとされている。例えば、Tobiasは低域安定性の発生理由として、その著書で1961年に次のように明解に述べている [4-1]。

「動的切削抵抗は切削速度と切削過程に関係するので減衰力とみなすことができ、工
　具逃げ角の減少により増加する」。

　ところが、Tobiasの提唱した動的切削抵抗には次のような認め難い仮定があり、その結果として現在に至っても低域安定性の本質を探る研究が続けられているのであろう。まず、**附図A4.1**はTobiasが用いた動的切削抵抗の発生機構の説明図であり、これを基に次式で動的切削抵抗を与えている。

$$dP = k_1 ds + k_2 dr + k_3 d\Omega \qquad (附\text{A4.1})$$

ここで、$k_1 = (\partial P/\partial s)_{dr=d\Omega=0}$、$k_2 = (\partial P/\partial r)_{ds=d\Omega=0}$、$k_3 = (\partial P/\partial \Omega)_{ds=dr=0}$

　そして、式（**附A4.1**）中の第2及び3項は速度に関係するので減衰力とみなせるとしている。ここで、問題は「喰込み効果」に関わるとしているdrである。一般的には送り量と送り速度という単なる表示の違いであり、静的ならば必要に応じて換算できるsとrを動的状態で

は独立としていることである。

それでは次にAltintasらの最近の研究を眺めてみよう[4-14]。彼らは動的切削抵抗に含まれる次のような過程減衰を低域安定性の原因としている。すなわち、再生形自励びびり振動により形成されるうねりと工具逃げ面の接触状態のうち、うねりの斜面との接触は、$(dx/dt)/V$、又、うねりの曲線部との接触は、$(d^2x/dt^2)/V^2$ なる量に関わる減衰力として作用する（V: 切削速度）と主張している。このような減衰力が作用するとすれば、基礎方程式からみて理論安定線図で低域安定性が大きくなるのは当然である。従って、何故に狭い工具逃げ面でこのように発生機構が明確に区別できる減衰力が作用するのかについて物理的な

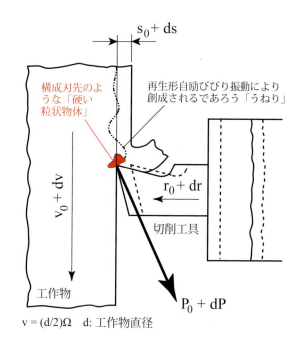

附図 A4.1　Tobias の提唱した「喰い込み効果」の発生機構

意義を説明すべきであるが、それについては何ら触れていない。更に議論すべきは、これだけ厳密に新たな減衰力を導入しながら、**附図 A4.2** にみられるように、理論安定線図と実験値にはかなりの相違が認められる点であろう。要するに、Altintasらの研究はTobiasの仮定から本質的に一歩も踏み出ていないと指摘できる。

これは、狭い「びびり振動」の領域のみで問題を取扱っていることにも一因があると推測され、加工空間を横断的に取扱う必要性を前面に打ち出している本書としては格好の話題である。そこで、以下には同じ工作機械の領域ではあるが、より広い視野からの異なる見方を紹介しておこう。

過程減衰は低域安定性が顕著に生じる程大きなものか

工具逃げ面と工作物の接触部は、工作機械の結合部の一つである。似たものとしてセンターとセンター穴の結合部があり、例えば、SaljéとIsenseeは、両センター支持された細長い工作物の中央部を加振して検出した加速度からセンター部の減衰比を求めている［附 A4-1］。センター以外の減衰能も測定値に含まれる可能性が大であるので、実験手法としては種々のセンター形状の相対比較となっている。例えば、心押力が1,000 kgfで減衰比は0.005と報告されていて、単純換算では対数減衰率で0.03となり、これは鋳鉄の内部減衰の数倍に過ぎない。

第4章　自励びびり震動

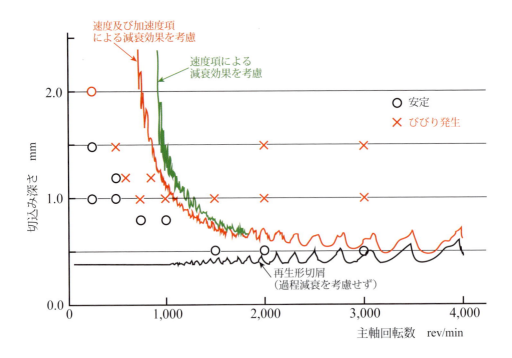

附図 A4.2　過程減衰を考慮した場合としない場合の安定線図の比較
（Altintas の好意による、2014 年）

又、東京農工大学の堤教授によれば、工具ホルダーに使われている HSK の場合、対数減衰率は 0.01〜0.03 である。この HSK に比べれば、接触面圧力は非常に高いものの、接触面積が非常に狭い刃先部分でそれほど大きな減衰力が作用するのであろうか。

　これらからみると、工具逃げ面の接触による減衰能が低域安定性を生じる程大きいとは考えにくい。そこには、東京大学名誉教授佐藤壽芳氏が多重再生効果の提唱と同時に指摘するように、低速度域では再生形自励びびり振動を持続する上で必要なエネルギーが供給されない現象が存在する可能性についても検討する必要があろう。又、以上のような根幹に関わる主張をするならば、少なくとも刃先の接触状態の変化を測定する努力は必要であり、特に低域安定性が大きくなるところでは接触面が大きいことを実証すべきであろう。ちなみに、超音波の音圧変化を用いて逃げ面摩耗をインプロセス測定するセンサーを開発した伊藤らの研究では、定量的な接触圧力は測定されていないが、定性的には逃げ面摩耗の変化を測定できる［附 A4-2］。そこで、参考迄に**附図 A4.3** には超音波逃げ面摩耗インプロセスセンサーの概略構造を示しておこう。

　なお、Altintas らは過程減衰の存在理由として、低い切削速度域では「びびり振動により生じるうねりのピッチが細かく、工具逃げ面との当りが密となって減衰力が大きくなる」と説明

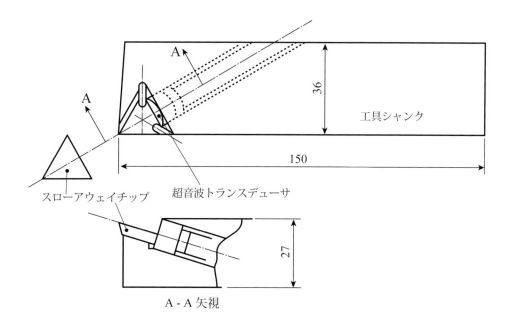

附図 A4.3　組込み形超音波逃げ面摩耗インプロセスセンサーの概要

している。この主張はドリル加工中の「びびり振動」でも展開しているが [附 A4-3]、「接触するうねりの数が増えれば剛性が大きくなり、逆に減衰能は小さくなる」のが結合部の一般的な特性である。前述のように、工具逃げ面は結合部の一つとみなしてもよい接触状態であるので、この結合部の常識的な特性とはまったく逆の特性を示す理由について見解を示すべきであろう。

Tobias の云う動的切削抵抗の本質とはなにか

確かに、喰込み効果を導入すると、定量的にも低域安定性を巧みに説明できるが、その後の Langhammer の博士論文に関わる研究によれば、動的切削抵抗の本質を見直すべきとの問題提起ができる。それは Kistler 社の切削抵抗測定器の普及により、それまで一言で切削抵抗と称していたものが、更に詳しく理解できるようになったからである。すなわち、図 3.27 に示したように、切削抵抗は静的成分、変動成分、並びに動的成分から成っていて、びびり振動に関わる切削抵抗を論じるならば、動的成分を話題にする方が妥当であろう。ちなみに、Tobias、Tlusty、並びに Merritt は静的成分が切削抵抗として測定されていたに過ぎない時期に研究を行っている。

ところが、寡聞にして著者は自励びびり振動中の切削抵抗を測定して動的成分を抽出した上

で議論を展開している研究を承知していない。ちなみに、Langhammer の提示した切削抵抗の測定例を図 3.28 に示したように、静的成分には垂下特性は認められないが、動的成分には顕著な垂下特性が観察されている。又、動的成分にも静的成分で存在が知られている「押込み力」に相当する「動的な押込み力」が存在するので、それが減衰力として作用する可能性はないのであろうか。ちなみに、図 3.28 に示した Langhammer のデータから、主分力について押込み力を求めてみると、静的成分では 70 kgf（全切削抵抗 300 kgf に対して）、又、動的成分では 2 kgf（15 kgf に対して）となる。

他の支配的な因子が関与している可能性は

再生形自励びびり振動の二次フィードバックには、減衰項は含まれていない。しかし、既に述べた Stone の不等リード円筒フライスのように、時間遅れ項を制御すると低域で安定領域は非常に大きくなり、あたかも低域安定性のようになる。Sisson によれば、びびりマークの波長を λ とすると、$(1/4)\lambda$ の刃先のずれでも時間遅れ項の制御による振動抑制は期待できるとされている。又、Stone が「不等リード円筒フライスは僅か数度のねじれ角の変化で大きな耐びびり震動の安定性が得られる」と述べていることを想起すべきであろう [4-10]。例えば、ねじれ角の変化を 2 度として、どのくらいの切削速度変化になるのかを円筒フライスとエンドミルについて考えてみると、次のようになる。

(ア) 直径 80 mm、幅 100 mm の円筒フライスが回転数 100 rev/min で加工を行なうとすれば、速度変動率は約 1.2 % である。これは、回転数で約 1 rev/min である。

(イ) 直径 20 mm、長さ 30 mm のエンドミルが回転数 2,000 rev/min で加工を行なうとすれば、速度変動率は約 2 % である。これは、回転数では、約 40 rev/min である。

容易に理解できるように、この程度の回転数変動は無負荷時でも起こり得るであろう。

補遺 II　研削自励びびり振動のブロック線図

　附図 A4.4 は、Snoeys と Brown が提示した研削加工における自励びびり振動のブロック線図である。詳細は、次の文献を参照のこと。

Snoeys R, Brown D. "Dominating Parameters in Grinding Wheel and Workpiece Regenerative Chatter". In: Proc. of 10th Inter. MTDR Conf., 1969, p. 325-348.

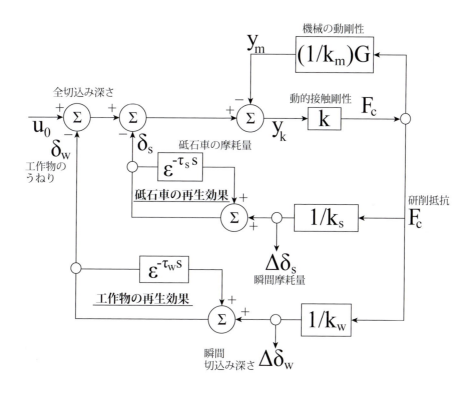

附図 A4.4　研削加工における自励びびり振動のブロック線図
　　　　　　- Snoeys と Brown の提案（1969 年）

参考文献（附）

[附A4-1]　Saljé E, Isensee U. "Dynamische Verhalten schlanker Werkstücke bei unterschiedlichen Einspannbedingungen in Spitzen". ZwF 1976; 71-8: 340-343.

[附A4-2]　Itoh S et al. "Ultrasonic Waves Method for Tool Wear Sensing – In-process and Built-in Type". In: Proc. of Inter. Mech. Engg. Congress, 1991, Sydney, pp. 83-87.

[附A4-3]　Jochem C, Roukema, Altintas Y. "Time domain simulation of torsional-axial vibrations in drilling". Inter. Jour. of Machine Tools & Manufacture 2006; 46: 2073-2085.

第5章 加工空間の技術課題 - その2
―熱変形―

　究極的には部品の加工精度を議論の対象とするので、加工空間の熱変形は、「びびり振動」と同様に、機械−アタッチメント−工具−工作物系として考えるべき問題である。しかし、これ迄の熱変形の研究及び技術開発は本体構造に注力されていて、そこには「加工空間の熱変形」という視点は希薄である。例えば、実用技術として重要と思われる「熱変形を考慮した加工精度」の予測に関して論じている報告は非常に少ない。すなわち、部品図、それに対応する工程設計（工作物の材料取りや把握方法等を指示）と作業設計（切削条件を指示）の結果が与えられた時に、熱変形を考慮した加工精度の予測は現状では非常に難しい。又、本体構造に対しても、三次元の場としてFEMを用いて厳密に解析しているという報告は多いが、温度分布及び熱変形を正確に把握して、明確な力学的な境界条件との閉鎖ループを考慮して行っている研究は数少ない。

　ところで、既に述べたように、力学的及び熱的な荷重によって固有形状創成運動が偏倚することにより、工作物の加工精度は最終的に決まる。この場合に力学的な荷重としては、静荷重と動荷重があるが、切削抵抗の静的成分と動的成分の比較にみられるように、動荷重の最大振幅は静荷重よりも相当に小さく、設計条件によっては、動荷重の最大振幅を静荷重に重畳すれば良いであろう。この力学的な荷重に対して、熱的な荷重は「時定数の非常に長い準動荷重」、すなわち長時間に亘って緩やかに変動する静荷重とみなせる。要するに、温度変化によって加工空間を構成する本体構成要素に「熱変形」が生じると、それは「変形に相当する静荷重」が作用したことと同等とみなせる。従って、予荷重の作用により変形した状態（加工中の温度）で加工を行って加工精度を確保した工作物は、「除荷により逆の変形状態（常温の20℃）」となり、その結果として加工誤差になると解釈できる。

　そこで、本章では、まず本体構造、次いで加工空間の熱変形の概要及び抑制策について述べるとともに、今後の研究及び技術開発課題についても論じている。

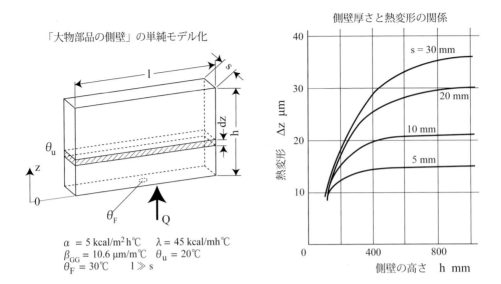

図 5.1 本体構造要素の側壁の数学モデルと熱変形（Opitz と Schunck による）

5.1 本体構造の熱変形の概要と抑制策

　周知のように、又、「一体形薄肉外輪の転がり主軸受」に例示されるように、本体構造の熱変形を低減できる設計原則は「薄肉構造」の具現化にある。**図 5.1** は、本体構造要素の側壁をモデル化したものであり、底面を熱源 Q（温度 θ_F）で加熱され、側壁の両側面からは熱放散がないとすれば、熱変形 Δz は次式で与えられる [5-1]。

$$\Delta z = \{(\beta \theta_F)/(e^{m^*} + e^{-m^*})\} \\ \{(h/m^*)[e^{-m^*(1-z^*)} - e^{m^*(1-z^*)} - e^{-m^*} + e^{m^*}]\} \quad (5.1)$$

但し、

$$m^* = \sqrt{(2\alpha h^2)/(\lambda s)} \\ z^* = z/h \quad (5.2)$$

ここで、

　　λ: 熱伝導率、α: 熱伝達率、β: 線膨張係数

　式（5.1）中の m^* は「ビオー数」と呼ばれ、**図 5.1** 中に同時に示してある鋳鉄製側壁の計算例からも判るように、ビオー数が大きい程、すなわち「薄肉構造」である程、熱変形は小さくなる。しかし、実際の構造設計では、熱変形の算出に必要、不可欠な「力学的及び熱的な境界

条件」、例えば構造本体からの熱放散係数が不明、あるいは未知のことが多く、これが合理的な熱変形の解明を阻害している。

ところで、本体構造の熱変形、あるいは加工空間に的を絞って熱変形を論じるとなると、少なくとも次の諸因子について理解することが求められる。すなわち、(1)熱源の位置と強さ、(2)単体機械内の「熱収支の流れ図」、(3)本体構造要素の熱的な材料特性、並びに(4)力学的及び熱的な境界条件であり、更に詳しくは**表 5.1** に示すようになる。ここで、**図 5.2** には設計補助データとして使われることが多い「熱収支の流れ」を示してあり、動力の配分、熱の流れ、熱の伝わり方などが判り易く把握できる。そして、図中の電動機に供給された動力については、**図 5.3** に示すように、機械内で消費される箇所と割合を示す「動力勘定図」として更に詳細化できる [5-2]。

表 5.1 熱変形への影響因子

- 熱源の数と位置、並びに各熱源の強さ
- 構造素材の熱膨張係数
- 本体構造要素（大物部品）の熱伝導・伝達特性
- 全体構造中の当該本体構造要素の配置位置と形態
- 構造体表面中の熱放散面積
- ンクロージャの寸法と形態
- 本体構造要素を貫流する冷却剤の種類と量、並びに初期温度と有効寿命
- 機械の周辺環境、例えば周辺環境温度、空気の流れ、並びに太陽光の照射

図にみられるように、供給された動力の約 40％ 程度が本来の目的である加工に使われるのみで、残りは消散エネルギーとして熱に変換される他に、加工に使われている動力のほぼすべてが熱として切屑へ蓄積されている。要するに、供給された動力が機械内で色々な熱源へと変

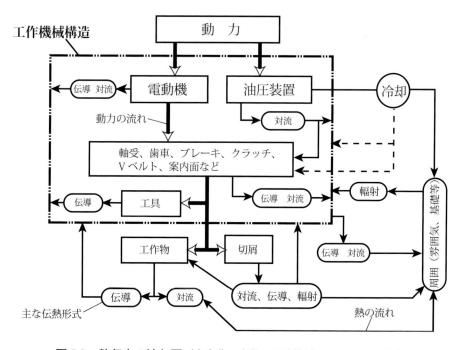

図 5.2　熱収支の流れ図（東京農工大学、西脇教授による、1980 年）

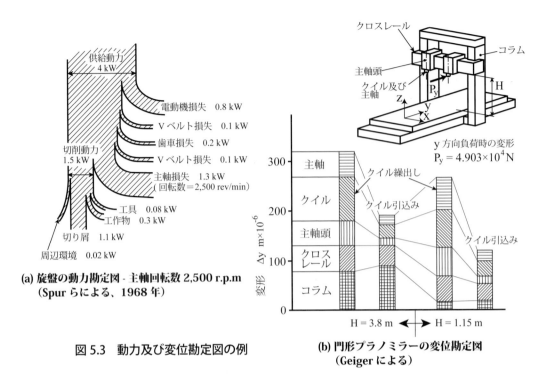

(a) 旋盤の動力勘定図 - 主軸回転数 2,500 r.p.m
（Spur らによる、1968 年）

(b) 門形プラノミラーの変位勘定図
（Geiger による）

図 5.3　動力及び変位勘定図の例

換されている。同様な設計補助データとしては、**図 5.3** に同時に示すように、本体構造内に於ける各要素の剛性分担割合を示す「変位勘定図」があり、できれば「熱収支の流れ」も変位勘定図のような定量化が望まれる [5-3]。

以上のように、熱変形には関連する因子が数多く、又、解明する上で必要、不可欠な力学的及び熱的な境界条件が不確定なことも多いので、現状では学術研究よりも実用技術の開発が先行している。しかも、後述するように、閉鎖形エンクロージャ（Total enclosure）の採用が普遍化しているので、単体機械全体、あるいは加工空間の熱変形は複雑さが増大している。その結果、**図 5.4** に示すような数多くの熱変形の低減策が考えられ、状況に応じて適切なものが単独、あるいは組合せて採用されている（図中の「構造形態面」の詳細は後述）[5-4]。ちなみに、高精度加工が目的の研削盤では、安定した温度分布を確保するために、スイス、Kellenberger 社のように、電子制御箱に熱交換器を設ける例も報告されている [5-5]。

ところで、工作物の熱変形を論じるとなれば、加工空間が対象となる。しかし、「びびり振動」とは異なって、熱変形では機械の本体構造内に構成される加工空間という独立的な場で対象の問題を取扱うことはできない。**図 5.5** には、エンクロージャ、その他を取り去った本体構造を示してあり、主軸頭の上部及び下部の空間では異なる空気流となっているが、それぞれ機械本体及び加工空間の熱変形に密接に関係すると同時に、相互干渉している。すなわち、主軸頭の上部の空間は、加工空間の周辺熱的環境であると同時に、加工空間を一つの熱源として挙

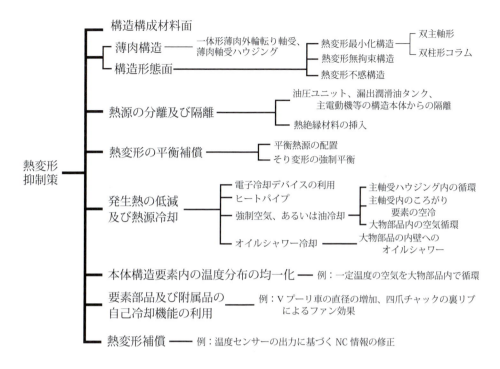

図 5.4　熱変形抑制策の一覧

動変化が生じている。

　図 5.6 には、TC の閉鎖形エンクロージャの例を示してあり、同じような図式であることが判るであろう。すなわち、閉鎖形エンクロージャでも運転要員が加工空間を監視するための「覗き窓」を設ける必要があり、覗き窓のある位置では、「エンクロージャが加工空間の周辺環境」となっている。それと同時に加工空間がエンクロージャの熱的な挙動に影響を及ぼす熱源となっている。従って、9 章で述べる加工空間を主体とした「プラットフォーム方式ユニット構成」を効果的に導入す

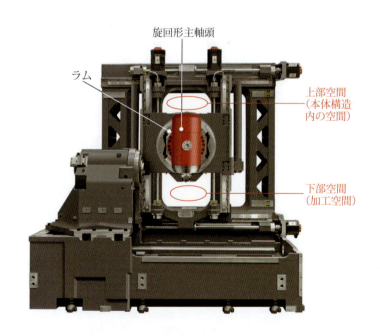

図 5.5　本体構造内の空間と加工空間の熱的相互干渉
　　　　（NT 型、森精機の好意による、2009 年）

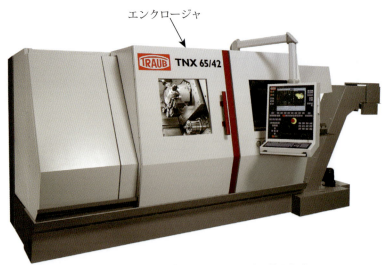

図 5.6　TC のエンクロージャに設けられた「覗き窓」
（TNX 65/42 型、Traub 社の好意による、2009 年）

るには、例えば次のような設計思想の下で図 5.4 に示した熱変形の低減対策を選別して採用する方が望ましい。

(1) 加工空間に直接的に関係する本体構造要素、例えば主軸台やタレット刃物台を支える固定化した本体構造要素、すなわち、「プラットフォーム及びそれに準ずる構造ユニット」は、構造全体にわたって安定した最小の熱変形となること。そこで、(a)「低熱膨張合金鋳鉄」のような構造構成材料、(b)薄肉形態及び双柱形単コラム（脚註 3-5 参照）のような構造、並びに (c)温度分布均一化が可能な構造構成の採用。

(2) 加工空間に直接的に関係する本体構造要素には、「熱源冷却」のようにユーザが加工現場で何らかの工夫を凝らせる方策の採用。例えば、図 5.7 に示す「主軸の軸心冷却方法」のように、メーカの提供する状態のままで利用することもできる一方、冷却油の温度制御にユーザとしてのノウハウを組込み、更に有効に活用することも視野に入れられる構造。なお、この軸心冷却は牧野フライス製作所製立形 MC（V55 型）に採用されたもので、主軸自体を内側から直接冷却すると同時に、主軸受にはアンダーレース潤滑を併用している[5-1]。

脚註 5-1：このような軸心冷却方法では、主軸の温度に対して最適に低く設定した温度の冷却油を供給する必要があり、低く過ぎる温度設定は「過冷却」を生じさせて、逆に悪影響を及ぼす。又、周知のように、アンダーレース潤滑の場合でも、主軸の温度上昇は主軸支持軸受の配列と種類に大きく影響される。ところで、図では三つの深溝形球軸受で主軸を支持しているが、これでは軽切削用 MC の場合でも主軸の「スラスト取り」は不十分と考えられる。主軸受の種類と配列及び「スラスト取り」の方法は熱変形に大きく影響するので、実機での主軸構造は社外秘となっていて、提供された図とは別の方策が採用されているのであろう。

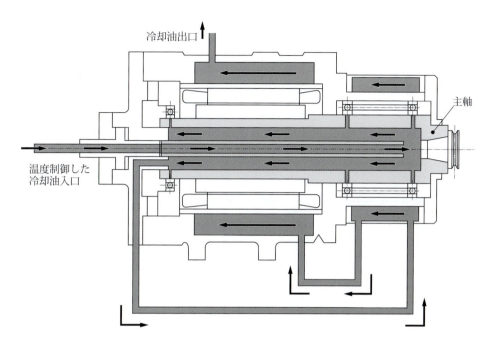

図 5.7　主軸の軸芯冷却と軸受のアンダーレース潤滑の併用による発生熱の低減・冷却方法
－立形 MC（V55 型、2002 年、牧野フライス製作所の好意による）

5.2　加工空間の熱変形とその低減策

図 5.8 は、5.1 節で述べた機械本体内の空間と加工空間の間の熱的な相互関連を図解したものであり、これを考慮して加工空間に適する熱変形の低減対策を少し詳しく考察してみよう。なお、このような相互関連を議論する場合には、各空間内で「力学的・熱的閉鎖ループ効果」が存在することにも留意すべきである。その最たるものは、結合部の熱変形にみられ、そこでは、図 5.9 に示すように、熱的及び力学的な挙動の不安定さが繰り返された上で、安定な状態になる。又、ボルト結合部では、熱の流れと圧力分布が二次元状態で問題となり、挙動は更に複雑化する[5-2]。附言すれば、このような挙動はコンピュータのヒートシンクでも問題となるが、学術面からの検討は進んでいない。

ところで、前述のように、加工空間の場合にも基本的には本体構造設計の面から熱変形の低

脚註 5-2：工作機械のボルト結合部にみられる「力学的・熱的閉鎖ループ効果」については、下記の資料を参照のこと。
　　Ito Y. "6.5 Thermal Behavior of Single Flat Joint" and "7.1.6 Representative researches and their noteworthy achievements - thermal behavior". In: Modular Design for Machine Tools, 2008, McGraw-Hill.

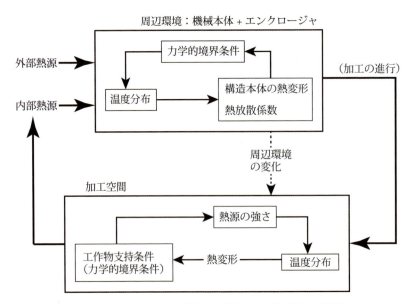

図 5.8 加工空間及び周辺環境の力学的・熱的挙動の閉鎖ループ

減対策を施している。その中で最も代表的な図 5.4 に示した「構造形態面」からの熱変形抑制策、すなわち具体的には (1)熱変形不感構造、(2)熱変形無拘束構造、並びに (3)熱変形最小化構造について、特に加工空間に密接に関係する抑制策の例を以下に紹介しよう。

熱変形不感構造

熱変形不感構造とは、「熱変形が加工精度へ二義的に影響するような構造」とする設計手法である。古くから用いられていて、普通旋盤に典型的な応用をみることができる。すなわち、図 5.10 に示すように、加工精度に「一義的に直接的に影響」する X 軸方向の変形は極力小さくなるようにする一方、「二義的な間接的影響」をもたらす Y 方向の変形は相当に大きくても許容する構造設計である。要するに、加工精度に二次的

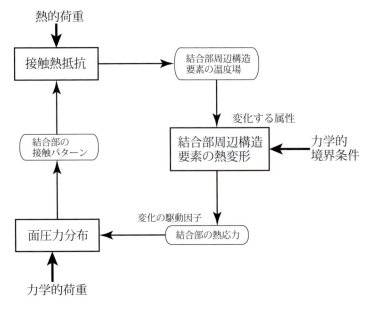

図 5.9 結合部に於ける力学的・熱的閉鎖ループ効果

な影響を及ぼす方向へ熱変形の逃げを設ける構造と解釈できる。

この抑制策は実績もあるが、普通旋盤のように可能な加工方法が限定されている機種に対して有効であるに過ぎない。ミルターンのような普通旋盤より数段と多様な複合加工機能が普遍的

な機種では熱変形が複雑であるので、適用に際しては適切な対応策を考案する必要がある。ちなみに、長い経験に基づく結果とは思われるが、NC 旋盤では、この熱変形不感構造となっていることが多い。

熱変形無拘束構造

熱変形は、本体構造要素が熱によって伸びようとするのを力学的に拘束することにより生じるので、図 5.11 に一例を示すように、力学的な拘束条件の無い構造とする方策である。しかし、図の場合には、砥石車の位置が運転開始後に安定する迄に時間を要すること、又、ある種の弾性支持方式となるので静剛性が低下

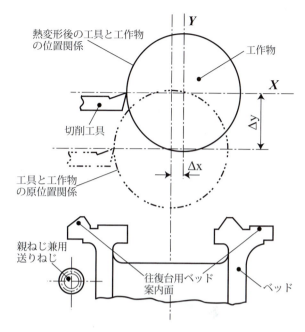

図 5.10 普通旋盤にみる熱変形不感構造

するという欠点があると考えられる。なお、検証はされていないが、このような弾性支持方式は、研削自励びびり振動の抑制に効果があると推測される（4.5 節参照）。

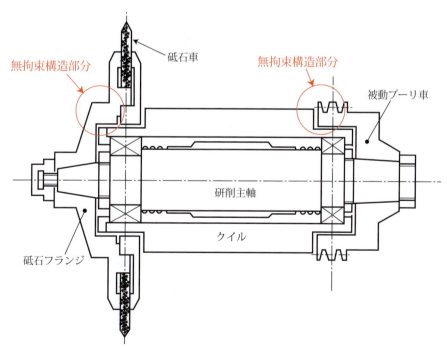

図 5.11 熱変形無拘束構造を採用した研削主軸頭（東工大、山本及び大塚による、1980 年代）

熱変形最小化構造

この方策で加工空間に関係する抑制策は、図5.12 に示すように、同一主軸頭内に垂直、あるいは水平に2本の主軸を配置する、いわゆる「双主軸構造」である。これは、古く1970年代にWarner Swasey 社がCleveland 型自動タレット旋盤（3AC 型）で採用した「Turret-over-spindle」なる主軸-タレットバー構造を1990年代前半にFritz Werner 社が「Spindle-over-spindle」なる双主軸構造としてライン形（MCTCF DUO 型）に展開したものである。Warner Swasey 社は、主軸の直上にタレットバーを設けることにより、タレットバーが主軸受と同じ温度状態になるので、自動タレット旋盤の「Hot spindle-cold turret」という大きな問題を解決できるとしている[5-3]。又、その結果として切削工具と工作物間の距離を一定に保てることになり、一度のチャッキングで「粗」と「仕上げ」の加工が可能としている。

ライン形 MC - TCF DUO 型、1993 年
（Fritz Werner 社、Hammer 氏の好意による）

図 5.12　熱変形最小化構造の例
－垂直配列方式双主軸構造
（Spindle-over-spindle）

しかし、双主軸構造の熱的なバランス効果については、未だ学術研究は行われておらず、又、TC やミルターンでは、対向配置の双主軸構造が採用されることが多いので、それが熱変形の抑制に効果があるか否かは未だ検証されていない。

ここで、加工空間主体で利用できる他の抑制策を図5.4 で検討してみると、例えば「発生熱の低減と熱源冷却」が挙げられる。要するに、加工空間に冷却媒体を供給して工作物、工具、切屑などを冷却する方法であり、これは広く用いられている[5-4]。しかし、その一方、図5.13 に示すように、加工空間と同時に機械全体をオイルシャワーで冷却する方策、又、図5.14 に示すように、主軸クイルに冷却用ジャケットを組込んで主軸を冷却する方策となると、前述の「主軸軸心の冷却方法」と同様に、メーカが供給するシステムに依存することになる。要するに、熱変形抑制策では、ユーザの裁量に任される領域は非常に狭いと云える。ここで、前者は

脚註 5-3：Warner Swasey 社と同じ「Turret-over-spindle」構造については、主軸頭をレジンコンクリート製として 1999 年に Accim 社が特許を取得している。従って、熱変形最小化の効果はあるものと思われる。

脚註 5-4：この場合、切削・研削油剤を冷却媒体として使うことが多いので、それについては 6 章を参照のこと。

5.2 加工空間の熱変形

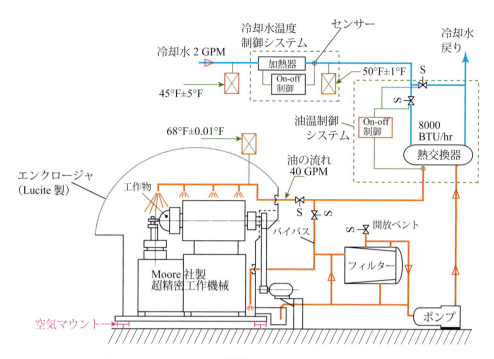

図 5.13　加工空間及び機械全体のオイルシャワー冷却

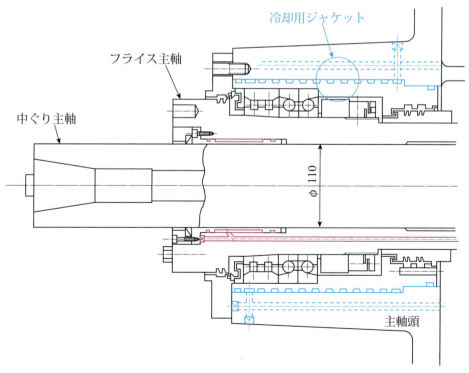

図 5.14　冷却用ジャケットによる主軸の冷却 – 横中ぐりフライス盤

第 5 章 熱変形

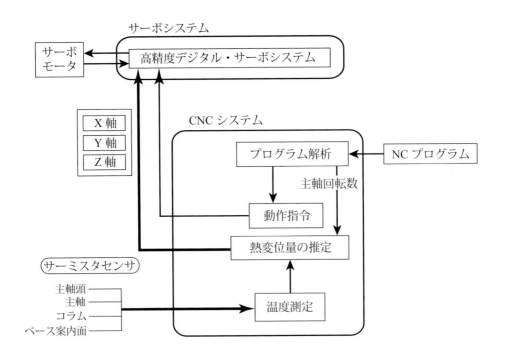

図 5.15 熱変位補償システムの例（オークマの提供資料から、2007 年）

Moore Special Tool 社が 1985 年に非球面創成盤（M-18 型）、又、後者は東芝機械が 1980 年代に横中ぐりフライス盤（BTD 型）に採用したものであり、このような熱源冷却方式は現今でも広く採用されている。

　さて、以上の例示からも判るように、図 5.4 に示した熱変形抑制策は、本体構造、あるいは加工空間主体のいずれに於いても在来形の技術の延長線上であり、NC 工作機械に適する抑制策という側面が希薄である。そして、そのような観点から注目されるのは、「温度センサーの出力による NC 情報の修正」という熱変形補償方式である[5-5]。図 5.15 には、代表例としてオークマのシステムを示してあり、これは加工空間に設置されたサーミスタセンサーの出力を基に、NC 情報を補正するという方式である。見掛け上は他社と同じシステムであるが、次のような差別化がなされている。すなわち、「総合的高精度熱変位制御方式」と称すべきシステムであり、「熱変形を単純化する構造」、「温度分布均一化技術」、並びに「NC 情報補償方式」の集積・併用である。ここで、熱変形単純化構造では (1)熱対称構造と (2)熱平衡構造（コラム前面にカバー、背面に NC の筐体を配置）を、又、温度分布均一化技術では、ダブル冷却オイ

脚註 5-5：このような熱変形補償システムの考えは、主軸熱膨張を検出して NC 情報の指令原点を補正するという方式で、古く 1968 年に Kearney & Trecker 社によって MC（Milwaukee-Matic）に採用されている。

ルジャケットを採用している。これによって、外気温度が8度変化する状況下で10 μm以下の機械精度を維持している。なお、オークマの熱変形補償システムと同じ思想による技術は、既に1988年に英国、FMT社によって立形MC（FM V55型）に採用されているが、設計思想は同じでも具体化されたシステムでは、次のように大きな違いがある。

(1) 構造設計の面では、主軸冷却方式を採用しているのみ。
(2) 温度センサーは、機械本体の周辺に配置していて、センサーにとって悪環境である加工空間への配置ではない。

ここで更に留意すべきは、オークマのシステムの先行性である。実は、2000年代後半にハノーバ工科大学がNext Generation Production Systems（IP 011815）と呼ばれるEU内のプロジェクトの一環として、熱変形補償システムをMAG Powertrain社及びSiemens社と共同で研究している[5-6] [5-6)]。そこでは、温度分布の測定値からFEMシミュレーションで熱変位を算出する方法、並びに市販の制御技術を用いて熱変形を補償する廉価なシステムを構築している。なお、温度センサーは、ベース、コラム、並びに三つの直線軸用スケールの位置に設けている。そして、5軸制御横形MC（最高主軸回転数：16,000 rev/min、主電動機出力：31 kW）の主軸の伸びへの適用例では、補償無しの時に約50 μmである熱変形を±10 μmより小さくできると報告している。ちなみに、従来の方法では、例えば数学モデル中の熱源の強さや熱伝達係数の同定が難しいという問題を解決していると述べているが、オークマのシステムのように、構造面での対策は施されていないので、在来の発想の補償システムと云えるであろう。

ここで、最後に熱変形抑制策の有効性を「主軸軸心偏倚の遷移状態」で判断する方法に触れておこう。この方法は、古くから用いられていて、運転開始から停止に至る迄の主軸軸心の動きを主軸の正面から観察するものである。文字通り加工空間に関わる熱変形を総合的に判断するのに適していて、図5.16には、1970年代の横中ぐりフライス盤及び2000年代のNC旋盤の例を示してある[5-7、5-8]。NC旋盤の場合には、前述のように、熱変形不感構造となっているものの、主軸を冷却すると好ましくない変形をすることが示されている。

脚註5-6：ここではオークマの熱変形補償システム（2007年）と対比して示してあるが、ハノーバ工科大学のDenkenaとScharschmidtは、オークマのシステムには触れていない。学術研究の場合には、日本から英文で情報発信されることもあるので、工作機械先進国のドイツの情報網に把握されることもある。しかし、実用技術となると、この例のように日本の実情に疎くなることが散見され、古くは、1960年代に池貝鉄工が大形工作機械に異機種モジュラー構成を適用した例や1980年代に日立精工が開発した「シリコンウェハ定圧回転研削法」が挙げられる。異機種モジュラー構成の概念をマンチェスター工科大学のKoenigsberger教授が提唱したのは1974年であり、池貝鉄工と同様な商品化を旧東ドイツのVEB Karl-Marx-Stadtが行ったのは1976年である。又、日立精工の技術と全く同じドイツ企業の技術が世界で初めてという文言とともにドイツで報告されたのは、2000年（アーヘン工科大学のKlocke教授が紹介）である。

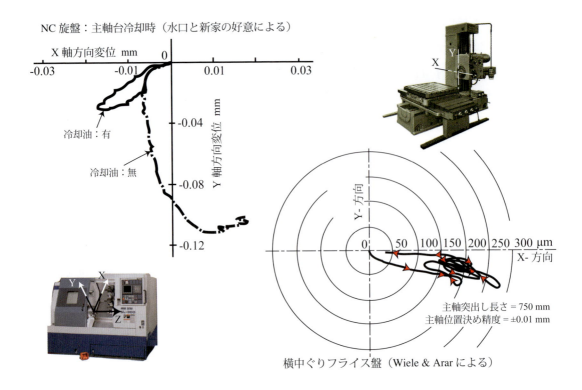

図 5.16　主軸軸心の偏倚の遷移状態による熱的特性の評価

5.3　今後の熱変形の研究・技術開発課題

　前節までの記述から判るように、加工精度の確保の観点から非常に重要な工作機械の熱変形については未だに学術研究は不十分であり、数多くの開発すべき技術が残っている。その典型例は、「熱源の強さ」の定量的な同定であるが、例えば主電動機を長時間に亘って種々の加工に対応して負荷運転した時の発熱量すら把握が困難である。そこで、今後の研究及び技術開発の指針として、幾つかの代表的な課題を以下に紹介しているが、いずれの課題でも「三次元温度分布」、並びに「力学的及び熱的境界条件」の正確な把握が問題解決の鍵となることに留意すべきである。

5.3.1　切屑による熱源

　工作機械には、主電動機や補助電動機、油圧装置、制御盤等の機器が発生する熱、主軸や案内面などの本体構造要素の運動で生じる摩擦熱、外部環境の温度変化等数多くの熱源がある。

しかし、これら全てについて正確に熱源の強さを同定できるわけではない。例えば、電動機のメーカから発生熱のデータは提供されるものの、それは設計対象の機械の運転状態に直接的に対応していない。

このように、一言で熱源の強さの予測と云っても、それを正しく算出することは難しく、「熱源の位置とその強さの同定」は、喫緊の研究課題である。そして、その中でも切屑による熱源は不確定要素が大きく、学術研究は殆ど行われていないと云える状況である。ちなみに、わずかに Spur ら、並びに西脇らの報告がみられる程度であるので、それらを紹介しておこう。

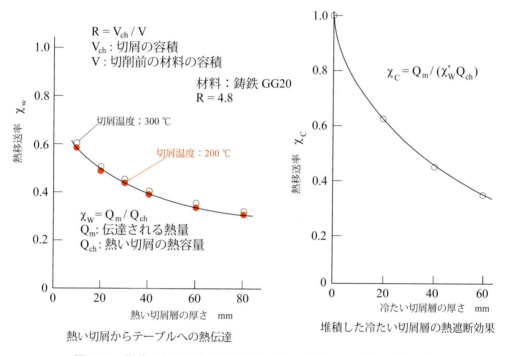

図 5.17 堆積した切屑の熱的な特性（Spur と Hass による、1973 年）

図 5.17 には、Spur らが実験で求めたデータの例、すなわち「堆積した熱い切屑層からテーブルへの熱移送」、並びに「堆積した冷い切屑層の熱遮断効果」を示してある。まず、図（左）に示してあるように、熱い切屑が堆積するに従ってテーブルへの熱移送量が減少している。又、図（右）に示してあるように、切屑が堆積した状態で放置して、その後に加工を行って冷たい切屑の上に熱い切屑を堆積させると、冷たい切屑層が厚い程、テーブルへの熱移送が減少する。ここで、冷たい切屑層の上には温度 200℃ の熱い切屑を 20 mm 厚さに堆積させている。要するに、いずれの場合でも、切屑を堆積させると、それによって本体構造要素への熱拡

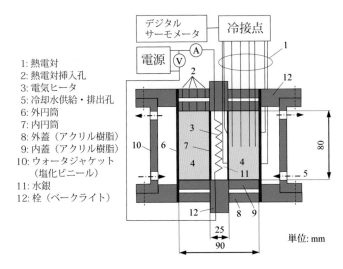

図 5.18 切屑による熱源の特性測定装置
（東京農工大学、西脇と堀の好意による、1993 年）

散が阻害されて、局所的な熱源を生じることになる。これは、ねずみ鋳鉄の切削例であるが、このような切屑の熱的な挙動は経験的な知識と一致する [5-9]。

これに対して、西脇らは基礎的な設計データを整備することを目指して、単純化した切屑モデルで切屑の熱的な特性を測定している [5-10]。図 5.18 には実験装置を示してあり、内径 25 mm、外径 90 mm、高さ 80 mm の中空円筒に空隙率約 72〜98％ にて切屑を詰めて、内円筒を約 90 ℃に加熱し、外円筒を約 20 ℃に冷却して温度分布の測定を行っている。図 5.19 には、温度分布の測定例とそれから算出した「見掛けの熱伝導率と切屑充填率の関係」を示してある。

一言で、「見掛けの熱伝導率」は、金属の種類によらず 0.1〜0.6 kcal/mh℃であり、又、切屑の接触熱抵抗は、0.004〜0.02 mh℃/kcal である。これらの数値は、関連するデータが乏しい

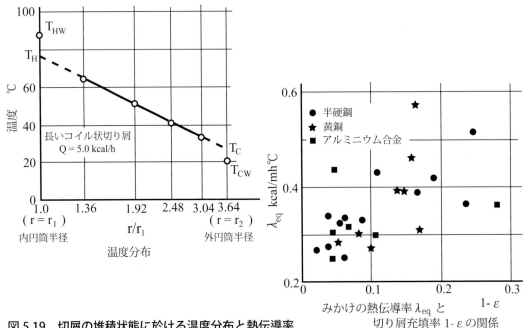

図 5.19 切屑の堆積状態に於ける温度分布と熱伝導率
（東京農工大学、西脇と堀の好意による、1993 年）

現状では大いに参考になるであろうが、実用面では更なる研究が望まれる。すなわち、実用面からみると、工作機械構造では縮尺比 1／3 迄が模型則の成立範囲とされていることが適用できるか否かを検証する必要がある。ここで、

(1) 見掛けの熱伝導率
$$\lambda_{eq} = \{Q/2\pi H(T_H - T_C)\}\ln(r_1/r_2) \tag{5.3}$$

(2) 接触熱抵抗
$$R_h = \Delta T_W / q_W \tag{5.4}$$

$$q_W = Q/2\pi H r_2 \qquad \Delta T_W = T_C - T_{CW}$$

但し、Q: ヒータの熱量　　H: 円筒の高さ

5.3.2 加工空間の空気流と熱的な特性

加工される工作物の熱変形を論じる際に長い間等閑視されてきたのは、「加工空間内の空気流」の様相である。容易に理解できるように、空気流は加工空間内の熱移送、特に物体相互間の熱伝達率の定量値の同定に密接に関係する。それにもかかわらず、現今に至るも非常にわずかな研究がなされているに過ぎない。それらの研究を整理してみると、旋盤のチャック周り及び平面研削中の砥石車周りの空気流は、**図** 5.20 及び**図** 5.21 のように模式化できる [5-7]。

ここで、各々について少し詳しく説明しよう。まず、**図** 5.20 は、回転中の三つ爪チャックの周りにみられる空気流をタフト法、あるいはスモークワイヤー法で可視化した結果を判り易く模式化して示したものである [5-11, 5-12]。回転する円板にみられる典型的な「つれ回り層」の他に、チャックの中心に向かう「軸流（吸い込み流れ）」が存在するところ迄は容易に想像頂けるであろう。問題は、想定外とも云える (1)渦の発生による爪の表面層流れ、(2)爪前縁部での剥離流、(3)爪後縁部からの半径方向流れ、並びに (4)爪後縁部での二次流れが存在することであり、これらによりチャック周りの空気流は複雑となっている。

これらは、円板からの突起物となる爪によって空気流が乱されて発生したと考えられ、特に、剥離流は空力音の大きな原因となる。

次に、**図** 5.21 は、**図** 5.22 に示すような熱線流量計によって Al 合金製円板と砥石車にみら

脚註 5-7：TC や MC の主軸の高速化が進むに従って、特に TC では回転するチャック周りの空気流によって発生する騒音が問題となっている。そこで、割澤らは、負圧の生じやすいマスター爪の根元に小さな貫通溝、すなわち圧力差の大きな爪正面と背面を開口部でつなげることにより空力音の低減を試みている（特許）。

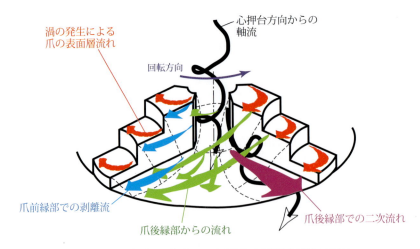

図 5.20 回転中の爪チャック周りの複雑な空気の流れ

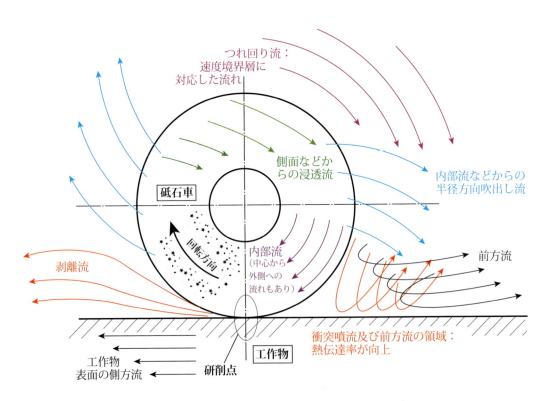

図 5.21 非常に複雑な砥石車内及び周辺の空気の流れ

れる「つれ回り層（Entrained flow）」を測定した結果を模式化したものである。多孔質体である砥石車の特性によって、図示したような空気や研削油剤の流れのあることが判る。

(1) **つれ回り流**：砥石車の回転により生じる速度境界層に対応した流れ

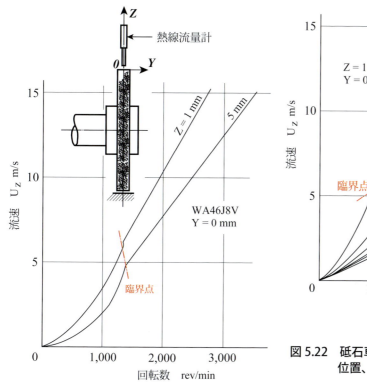 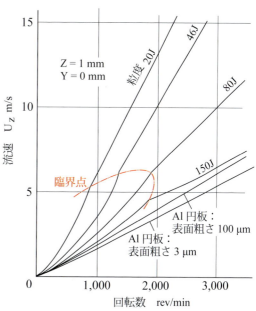

図 5.22 砥石車周面の流速に及ぼす半径方向位置、回転数、並びに粒度の影響

(2) 浸透流：砥石車の側面などから砥石内に侵入する流れ
(3) 内部流：砥石車の内部及び中心から外側への流れ
(4) 吹出し流：砥石車の外周面から外に吹き出す流れ

その結果、総合的には図 5.22 に示したような「臨界点」が生じ、臨界点より高い回転数では流速が回転数に比例する一方、「臨界点」を示す回転数より低い領域では流れが複雑化している。又、「臨界点は砥石の粒度」に関係すること、並びに Al 円板の周面の表面粗さも流速に影響することが判る。なお、図では、煩雑さを避けるために実験による測定値の表示は省略してある。

この砥石車周辺の流れの可視化の研究では、図 5.23 に示すような実験装置を用いて、熱流束一定の条件下で熱電対（銅－コンスタンタン、直径：0.1 mm）により温度測定を行い、局所熱伝達率 $α_x$ を次式により求めている。

$$α_x = (IV)/[S(θ_w - θ_∞)] \ (W/m^2 K) \quad (5.5)$$

ここで、$θ_∞$：室温（主流の温度 K）
$θ_w$：ステンレス箔の表面温度（K）

第5章 熱変形

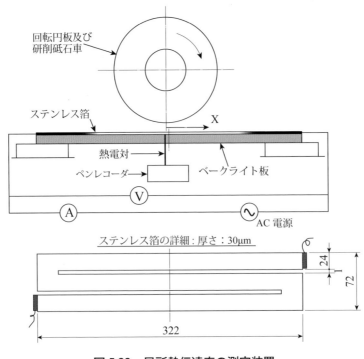

図 5.23　局所熱伝達率の測定装置

I: 箔に通電した電流（A）　　V: 箔に印可した電圧（V）　　S: 加熱面の表面積（m²）

図 5.24 は、20 W/(m²K) 毎の等熱伝達率線を用いて局所熱伝達率の分布を表示した結果であり、次のような興味ある結果が明らかにされている。

(1) 衝突噴流状となる研削点の前方領域で局所熱伝達率が大きくなり、それは砥粒の粗い砥石車ほど顕著である。又、内部からの吹出し流が前方流と交じる領域でも局所熱伝達率は大きくなる。更に、砥粒の粗い場合ほど局所熱伝達率が大きくなる領域は拡大する。

(2) 側方流も局所熱伝達率に相当の影響を及ぼす。従って、Naxos Union が開発した、**図 5.25** に示すような、側面に半径方向へ放射状に溝を設けた砥石車の熱放散性能は高いことが予測される。検証実験によれば、図に同時に示すような局所熱伝達率の分布を示し、乾式研削において冷却性に優れていることが確認できている。但し、「風切り音」は相当に大きくなる。

(3) その一方、剥離流の領域では、局所熱伝達率に顕著な挙動はみられない。

要するに、つれ回り層が衝突噴流状態となる部分及び前方流の部分では工作物表面の熱伝達率が向上するという事実が存在する [5-13、5-14]。すなわち、無数の空孔の存在という砥石車の特性により、吸込み流や吹出し流が存在する結果、形状的には単純であるものの、工作物表

5.3 研究・技術開発課題

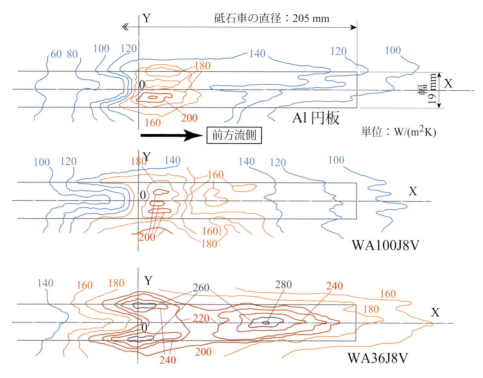

図 5.24　局所熱伝達率に及ぼす砥粒の大きさの影響

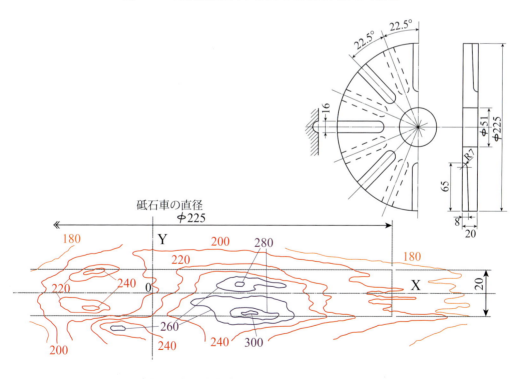

図 5.25　側面に半径方向溝を有する特殊砥石車の局所熱伝達率

147

面の熱伝達率の分布は複雑となっている。ちなみに、この砥石車の空孔に相当するのが爪チャックでは突出した爪と見なせるので、チャックに把握された工作物の熱的境界条件も相当に複雑になっていると推測されるが、それを検証する研究はなされていない。更に考慮すべきは、切削・研削油剤の存在によって、局所熱伝達率の分布の様相は大きく変わると推測され

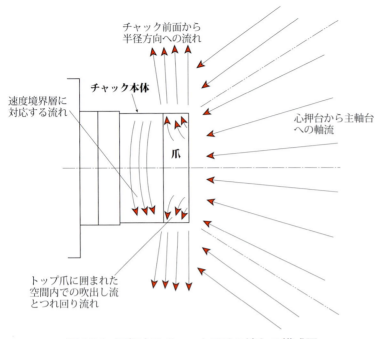

図 5.26　回転するチャック周りの流れの模式図

るが、なんらの研究もなされていない。なお、留意すべきは、このような層流以外の流れが存在して、しかも上下、あるいは左右不均等な位置に壁の配置された空間内で円板が回転する問題は、数値計算流体力学でも取扱いが難しいことである。

　ところで、以上の空気流の模式図を考慮した上で実際の加工空間の空気流をチャックの場合について可視化してみると、図 5.26 に示すようになる。軸流、つれ回り層、吹出し流れなど、広範囲に亘って空気流が複雑となっている[5-15]。この場合には、主軸台近傍を取扱っているのみであるが、実際の加工空間ではタレット刃物台や心押台も存在するので、空気流の乱れはさらに複雑になるであろう。要するに、高精度加工を行なうには、工作物の力学的と同時に熱的な境界条件を一定、かつ安定なものとすべきであり、そのような観点からもチャックの構造形態の見直しが必要であろう。

5.3.3　エンクロージャの放熱及び蓄熱特性

　現今では、販売戦略の観点から閉鎖形エンクロージャの採用が普遍化しつつあるが、それが機械の熱変形にもたらす得失については、明確化されていない。例えば、エンクロージャが高い熱放散性を示して機械を低い温度状態で安定、逆にエンクロージャによって機械の周辺に熱が蓄積されて熱変形が増加、あるいは熱が蓄積されるものの、エンクロージャ内部は一定の高温状態となって機械は熱的に安定な状態等、多種多様な状況が想定できる。しかし、これらに

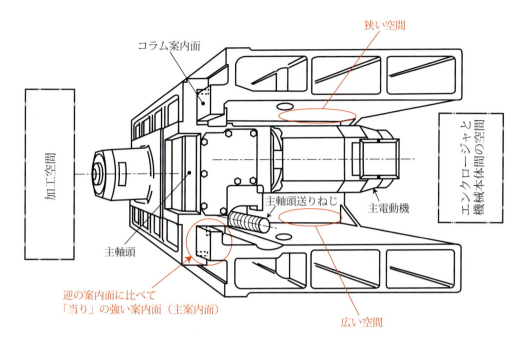

図 5.27　八面拘束案内面を有する双柱方式門形コラムにみる熱的バランス対策
　－日立精機製 横形 MC、1990 年代

対して明解な答えを示すことができる学術研究は皆無である。

　既に、5.2 節で述べたように、加工空間内の三次元温度分布ですら正しく同定することは困難である。従って、エンクロージャの内部となると、機械が設置されている工場建屋内の空気の流れや温度分布などが周辺環境となるので問題は更に複雑となる。ちなみに、温度制御されていて、一定の温度環境とされている工場建屋内部でも垂直方向には温度勾配は存在するのは周知の事実である。

　その結果、実用技術の開発が個別に進んでいて、エンクロージャの得失は事例研究的な展望になる。そこで、図 5.27 には、「双柱形単コラム」を採用した 1990 年代の日立精機製 MC を示してある。図にみられるように、そこには次のような注目すべき設計上の配慮がなされている。

(1) 幾何学的に対称構造である「双柱形単コラム」は、熱変形の低減に適しているとされているが、実は同時に「熱的にも対称」なことが要求される。そこで、八面拘束方式案内の採用によって熱発生が大きくなる主案内面側の空間は広く、逆側は狭くして、又、電動機の発熱も同時に考慮して熱容量の釣り合いを図っている。

(2) その一方、加工空間の熱的な環境、並びに機械本体とエンクロージャ間の熱的環境へ言及した報告はなんらなされていない。

参考文献

[5-1] Opitz H, Schunck J. "Untersuchung über den Einfluß thermisch bedingter Verformungen auf die Arbeitsgenauigkeit von Werkzeugmaschinen". Forschungsberichte des Randes Nordrhein-Westfalen, Nr. 1781 (1966), Westdeutscher Verlag.

[5-2] Spur G, Dencker B. "Konstruktive Maßnahmen zur Verbesserung des thermischen Verhaltens von Drehmaschinen". Konstruktion 1969; 21-6: 205-211.

[5-3] Geiger H G. "Statische und dynamische Untersuchungen an Schwerwerkzeugmaschinen". Dissertation, TH Aachen, 1965.

[5-4] Ito Y (ed). "Thermal Deformation in Machine Tools". 2010, McGraw-Hill.

[5-5] "Expansion of the machine series". Swiss Quality Production 2013: 22-23.

[5-6] Denkena B, Scharschmidt K-H. "Modellbasierte Temperaturkompensation für Werkzeugmaschinen". ZwF 2009; 104-9: 698-702.

[5-7] Wiele H, Arar A. "Temperaturschwankungen als Störeinfluss auf die Arbeitsgenauigkeit eines numerisch gesteuerten Bohr- und Fräswerkes". Maschinenbautechnik 1972; 21-1:15-18.

[5-8] 水口博、新家秀規. "軸心遷移図を用いたNC旋盤の熱変形の観察と評価". 日本機械学会論文集 2005; 71-710: 3034-3041.

[5-9] Spur G, Hass p De. "Thermal Behaviour of NC Machine Tools". Proc. of 14th MTDR Conf., 1973.

[5-10] Nishiwaki N, Hori S. "What is Thermal Deformation – Estimation of Heat Sources and Thermal Deformation". In: Ito Y (ed). Thermal Deformation in Machine Tools 2010, McGraw-Hill.

[5-11] 今田良徳　他. "旋盤チャックの爪近傍で生ずる空気流の観察". 日本機械学会論文集(C) 1999; 65-637: 3832-3838.

[5-12] 割澤伸一　他. "旋盤爪チャックによる空力音発生機構の検討とその低減対策". 日本機械学会論文集(C) 2000; 66-649: 3174-3180.

[5-13] 斎藤義夫　他. "砥石車の透過率と周辺の流れの挙動". 精密機械 1978; 44-12: 1501-1507.

[5-14] 斎藤義夫　他. "平面・乾式研削における非削材表面の熱と流れの挙動". 精密機械 1983; 49-10: 1421-1427.

[5-15] 今田良徳　他. "旋盤チャックまわりに発生する空気流の挙動". 日本機械学会論文集(C) 1997; 63-613: 3306-3312.

第6章 加工空間の更なる技術課題
－ 供給される素材と半素材、切屑処理、切削・研削油剤、並びに機上計測

　工作機械の利用技術の側面から加工空間を眺めた場合に、直ちに問題意識として浮かび上がるのは4及び5章に述べたように、「びびり振動」と「熱変形」に関わる技術である。これらは、加工空間に素材、あるいは半素材が供給され、部品図情報に従って仕上り品へと形状創成をする際に遭遇する普遍的な技術面の阻害因子である。ここで、2章の冒頭で触れた「部品図情報に基づいての形状創成運動」という視点から、改めて加工空間で行われる一連の作業を描いてみると、図6.1に示すようになる。この図は、加工空間に供給された素材や半素材（素形材とも総称）が部品へと形を変えて行く際に必要な更なる技術課題を示唆している。

　そこで、それらの技術課題の内から基本的に重要な「加工空間へ供給される工作物（素形材」、「切削・研削油剤の供給と処理」、「切屑の生成と加工空間からの排出」、並びに「工作物及び工具の機上計測」を選び、本章で概説しておこう。

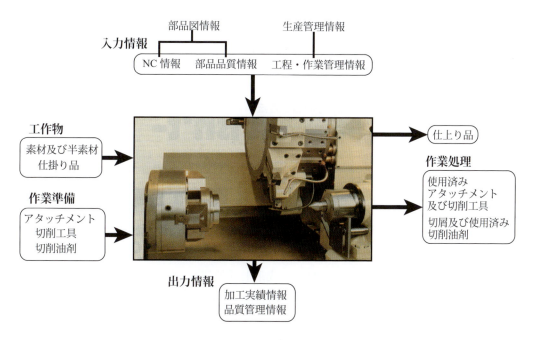

図6.1　加工空間の「物」と「情報」の流れ

6.1 加工空間へ供給される工作物

既に2.2節で簡単に触れたように、社会で必要とする製品の部品は、除去加工、塑性加工、並びに溶融加工の適切な組合せで産み出される。多くの場合に、塑性加工及び溶融加工で作られた製品が工作機械の加工空間に素材、あるいは半素材として供給され、不要部分が切屑として削り去られて仕上り品となる。場合によっては、協力企業や下請け企業で行われる除去加工によって「粗加工済みの仕掛り品」も供給される（ここでは、半素材として取扱っている）。そこで、**図6.2**には、加工空間に供給される素形材、いわゆる工作物の加工方法を示してある。

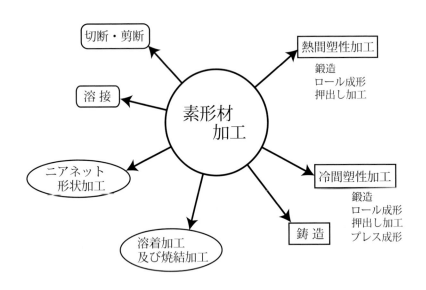

図6.2　一般的な素形材の加工方法

ところで、部品図には「材質」が記載されていて、一般的には素形材の加工方法に特段の留意をすることもなく、「材質」の情報のみで以後の所要の作業を進めることが多く、又、それで十分と考えられている。しかし、材質や形状も含めて、如何なる加工方法で作り出された素材、あるいは半素材かを知り、又、その概要を理解しておくことが工作機械の利用技術を論じる上では望ましい。例えば、熱間鍛造素材であれば、表面のスケール（膜状の酸化鉄）が切削工具の異常摩耗を生じさせること、又、鋳物素材であれば、「砂噛み」が切削工具の折損を招くことがある。これらは、いわゆる「材料取り（仕上り形状・寸法を考えて素材、あるいは半素材の形状・寸法を決めること）の基礎知識」と呼ばれるもので、特に工程設計や加工現場でのトラブル対策で重要となる。

一般的には、**図6.2**中の「鋳造」、「ロール成形」、「鍛造」、並びに「溶接」で作り出された素材、あるいは半素材が多く使用されるが、切屑除去量の削減を図る「ニアネット形状加工」と総称される方法で作られる素形材も普遍化している。この「ニアネット形状加工」の代表例は、溶着加工（Additive manufacturing）の一つとも解釈できる「ラピッドプロトタイピング」

であり、今後が期待できる。ちなみに、2013年8月の英国、IET（Institution of Engineering & Technology）のニュースでは、米国、NASA が推力2万ポンドのロケットエンジン部品を3Dプリンター技術で製造して噴射実験を行ったとされている[6-1]。

それでは、図6.2 を参考に、幾つかの素形材の例を以下に示しておこう。なお、一般的には「棒材及び形材」、並びに「鍛造材」では、素材の大部分を除去して仕上り品とする。その一方、鋳造素材及び溶接素材では、必要な箇所のみを除去することが多く、特に溶接素材では除去加工の部位が少ないので、一般的には半素材として取扱われる。

棒材及び形材

棒鋼及び形鋼（JIS に規定）で代表される素形材であり、「圧延」と呼ばれる塑性加工で作り出され、材料取りの寸法に従って鋸断されて加工空間に供給される。それらの情景については、以下のように本書中に例示してある。

(1) 図1.2：丸棒素材（鋼）。
(2) 図7.8、及び図8.1：丸棒素材（黄銅）。
(3) 図1.5、図1.6、並びに図2.12：丸棒素材（鋼）から削り出された「仕掛り品」。

これらから判るように、TC に供給される素形材は主に棒材であり、チャックで把持される。

棒材には、「みがき棒鋼」（断面形状；丸、六角、角、並びに平）と呼ばれるものがあり、外径の寸法許容差が規定されているので、外径を仕上げずに部品とする用途に適している。なお、「みがき棒鋼」は例示したように、コレットチャックで把持されることが多い。これに対して、図6.3 には一般的な鋸断された丸棒素材の加工空間への供給状態

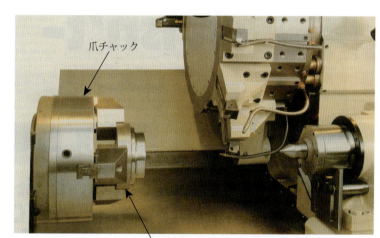

図6.3 鋸断された丸棒素材の加工空間への供給
－CNC 旋盤（AL 型、Alfred Herbert 社製、1981年）

脚註 6-1：従来は、付着加工、溶着加工、ラピッドプロトタイピングなどと呼ばれていたが、装置の価格が安くなり、使用される頻度が多くなるに従って、最近では「3D プリンター」と呼ばれるようになっている。http://eandt.theiet.org/news/2013/rocket-3d-printing 参照。

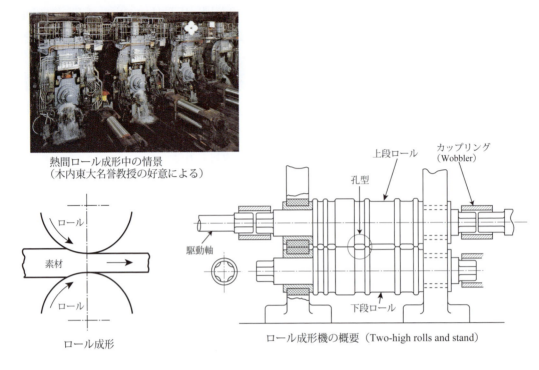

図 6.4　熱間ロール成形の概要

を示してあり、この場合には爪チャックを使用するのが一般的である。

ところで、多くの場合に圧延はロール成形で行われるので、**図 6.4** には多段ロール成形で棒鋼や鋼板を熱間圧延（ホットミル）中の情景、並びにロール成形機の概要を示してある。**図（左下）**に示すように、二つのロール間を素材が圧縮されて通過することにより、より薄い素材へと変形させられる。又、**図（右下）**にみられるように、上段と下段のロールの間に形成される「孔型（Roll pass）」の形状を変えることにより、例えば鉄道のレールのように、色々な断面形状の棒材を圧延できる。

ここで留意すべきは、**図 6.2** に示したように、塑性加工には「冷間」と「熱間」の二つの方式があり、次のように供給される素材の性質が異なる点である。

(1) 冷間加工：金属を「再結晶温度（鋼であればパーライト組織を保った状態、すなわち約 700℃）」以下で加工。加工された部品は、結晶構造のゆがみを生じるので、「脆く、硬く」なる。そこで、加工後の焼鈍と焼準が必要。

(2) 熱間加工：「再結晶温度」以上で加工。変形量を大きくできると同時に、素材の結晶構造の微細化や金属組織の流れの制御が可能であり、材料強度の増強が期待できる。

鋳造素材

鋳鉄、鋳鋼、Al 合金鋳物、Mg 合金鋳物などで代表されるように、溶融加工で産み出される鋳造素材は広く用いられている。そして、一言で鋳造と云っても、「砂型鋳造」、「ロストワックス鋳造」、「シェルモールド鋳造」、「遠心鋳造」等色々な鋳造法があり、又、Al 合金や Mg 合金はダイカスト鋳造されることが多い。但し、いずれの材料及び鋳造方法でも、溶融した材料を型に注ぎ込んで固化させる過程は同じである。

鋳造素材の加工空間に於ける情景については、以下のように例示してある。

⑴ **図 1.3**：鋳造（鋳鉄、あるいは鋳鋼製）シリンダー。
⑵ **図 1.4 及び図 2.5**：鋳造シリンダーブロック。
⑶ **図 2.10（左）及び図 8.2**：Al 合金鋳物。
⑷ **図 2.13 及び図 8.3**：一般鋳造部品。

既に述べたように、鋳造素材の場合には素材の全てではなく、必要な箇所を部分的に加工する。そこで、その状況を理解するために、**図 6.5** には自動車用 Mg 合金鋳物製歯車箱及びディーゼルエンジン用コンパクト黒鉛鋳鉄（Vermicular cast iron）製シリンダーブロックを示してある。前者では、大径の穴部、他の部品との接合面や結合用のねじ穴などの加工部位がみられる。又、後者ではシリンダーヘッドや歯車箱との接合面、ねじ穴やボルト穴などの加工部位がみられる。

コンパクト黒鉛鋳鉄製シリンダーブロック
（MAN 社による、2005 年）

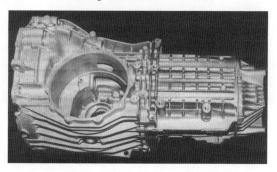

Mg 合金（AZ91）製歯車箱
（Volkswagen 社による、1997 年）

図 6.5　鋳造部品の機械加工による仕上げ状態

第6章 更なる技術課題

図6.6　MC用大物鋳造部品の例（BKMech社にて著者撮影、2008年）

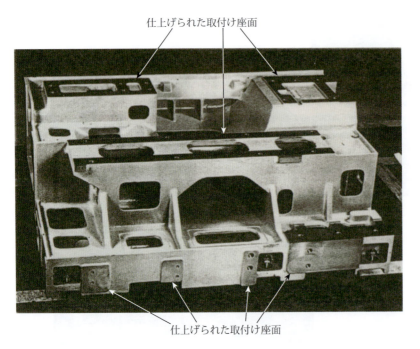

図6.7　ユニット取付け座面を仕上げた鋳造ベース

ところで、砂型鋳造による鋳鉄鋳物は、工作機械の本体構造要素にも広く使われている。そこで、工作機械構造を理解する一助として簡単に触れておこう。まず、図6.6には鋳造素材の状態のMC用普通鋳鉄製ベースとコラム、又、図6.7には案内面要素や他の構造要素の取付け座面などを仕上げた状態のベースを示してある。

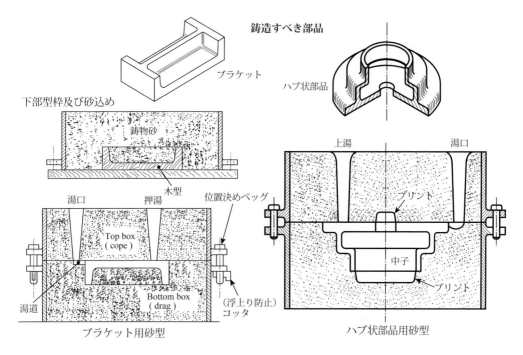

図 6.8　砂型鋳造の概要（Chapman による）

次いで、**図 6.8** には、小物部品が対象ではあるが、砂型鋳造の概略を示してある。なお、図中のハブ状部品をカットモデル表示しているのは、「中子」の役割を判り易くするためである。

ここで、本体構造要素の砂型鋳造で留意すべき点を以下に列挙しておこう[6-2]。

(1) 砂型は、作り出すべき鋳物の形状・寸法に類似した木型を用いて準備するが、木型の作成では鋳鉄の固化時の収縮率を考慮すること。ちなみに、鋳鉄の収縮率は、メートル当り 8〜9 mm（約 1/120）である。そこで、木型工は「鋳物尺」という、収縮率を補正した定規を使い、さらに加工時の削り代を考慮して木型を作成している。但し、鋳物の収縮は、部品寸法の不均一さや形状の複雑さに大きく依存するので、本体構造要素のような複雑な構造形態では、熟練木型工でも木型の製造は難しい。

(2) 湯（溶解した鋳鉄）を注いだときに鋳物砂や中子の破片が混入、更には固化時のガスが気泡として残留のように、鋳物の上部表面には不純物が介在しやすい。そこで、案内面のような大事な部位は砂型の底面に位置するように鋳込むこと。

(3) 上記の不純物が介在している層は、加工時にすべて除去する必要がある。前述のように、これら不純物によって刃先が損傷を受ける場合があるので注意すること。

脚註 6-2：本体構造要素には、普通鋳鉄、合金鋳鉄、並びに強靭鋳鉄（ミーハナイト鋳鉄及びダクタイル鋳鉄）、又、場合によっては低熱膨張鋳鉄が使われるので、別途これらについて学習することが望ましい。

熱間鍛造中のクランク軸（木内東大名誉教授の好意による）

図6.9　熱間鍛造中のクランク軸とピンミラーによる加工

鍛造素材

加工空間に供給され、作業準備が整った鍛造材の情景は、既に図3.1に示してある。これに対して、図6.9にはクランク軸素材を熱間鍛造中、又、ピンミラーを用いたワーリング法によって切削加工中の情景を示してある。図にみられるような高温で加工されるので、熱間鍛造で用意された素材は、図3.1にもみられるように、表層部にスケールがあり、粗加工で除去する際には特に注意する必要がある。その一方、金型を使用した上で変形量を大きくできるので、ニヤネット形状の素材を作り出せる。なお、従来は塑性加工用工作機械に属するドロップ・ハンマーで加工されていたが、現今では高速機械式鍛造プレスが使われている。

図6.10　対空・対艦ミサイル
　　　　発射架台の加工
　　　　（韓国、三光機械、2004年）

溶接素材

鋼板溶接で準備された素形材は、図2.10（右）にみられるように、幾つかのサブユニットを組立てた状態で加工空間に供給され、必要最小限の除去加工が行われることが多い。その意味では、「半素材」と解釈され、その状況は図

6.10 に示す対空・対艦ミサイルの発射架台の五面加工機による加工例でも同じである。

6.2 切屑処理及び切削・研削油剤

加工空間へ素材、あるいは半素材が供給され、作業準備が整えば、次は不要な部分を切屑（Chip［米］、Swarf［英］）として除去する過程となる。その際には生成される切屑の処理が問題となり、機械工場での切屑処理プロセスは、一般的には図6.11に示すような流れとなっている。そして、この中では「切屑生成」と「切屑搬出」が加工空間と密接に関連している。

ところで、加工の際には必要に応じて切削・研削油剤が加工点に供給される。そのような図式を理解するために、図6.12には「乾式」及び「湿式」（切削油剤を使用）によるドリル加工

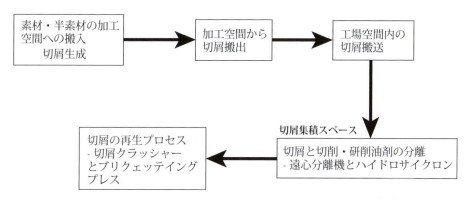

図 6.11　切屑処理の流れ

図 6.12　ドリル加工における乾式切削と湿式切削（ドイツ連邦教育研究省による、1990 年代）

159

の情景を示してある。周知のように、湿式切削を用いると、切削抵抗の減少、ドリルの寿命延長、切屑排除の容易さ、仕上げ面の良好化等利点が多い。しかし、その反面、切削油剤の適切な供給、安全管理等別の側面の問題も生じる。

なお、加工空間からの切屑搬出工程の以降の流れでは、切屑や切削・研削油剤の再生利用、更には自然環境に無害な廃棄処理も重要な技術課題である。

6.2.1 切屑生成と加工空間からの搬出

既に図2.9に示したように、除去加工には多種多様な加工方法があり、一言で素材の不要部分を切屑として除去すると云っても、生成される切屑の形態は多種多様である。しかも、同じ「外丸削り」でも、工作物の材質及び熱処理の状態、工作物の材質と工具材種の組合せ、切削油剤の有無、切削条件などによって生成される切屑の形態は異なってくる。その結果、切削・研削理論の中では、生成された切屑の処理に関わる部分の体系化は未構築に等しい状況にある。その状況は、切屑処理に関わる研究論文や書籍が極端に少ないことに端的に示されている。その一方、図6.11に示した切屑処理に関わる機器のメーカは数多くあり、例えばブリクエッティング・プレス（Briquetting press）では、切削油剤の事前除去を不要とするものも開発されていて、実用技術は着実に進歩している。

切屑の生成

それでは切屑の生成について眺めてみよう。図6.13は、チップブレーカ付きのバイトで不要な部分を切屑として除去しているところである。周知のように、一般的には「流れ形」切屑、すなわち「長く伸びて絡んだ紐状、あるいは長いカール状の切屑」が生成される条件の時に、品質の良い仕上げ面が得られるが、逆に「流れ形」は切屑処理が困難である。又、紐状の切屑が絡んで切削工具を損傷、あるいは部品の仕上げられた面を傷つけることもある他に、切屑の処理中に運転要員が怪我をすることもある。そこで、「流れ形」切屑を短く破断して

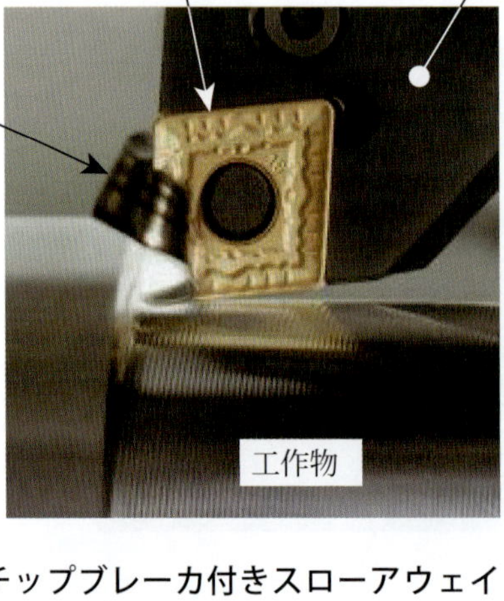

図6.13　チップブレーカ付きスローアウェイティップによる 旋削中の情景（タンガロイ製、TUS型）

処理を容易とするためにチップブレーカーを使用するが、工具メーカ各社から多種多様なチップブレーカーが提供されていて、選択に困る程である。

これに対して、適当に小さくコイル状、あるいは短く破断した切屑であれば、切屑処理を行い易い。要するに、部品の望ましい仕上げ状態と切屑処理の良さは、必ずしも一対一対応をしない。ここで、特に留意すべきは、「流れ形切屑を処理し易いように、切屑生成点で切断する」のが、チップブレーカーの本来の役割という点である。又、チップブレーカーのように、刃先に工夫を施して切屑を破断する他に、「切削運動の制御」や「高圧の切削・研削油剤の噴射」などでも切屑破断が行われる。「切削運動の制御」の典型例はドリル加工であり、穴あけ作業中にドリルの切削（前進）運動と後退運動を繰り返して切屑の破断と搬出を行う（Woodpecker control）。又、穴あけで多用される「ねじれドリル」の形状は、図6.14に示すようになっていて、刃先以外が既にあけた穴の壁に接触しないようになっているが、実際の加工では、あけた穴の弾性変形やドリルの曲りのために接触することが多い[6-3]。そこで、加工点へ切削油剤を確実に供給して、切削性能を高めると同時に、不要な摩擦の低減や切屑の排出を手助けするために、切削油剤供給用の小径の穴を有するドリルも使われている（図6.23参照）。

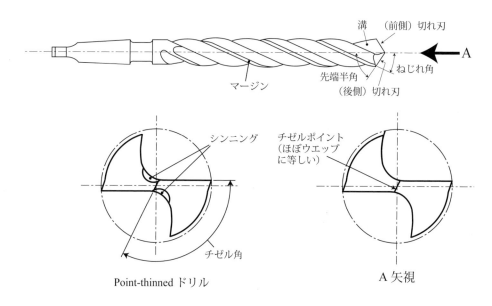

図6.14　ねじれドリルの概要

脚註6-3：ドリルの軸方向には、「ボディ・クリアランス（Body clearance）」と呼ばれる逃げが設けられていて、一般的には、長さ1,000 mm当り1 mmである。なお、ドリルの特徴として、すくい角がチゼル部で鈍角であり、その後外周に向うに従って連続的に鋭角となるが、これも切屑の生成と排出に影響を及ぼしている（図3.22参照）。

これに対して、高圧冷却剤を供給して切屑の破断を行う方法については、例えばアーヘン工科大学が 2010 年の時点でも研究成果を報告している [6-1]。研究では、旋盤による「インコネル 718（cBN 工具で加工）」及び「オーステナイト鋼（コーティング超硬合金工具で加工）」の「突切り加工」を対象としていて、効果的な切屑破断が行われることを実証している。ちなみに、圧力 80 bar では短いコイル状切屑、又、300 bar では「短い糸屑状」切屑となっている。なお、この研究の特徴的な様相は次の二点である。

(1) 高圧切削剤は、スローアウェイティップ（Throw-away tip）の押え金を中空として、そこから加工点へ直接噴射する方式（イスカル製）[6-4]。

(2) 加工プロセスの高度の自動化に伴って、切屑生成の制御が益々重要になってきていることを踏まえて、コンピュータ援用による「生成される切屑形態の予測システム」も同時に開発していること。このシステムは、「過去の切屑破断に適する切削条件を集積したデータベース」とそれを用いた「エキスパートシステム」からなり、メニュー方式で推奨される切削条件を決定するものである。

ところで、切屑の生成では基本的に生成量を最小化するのが望ましく、既に 6.1 節で述べたようなニアネット形状の素材、あるいは半素材の使用が推奨される。その一方、切屑生成量の少ない加工方法も推奨されていて、図 6.15 には、そのような加工方法の典型例として知られている「心残し中ぐり（Trepan boring）」で大径の深穴を加工中の模式図を示してある。この加工方法

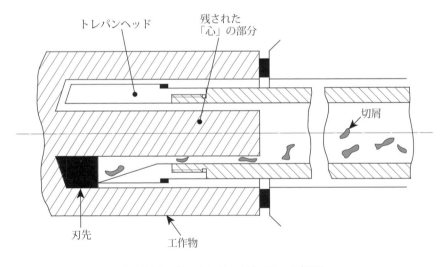

図 6.15 「心残し中ぐり加工」の概要

脚註 6-4：「Tip」は、一般的には「チップ」と訳されているが、切屑もチップと表現されることが多い。そこで、混乱を避けるために、ここでは「ティップ」と記している。

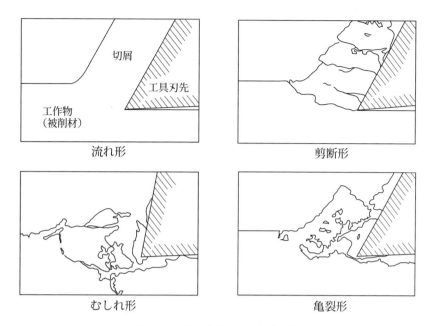

図 6.16　色々な切屑の生成形態

は、BTA 方式と呼ばれる深穴加工方法の一つであり、中空シャンクに装着されたトレパン・ヘッドによって環状の溝の部分のみを切屑として除去する[6-5]。従って、切屑生成量は少なくなり、又、コア（心）状に残された部分は別の素材として使用できる利点もある。その一方、刃先部で生成された切屑が切削油剤によって搬出できるように、切屑形態に特段の配慮が必要となる。

　ここで、図 6.16 には切屑の生成される状況を示してある。大きく「流れ形」、「剪断形」、「むしれ形」、並びに「亀裂形」と分けられる他に、切屑が粉のように非常に小さいもの、いわゆる「切粉」も生成される[6-6]。なお、切粉は鋳鉄や快削黄銅などの加工で生成されることが多く、加工空間内で浮遊したり、機械本体の側壁にへばりついたりして処理が面倒となる。又、耐熱鋼や Ti 合金では、図 6.17 に示すように、「鋸歯状切屑」のような形態も生じ、切屑の形態は切削抵抗の動的成分に影響を及ぼすことが判る。

　これら切屑の生成過程と最終的な切屑の形態との間には明確な関係はないが、一般的には「流れ形」は、紐、あるいは帯状の長い切屑となる。そこで、図 6.18 には切屑の分類体系の一

脚註 6-5： BTA は、この加工方法の開発及び普及に勤めた協会の名称である「Boring and Trepanning Association」の略である。なお、Sandvik 社は、二重管方式で外側から切削油剤を供給して、内側から切屑とともに回収する深穴加工方法を「Ejector drilling」と名付けて商品展開している（1982 年シカゴショーに展示）。

脚註 6-6： 切削理論は、体積不変の塑性変形を基本としているので、「流れ形」切屑が解析の対象である。従って、「亀裂形」や「破断形」の切屑が生成される切削条件には適用できない。ここにも、切屑処理に関わる学術研究が立ち後れている理由がある。

第 6 章　更なる技術課題

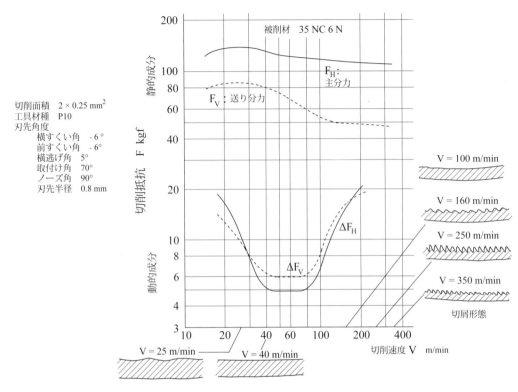

図 6.17　耐熱鋼の旋削加工に於ける切削抵抗の静的及び動的成分（Langhammer らによる）

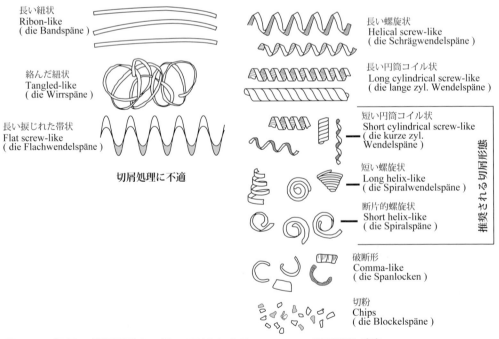

図 6.18　切屑の分類体系の一例 – INFOS による

つを示してあり、長い紐状、あるいは帯状の切屑は処理に不適切であること、又、処理に適する切屑の中でも特に推奨できる形態のあることが判るであろう[6-7]。以上の他に、素材表面の加工変質層、熱処理によるスケール、鋳物素材の砂噛みなど不純物の介在も切屑の生成を論じる時には考慮すべきである。

表6.1 生成される切屑量のデータの例（The MTIRA による）

工作物材質	加工方法	素材 $16\,cm^3$ から生成される切屑量 単位：cm^3
マグネシウム	正面フライス削り	2,500〜5,000
アルミニウム合金	桁フライス削り	800
鋼	正面フライス削り	500〜700
鋳鉄	円筒フライス削り	250
鋳鉄	正面フライス削り	115〜160
鋳鉄	ドリル加工（25〜75 mm）	160
半硬鋼	ドリル加工（25〜75 mm）	650〜1,300

ところで、切屑の生成過程では「切屑の生成量」を知ることが重要であるが、これに言及した資料は少ない。そのような中で**表6.1**は MTIRA が報告した貴重なデータであり、幾つかの材料をドリル加工及びフライス加工した際に $16\,cm^3$ の素材が切屑となったときの体積が与えられている[6-2]。一般的には、1時間当りの切屑生成量は次式で与えられる。

$$V = A \times u_1 \times n \times v \quad (6.1)$$

ここで、A: 切削面積
 u_1: 切込み深さ
 n: 1時間当りに処理する工作物の個数
 v: 素材の単位体積当りに生じる切屑量

加工空間からの搬出

既に5章で述べたように、堆積した切屑は加工精度に大きな影響を及ぼす熱源となるので、できるだけ速やかに生成した切屑を加工空間から搬出することが望ましい。そこで、周知のように、切屑の搬出に適した「スラントベッド（Bed of chip-flow type、Slant bed）」が広く採用されている。又、切屑の集積を助け、広範囲への飛散防止、並びに運転要員の安全のために、エンクロージャやスプラッシュ・ガードが装備され、現今では閉鎖形エンクロージャが普及している。

ところで、この加工空間からの切屑搬出は、本体構造設計及び閉鎖形エンクロージャ設計と密接に関連して、特に相反する設計属性である。工作機械メーカにとっては、好適な解を得る

脚註6-7：旧西ドイツで行われたのが INFOS の分類である。そこで、ドイツ語の名称、それを英語及び日本語に訳したものも参考迄に図中に示してある。

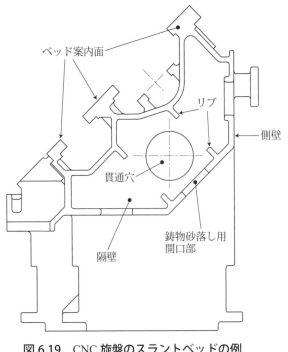

図 6.19 CNC 旋盤のスラントベッドの例
（1990 年代半ば）

のに苦労するところである一方、ユーザには無縁と考えられる問題ではある。しかし、相反する設計属性間のバランスを取って好適な構造を具現化する参考例として少し触れておこう。

図 6.19 には、CNC 旋盤のスラントベッド（傾斜角 45 度）の概略構造を示してあり、そこには次のように相反する設計属性が認められる[6-8]。

(1) 軽量化するために「貫通穴」を設ける一方、閉鎖断面に開口部を設けるとねじり剛性が低下するので、所要の剛性を確保するためにリブや隔壁を設けて補強をしている。又、鋳物砂落し用の開口部を設けているが、この開口部は鋳物素材の製造上は大きい方が良いものの、剛性を確保するには小さい方が望ましい。図には示していないが、適切な位置に設けた切屑排出口についても、砂落し用開口部と同じ問題がある。

(2) スラントベッドの傾斜角については、**図 6.20** に示すようなデータも示されている。図にみられるように、塗装面と鋳肌では、切屑が転がり落ちるのに必要な傾斜角は相当に異なる上に、同じ状態の傾斜面でもデータに相当のばらつきが認められる。しかも、Al 合金の箔状切屑の場合には、乾式切削でも垂直な側壁にへばりついて自由落下しないことも数多く経験されている。要するに、スラントベッドの傾斜角には最適値は存在しないと考えて良いであろう[6-9]。

(3) エンクロージャは、薄鋼板構造であるので、「ドラム効果」と呼ばれる膜振動が生じやすい。そこで、適切にリブを配置して「ドラム効果」を生じないようにするが、現今では販売戦略の観点から工業デザインを採用することが多い。従って、リブはエンクロージャ内部に設けることになるが、それは切屑の不要な局部的な堆積を生じさせる。その一方、

脚註 6-8：1990 年代半ばの池貝鉄工製 TU 26 型の例。ベッド上の振り：500 mm、主軸回転数範囲：8〜4,000 rev/min、主電動機出力：AC 11/15 kW（連続/30 分定格）
　田島 他．"TU26 CNC 旋盤の特徴"．Ikegai Technical Journal 1994; 103-1: 30.

脚註 6-9：切屑の自由落下角度のデータは、ここで示した MTIRA のものの他には皆無に等しい程公表されていない。

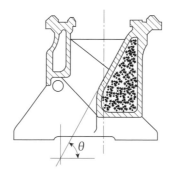

切屑の材質	本体構造要素の表面仕上状態		
	滑らかな面 (2-20 μm CLA)	仕上機械加工、又は塗装面 (20-150 μm CLA)	粗い機械加工面 (150-300 μm CLA)
鋳鉄	13-26 (34)	19-30 (43)	28-45 (58)
軟鋼	14-60 (78)	24-45 (77)	27-72 (79)
アルミニウム合金	16-46 (50)	30-32 (74)	31-72 (90)
燐青銅	15-24 (32)	22-25 (40)	――

注：括弧内の数値は、最大値

図 6.20 「切屑の転がり自由落下」に望ましい本体構造要素の傾斜角度
（表面状態の影響、MTIRA による）

大形工作機械では、運転要員が日常保守・点検のために加工空間に立ち入ることがあり、リブは良い足がかりとなる。

従って、**図 6.21** に示すような、切屑が加工空間内を垂直方向に自由落下できる本体構造が望ましい。この構造は、曲げとねじり荷重の両方に対して高い剛性を実現できる「三重チューブ状閉鎖断面ベッド（Bed with treble tubular cross-section）」として知られていて、ベッドの両端をベースにボルト結合して支える形態である（**図 3.10** 参照）。古く 1960 年代に、スイス、George Fisher（+GF+）社によって実用化され、

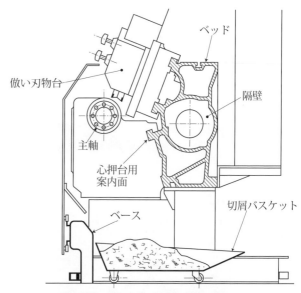

KDM-9 型、1960 年代、最大加工径：200 mm
主軸最高回転数：2,240 rev/min　主電動機出力：18 kW

図 6.21 バスケットへの切屑の直接落下を可能とする閉鎖断面構造のベッド – George Fisher 製

表 6.2 切屑の体積密度（MTIRA による）

切屑の形態	体積密度 kg/m³	
	サンプル試験のデータ	印刷公表されているデータ
鋼		
長い塊状の切屑	525	240
短い塊状の切屑	360　809	560
切粉	平均 1,474 (1,022～2,000)	1,040
燐青銅		
軽い切屑	1,538　1,938	1,121
重い切屑	――――	2,242
Al 合金		
長い切屑	平均 243 (56～390)	160
短い切屑	平均 459 (229～961)	320
鋳鉄		
短い塊状の切屑	平均 1,329 (503～1,746)	
微細な切粉	平均 1,682 (1,025～2,114)	

その当時に花形であった自動倣い旋盤、又、初期の NC 旋盤（NDM-22 型）などに採用されている。図にみられるように、加工点で生成された切屑は機械の底部に設けられた「移動形切屑バスケット（Mobile swarf skip［英］）」に直接落下するという処理性の良さを誇ったが、このような構造を実現するには高い設計及び鋳造能力が必要である。ちなみに、Geroge Fischer 社は、前身が鋳物メーカであって、複雑な構造の鋳造に長けている。

ここで、ユーザの立場から切屑の排出を眺めてみると、上記のような構造設計ではなく、清潔で安全な工場環境の維持という別の観点が非常に重要である。すなわち、切削・研削油剤の漏出がない機外への切屑搬出、並びに工場内での切屑搬送が問題視される。ここで、両者に関係して重要であるのは生成される切屑の性質、すなわち表 6.2 に示すような「切屑の形態と体積密度」であり、これらは工場内で切屑を流体搬送する時に特に重要とな

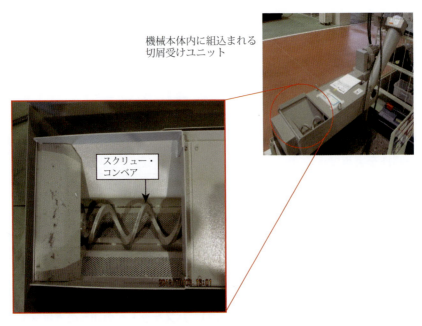

図 6.22　機械本体からの切屑の搬出（アマダマシンツールの好意による、2013 年）

る。ちなみに、表にみられるように、切屑の材質及び形態で体積密度は大きく変わり、しかも切屑の自由落下角度と同様に、その値は大きくばらついている。

さて、図 6.21 に示したような本体構造を別にして、ベッドやベースの傾斜面を転がり落下した切屑は、それらの底部に設けられた開口部に集められ、そこに組込まれている「切屑受けユニット」へ落下する。図 6.22 は、切屑受けユニットの例（図は本体外へ引出した状態）であり、落下してきた切屑は直ちにコンベアで機外に搬出される。なお、切屑の搬送には色々なコンベアが使われるが、図はスクリュー・コンベヤを装備したものである。容易に判るように、加工空間からの切屑搬出は、切削・研削油剤を流して行う方が容易となる。しかし、超硬合金ティップの場合には、材種によっては切削油剤の供給による「熱衝撃」のために工具寿命が短くなることもあるので、注意が肝要である。

6.2.2 切削・研削油剤の加工点への供給

まず、切削油剤について眺めてみよう。周知のように、切削油剤には原液のまま使用する「不水溶性切削油剤」、並びに水で希釈して使用する「水溶性切削油剤」の二つがある。水溶性切削油剤は、主として「冷却性」が問題となる加工で使用され、火事の危険はないものの、水質という自然への配慮が肝要である。又、水を使用するので劣化が生じて、「腐敗臭の発生」や「錆の発生」等を招くことになる。従って、水の性質が違うと何が起きるかについて十分な知識、すなわち「水の質」についてのノウハウが必要・不可欠となる。ここで、水質は「酸性かアルカリ性か」、「硬度」、「生菌数」等で規定される。ちなみに、同じ英国でも「スコットランドでは軟水が多く、泡が発生しやすく」、その一方、「ケント州では鍾乳石が多く、硬水であるので石鹸滓が生じる」[6-3]。又、加工目的によって希釈度を変える必要があり、例えば重切削では工具寿命を長くするために、「潤滑性」と「極圧添加剤」の組合せに留意すべきである。

以上の他に、水溶性切削剤では特にバクテリア対策が重要であり、技術開発が鋭意進められている。例えば、金属触媒を用いている「Tresor PMC」（商品名）をスイス、Motorex 社が市販している。この水溶性切削剤は、NiCr 鋼、チタン合金、黄銅、銅、並びに Al の加工に適していて、環境及び人間に優しく、保守費用も少ないとされている。ちなみに、下請け企業に於ける使用実績によれば、黄銅や Al 製部品の仕上げ面に生じやすい「スポット状の斑点」は、部品を一昼夜放置しても現れないこと、又、工具寿命は 30 ％増加することが報告されている [6-4] [6-10]。

これに対して、一時期には火災の危険性が高いとして使用が控えられた不水溶性切削油剤、

脚註 6-10：「漏れて水溶性切削油剤に混入した潤滑油」は、バクテリアの発生を増長して、腐敗臭を強めるので、日常の保守・点検が大切である。温度が 30～40 ℃ の油溜めは、バクテリアの最も良い培養器となる。

すなわち油が復権しつつある。これは、製品の高度化によりチタン合金やインコネルなどの難削材を加工することが増えてきたためである。この切削油剤には、性能を高めるために塩素系化合物からなる極圧添加剤が使われていたが、最終処分時に焼却を行うとダイオキシンを発生して環境破壊を起こすことになる。そこで、今では植物油に固体潤滑剤と硫黄系の極圧剤を加えたものが市販されている。

ところで、切削油剤についてはJISの規定があるものの、切削油剤のメーカは数多く、又、各社が数多くの商品を展開している。その結果、いずれを使用するかの選定に困難をきたしている[6-11]。

以上、切削油剤について述べてきたことは、研削液の場合も同じである。但し、用語としては「油性研削液」及び「水溶性研削液」とも呼ばれ、後者では「潤滑性」、「洗浄性」、並びに「冷却性」が問題とされている。

さて、切削・研削油剤を適切に選択できたとして、次なる問題は、それを加工点に供給することである。一般的な切削加工では、例えば図2.12の歯切り加工で示したように、加工点近傍に設けたノズルから切削油剤を供給していて、それで特段の問題を生じることはない。しかし、切屑の排出に難があるドリル加工では、同じく加工点への適切な切削油剤の供給が困難である。

そこで、ドリル内部に切削油剤を供給するための細孔を設けることが、特に深穴加工用ドリルで行われている。図6.23はSandvik社によって1998年に開発され、特許が取得されてい

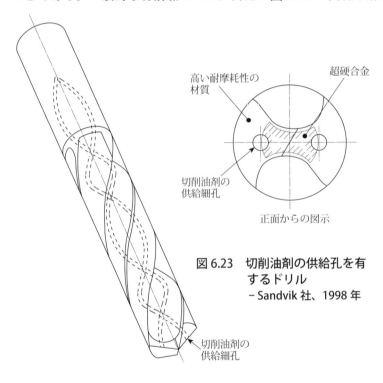

図6.23 切削油剤の供給孔を有するドリル
- Sandvik社、1998年

脚註6-11：切削油剤に関わるJISの規定の不備については、㈱関西化研の安井秀樹氏が興味ある記事を公表している。要するに、「防腐性」、「防錆性」、「消泡性」、「耐久性」、「安全性」などの二次性能の情報を規定すべきと主張している。
安井秀樹．"切削油剤の現状と課題"．機械と工具 2012; 2-8; 15-19.

るドリルの例であり、ステンレス鋼の穴あけに効果があるとされている。ここで、図にみられるように、ドリル中心部は超硬合金、又、外周部は耐摩耗性の高い材質という傾斜材料からなっているのが一つの特徴である [6-5]。

ところで、従来は等閑視されていたが、高速加工が普遍化するにつれてチャック、砥石車、あるいは工作物の周辺の空気の流れが問題となってきている。既に5章で述べたように、これら回転体回りの空気流は複雑であるが、切削・研削油剤の加工点への供給では、基本的に空気のつれ回り層を貫入せねばならない。これは、空気流の乱れが加工点で複雑な研削加工で特に大きな問題となる。一般的に、つれ回り層は砥石車の半径程の厚さであるが、同時に砥石車内部からの吹出し流も存在する。そこで、つれ回り空気流の存在を考慮して巧みな工夫を行った研削液供給システムとして、**図6.24**にはセンターレス研削盤の例を示してある。これは、1960年代に中川精機製造（NC-12D型）により実用化されたもので、砥石カバー内側から研削液を供給して、つれ回り層の特性を巧みに考慮して研削点に研削液を供給している。これに対して、GrahamとWhistonは、砥石車の液体透過性を効果的に利用して、**図6.25**に示すような研削液の供給システムを示唆している [6-6]。なお、砥石主軸の貫通穴を用いた研削油剤の供給方式は、MCを用いてタービン翼の研削加工を行うVIPERでも用いられている（**図8.40**参照）。

以上のような研削加工に比べれば、切削加工の方が切削油剤の供給は簡単と思われる。しか

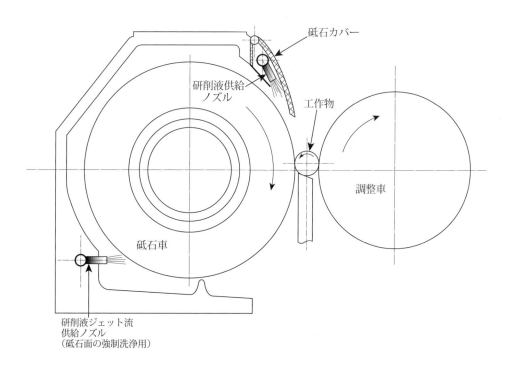

図6.24 つれ回り層の特性を考慮した研削液供給方法の例 – センターレス研削盤

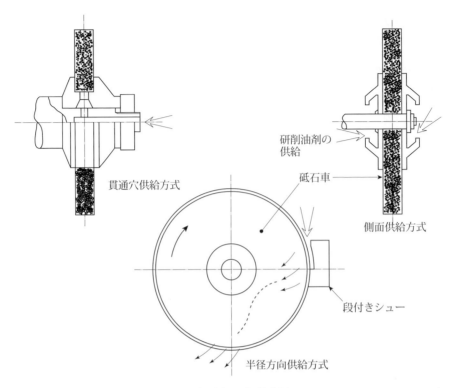

図 6.25 砥石車浸透方式による研削油剤の供給方法（Graham と Whiston による）

し、旋盤による外丸削りでも単純に切削油剤をバイトの上部から供給する方法では、加工点に十分に切削油剤が到達しないことは経験的に判っている。そこで、バイトの下面から切削油剤を供給することも提案され、それなりの効果のあることが報告されている。しかし、これまでに可視化されているチャック周り、並びに平面研削加工中の研削砥石車と工作物周りの流れの状態から考えると、工作物につれ回る空気層が突き出ているバイトによって乱されることが予測され、加工点に確実に切削油剤が供給されている保証はない。従って、工作物周りの流れを可視化した上で、確実な切削油剤の供給方法を考案することが望まれる。

6.3 工作物及び工具の機上計測

　加工空間内で問題なく「物と情報の流れ」が進行していれば、所望の仕上り部品を入手できる。そこで、加工空間内で行われている作業を監視して統制することが必要、不可欠となり、その核となるのは「本体構造要素及びアタッチメント」、「工作物」、並びに「工具」の現状認識に関わる情報の収集である。**図 6.26** には、それらに関わる具体的な測定対象、並びに検出に適用可能なセンサ（トランスデューサ）をまとめてある。ちなみに、測定対象は、(1)工作

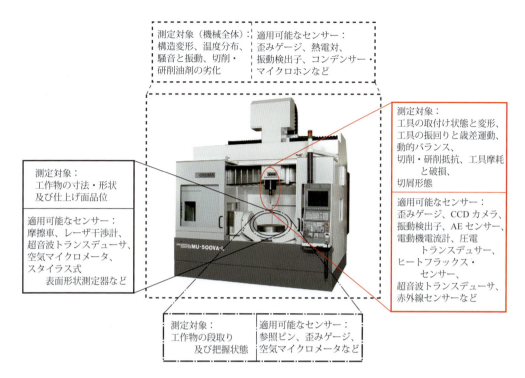

図 6.26 加工空間に於ける測定対象と適用可能なセンサー（機械の写真はオークマの好意による）

物の寸法・形状及び仕上げ面品位、(2)工作物の段取り及び把握状態、(3)工具の取付け状態と切刃の損耗、並びに切削・研削抵抗等、(4)切屑形態、更に (5)機械の稼働状態である。

ところで、これら諸量は対象が加工空間内に位置した状態で測定すること、いわゆる「機上測定」を行うことが一般的には望ましい。その際には、該当する処理過程の合間、処理中、並びに処理後、すなわちビィトウィーン・プロセス測定（Between-process measurement）、インプロセス測定（In-process measurement）、並びにポストプロセス測定（Post-process measurement）のいずれで測定を行うかが議論の対象となる。ここで、加工空間の知能化を考えると、時々刻々の機械本体や加工空間内の状態を正確に把握して、それらを入力情報として関係する制御装置へ供給することが必要、不可欠である。すなわち、インプロセス測定が望まれ、それは正に 1960 年代後半から技術開発が進められている適応制御の入力情報の獲得である。周知のように、適応制御は知能化技術の第一歩である [6-7]。

このように、インプロセス測定は長い研究と技術開発の歴史を有していて、枚挙にいとまがないほど数多くの学術研究も行われている。これらの研究では、いずれもインプロセスセンサーの有用なことを指摘していて、1980 年代には一時期ドイツを中心に実機への搭載が大きな話題となった。但し、その後には関連する技術が定着したものと思われ、特に話題とはなっていない。

さて、これ迄の経験を踏まえてインプロセスセンサーの実用性を論じるとなれば、対応すべき問題の性質が大きく異なるので、(1)センサーを加工空間内に設置する場合（**図 3.37** 参照）と (2)機械本体やユニット内へ組込む場合（**図 3.38**）に分けて論じるべきである。別の表現をすれば、センサーにとって悪環境か否かを大前提とする必要がある。しかし、これ迄そのような観点からの議論はほとんどなされておらず、特に多くの学術研究では加工空間がセンサーにとって悪環境であることは意識されていないと考えて良いであろう。そこで、以下には実機へのインプロセスセンサーの搭載を主体に述べているので、「機械加工計測」の詳細については、しかるべき専門書を参照されたい。なお、最近の学術研究の状況を眺めてみると、微小穴あけ中のドリル損耗状態や切屑の排出状態を AE センサーで検出する研究が散見される程度であり、そこには 1980 年代のような活発さは認められない。

6.3.1　実機へのインプロセスセンサーの搭載

　最近の日本製工作機械を眺めてみると、工作物の芯出しや工具位置の自動検出、工具と工作物の位相合わせ、又、仕上げられた工作物の形状・寸法の検出をレーザ変位計で行う仕組みを搭載していることが多い。しかも、これらは「機内計測」と表現されていて、正に加工空間内の計測である。しかし、これら技術を精査すると、実は加工空間内ではあるが、実際に切屑や切削油が飛び散る加工中の計測、すなわちここで問題としているインプロセス計測ではなく、ビトウィーン計測、あるいはポストプロセス計測である。

　ところで、インプロセスセンサーが何らの問題もなく加工空間で作動すれば、言うまでもなく得るところは大きいであろう。そこで、温度センサーを加工空間や本体構造要素内に組込んで機械の稼働状態を判断して、場合によっては転がり主軸受けの予圧を調整、又、MC の主軸先端に変位センサーを組込んで切削力を検知して、送り速度を適応制御するもの等が実用に供されている（**図 3.38** 参照）。前述のように、これらはセンサーにとって特に悪環境ではない。これに対して、5 章で述べたオークマの熱変形補償システムの温度センサーのように、加工空間にセンサーを設置しているのは稀である。要するに、加工空間内に直接センサーを設置するインプロセス計測の実用例はほとんど見当たらない。

　さて、既に述べたように、インプロセスセンサーについては数多くの研究や技術開発がなされている。そこで、それらの報告を整理すると、実際の加工環境下での実用に耐えられるのは、(1)電動機の電流値を検出する電流トランス、(2)切削・研削抵抗を検出する圧電トランスデューサ、(3) AE センサー、並びに (4)歪みゲージ式軸受荷重センサーであろう。これらのうち AE センサーは一般的に広く使われ、又、圧電トランスデューサは、Kistler 社が手広く販売している。ここで、別の観点から実用性を眺めてみると、次の三つの方式の得失について議論

をすべきであろう。

(1) 得られる出力信号の確度を高めるために、検出原理の異なる幾つかのセンサーを分散配置して、それらの出力信号を照合する方式。

(2) 数多くのセンサーを分散配置するのではなく、検出原理の異なる幾つかのセンサーを一つのセンサーに集積した形で配置する方式（機能集積方式）。

(3) ロバスト（頑健）なセンサーを一つ配置して、その出力信号を処理して異なる物理量を検出する方式。

これらのうち、(1)項は、故障やトラブルの原因を増やすことにもなるので、できれば避けたい方式である。従って、望ましいのはハードウェア面、又、ソフトウェア面でのセンサーフュージョンとみなせる(2)及び(3)の方式であろう。しかし、いずれが望ましいかは未解決の状態にある。すなわち、ハードウェア面のセンサーフュージョンでは、得られる情報が集積したセンサーにより支配され、又、ソフトウェア面のセンサーフュージョンでは、適切な信号処理方法の構築が難しい。図 6.27 は、ハードウェア面からのセンサーフュージョンの例であり、AE センサーと圧電トランスデューサが集積されている。なお、ソフトウェア面からのセンサーフュージョンの場合には、「AE センサー」、「圧電トランスデューサー」、「超音波センサー」、並びに「ヒートフラックスセンサー」が適用できるとされている。そこで、図 6.28 には、AE センサー組込み形工具シャンクの例を示してある。

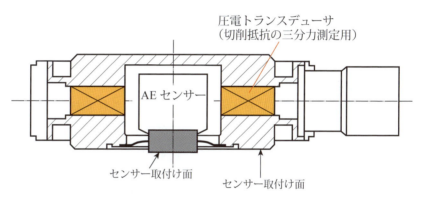

図 6.27 AE センサーと圧電トランスデューサの集積（Kistler 社による）

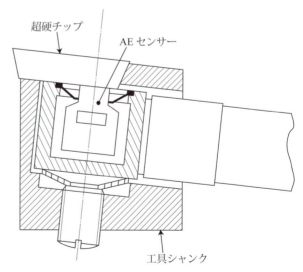

図 6.28 AE センサー組込み形工具シャンク
（アーヘン工科大学に於ける筆者の実地調査結果、1997 年）

6.3.2　インプロセス計測で確度の高い情報の入手を阻む因子

前項で述べたように、図 6.26 に示した数多いセンサーのうち、わずかなものがインプロセス測定に耐えるとしても、それらですら実用化が進まないという経験的な事実がある。そこで、参考迄に以下には実用化を阻む要因について考えられるところを紹介したい。

センサー搭載位置

加工空間内であるならば、センサーをどこに設置しても良いわけではなく、測定対象によって適切に信号を検出できる位置がある。これは、パッシブソナーである AE センサーで経験的に判っている事実である。又、表面粗さを検出するとなると、高周波数の信号を検出する必要があり、加工点近傍にセンサーを設置すべきとの意見もある。ちなみに、図 6.28 に示した AE センサー組込み形工具シャンクは、加工点に近いところで有意義な信号の検出を試みた例である。

要するに、確度の高い信頼性のある情報を検出するには、センサーの設置位置を慎重に吟味する必要があるが、これに対する指針はなんら示されておらず、経験に頼らざるを得ない。又、ハードウェア面からのセンサーフュージョンでは、集積した個々のセンサー毎に最適な搭載位置が異なることが多く、それらが一致するという保証はない。

回転部分に装着されたセンサーからの信号伝達

センサーが回転部分に装着されていると、図 6.29 に示すように、多くの場合に FM 送信や電磁誘導方式で出力信号を外部に取り出すことになる [6-8]。このときにノイズが混入することがあり、それが検出された信号の確度を低下させる。又、この他にスリップリングや水銀接点方式も用いられているが、前者は回転するリングへ固定接点を接触させる仕組みであるので、必然的にノイズが大きくなる。又、後者は信号の伝達が正確でノイズも少なく望ましいものであり、市販品もあるが、基本的には水銀の酸化による性能低下が問題となる。

センサー出力から必要な情報を抽出する信号処理技術

一つのセンサーの出力信号を濾波（フィルタリング）することにより色々な情報を入手するというのは、考え方としては正しいであろう。しかし、機械を購入したユーザの全ての使用条件下で、ある物理量を必ず検出できるという信号処理方法については、なんらの保証もなされていないと考える方が妥当であろう。要するに、学術研究は、ある限定された加工条件下で有効な信号処理技術を保証しているのみで、その信号処理技術が他の加工条件にも適用できるか否かは、その都度検証をせねばならない。

例えば、図 6.30 は切削抵抗の動的成分をインプロセス計測して切屑の形態を認識した試みである。なんら明白な傾向の無い出力信号をバンドパスフィルターで処理すると、切屑形態に対応した明白な出力信号が得られる [6-9]。しかし、これは鋼の軽切削という実験を行った範囲でのみ保証されている信号処理である。従って、実用上は数多くの材質に対して、考えられる全ての切削条件に対して推奨できるバンドパスフィルター条件をデータベースとしてメーカが供給するか、あるいは

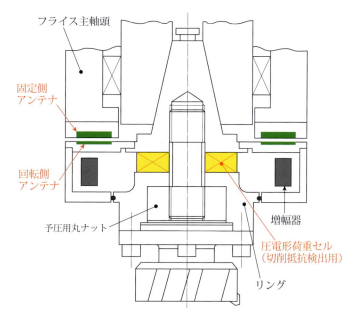

図 6.29 回転しているセンサーからの信号伝達 – フライス加工に於けるデータ伝送（Spur の好意による、2013 年）

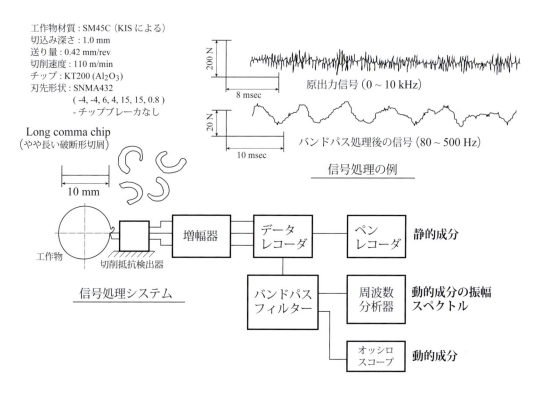

図 6.30 切削抵抗の動的成分で切屑形態を判別する際の信号処理

ユーザが整備する必要がある。そのようなことは、大きな経済効果がなければ採用されないであろう。

学術研究の成果の信憑性

周知のように、非常に数多くの学術研究が国内、外で行われてきたが、それらには共通して次のような問題点が内包されていることを指摘しておこう。

(1) センサーにとって悪環境である加工空間という条件が何ら考慮されていない。

(2) AEセンサーに見られるように、結果としては、ある物理量と出力信号の間に強い相関関係が認められるものの、対象としている物理量の本質を検出しているか否かの検証がなされていない。これはAEがパッシブソナーと同じであり、アクティブソナーのような確度を期待できないことによる。

(3) 興味ある論文であっても、第三者がその報告内容の検証を後に別途行って、その妥当性を保証している例は少なく、結果として玉石混淆のまま研究論文が流布されていること。

ここで、最後の問題点について、一つの例をあげておこう。

Langhammerは、その学位論文で切削工具のすくい面（クレータ）摩耗と切削抵抗の背分力中の動的成分との関係を図6.31のように示している[6-10]。図から切削抵抗の動的成分を監視していれば、適切な時期に工具交換ができると理解される。しかし、「どのようにしてすくい面摩耗だけの実験を行ったのか」という素朴な疑問、あるいは「逃げ面摩耗に起因して含まれると推測される動的成分を測定値からどのように除去したのか」という点に興味を持たれるであろう。そこで、頼らは切削実験中に、すくい面摩耗の進行と同時に生じる逃げ面摩耗を研削で除去した後に、直ちに動的成分を測定するという手法で検証を行っている[6-11]。結果としては、Langhammerの示し

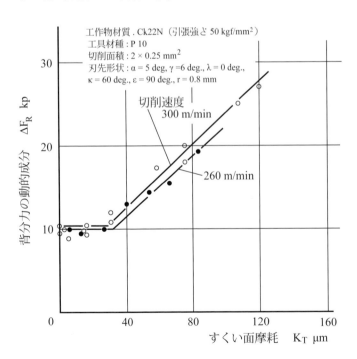

図 6.31 背分力の動的成分とすくい面摩耗の関係
（Langhammerによる）

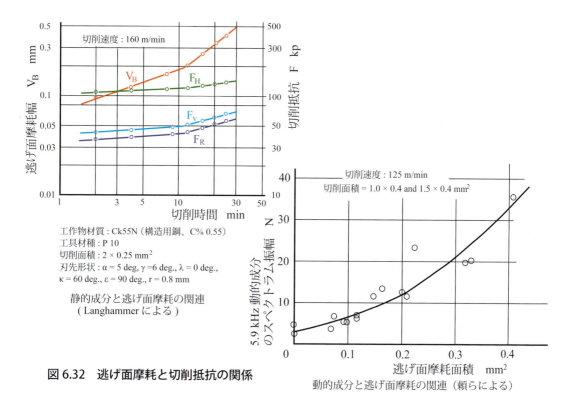

図 6.32 逃げ面摩耗と切削抵抗の関係

たような実験結果は確認できず、その一方、逃げ面摩耗と動的成分との間にインプロセスセンサーとして使える関係を図 6.32 に示すように見出している。なお、Langhammer は、図 6.32 に同時に示すように、逃げ面摩耗は静的成分と関係があるとしている。

この事実は、ある学術研究のみを信用してインプロセスセンサーの実用化を進めることの危険さを示している。

6.3.3 インプロセス計測に関わる今後の課題

以上述べてきたことを勘案すると、インプロセスセンサーが普及しない、あるいは用いられなくなってきた背景は、経済性を考えた時の効果が大きくないことによるのではと推測される。例えば、工具摩耗をインプロセスで検出して適切に工具交換する場合と切削時間を積算して適宜工具を交換するのでは、どのくらい費用に違いがあるのかという問題に帰着すると思われる。すなわち、加工空間という悪環境にセンサーを設置して、その保全に腐心しつつ、時々刻々信号を検出する仕組みが本当に必要な加工は何かについての議論が不十分なまま学術研究や技術開発が行われて現在に至っていると考えられる。

従って、改めてインプロセス計測の意義と効用を論じるべきである。要するに、機械の最も頻繁な使用方法に於いて、必ず検出すべき一つの物理量に限定してインプロセス計測を適用す

るという簡素化した方法を再検討すべきであろう。その際には悪環境に強いセンサーを用いて、非常に簡単な信号処理に徹底した上で適用範囲を出来る限り広くする方法とすべきであろう。

　さて、以上のような実用性の議論とは別に、インプロセスセンサーを手軽に装備するとなれば、やはり広く市販されている切削・研削抵抗を検出する圧電トランスデューサが有力な候補である。なお、今後の研究課題を考える一助として最近に於ける切削・研削抵抗を測定する必要性は、既に表 3.2 に列挙してある。これらの新たな要求へ対応している間に、本来のインプロセス計測の意義ある用途が同定できるかも知れない。

　最後に附言すると、機械加工に於ける計測では人間の五感のうち「臭覚」は未だにセンサーに置換えられていない。しかし、熟練した運転要員は臭覚で機械の稼働状態を次のように判断しているので、臭覚センサーを開発するのも必要であろう。

(1) 油焼けの匂いで、「駆動系の回転状態」、「主軸の過負荷状態」、並びに「切削油剤の供給状態」。
(2) 煙の匂いで、「主軸の過負荷状態」及び「電源ケーブルの過電流状態」。
(3) 周辺空気の臭いで、「水溶性切削剤の劣化と腐敗」及び「加工空間の湿気」。

参考文献

[6-1] Klocke F, u. a. " Automatisierte Produktion – ohne Spanbruch undenkbar". ZwF 2010; 105-1/2: 21-25.
[6-2] Gough P J C. " Swarf and Machine Tools". 1970, Hutchinson of London.
[6-3] King N. "Ah, the smell of it". Manufacturing Engineer (IEE) Dec. 1991/Jan. 1992; 71-1: 7-9.
[6-4] "The bacteria hunter". Swiss Quality Production 2011: 52-53.
[6-5] "Neuer Bohrer". ZwF 1999; 94-9: 538.
[6-6] Graham W, Whiston M G. "Some Observations of Through-wheel Coolant Application in Grinding". Int. J. Mach. Tool Des. Res. 1978; 18: 9-18.
[6-7] The MTIRA. "Adaptive Control of Machine Tools". One-day conference, 29th April 1970.
[6-8] Spur G, Al-Badrawy S J, Stirnimann J. "Zerspankraftmessung bei der fünfachsigen Fräsbearbeitung". ZwF 1993; 88-9: 419-422.
[6-9] 鄭橃植、南宮垢、伊東誼. "切削抵抗の動的成分による切屑形態のインプロセス認識". 日本機械学会論文集（C）1989; 55-518: 2632-2636.
[6-10] Langhammer K. "Schnittkräfte als Kenngrößen zur Verschleißbestimmung an Hartmetall-Drehwerkzeugen und als Zerspanbarkeitskriterium von Stahl". Der Versuchs-und Forschungsingenieur 1973, Nr. 4 und 5.
[6-11] 頼光哲　他. "切削抵抗の動的成分による工具摩耗の検出". 精密機械　1984; 50-7: 1117-1122.

第7章 加工空間の構成要素 – その1
―本体構造要素―

既に**図1.2**に加工空間の一例を示したように、加工空間は「力の流れの始点に最も近い位置に配置されている本体構造要素」、「アタッチメント」、「工具」、並びに「工作物」からなっている。更に、切削・研削油剤の供給システム、工作物や工具の寸法・形状のインプロセス測定用センサー等も構成要素に含まれる。しかし、これら全ての詳細について触れることはページ数の関係で難しいので、ここでは最低限の学識及び現場の知恵として、まず加工空間に配置される本体構造要素について述べることにする。なお、以下では切削加工を主として述べているが、記述の多くの部分は研削加工にも適用できる。

ところで、「力の流れ」の始点に近い本体構造要素の細部を汎用TC及びMCについてみてみると、次のようになる。

(1) TCの場合:工作物側としては、「主軸の主軸端(Spindle nose)及びテーパ穴部」、並びに「心押軸のテーパ穴部及び外周面」、又、工具側としては「タレット刃物台の工具座及びテーパ穴」。なお、主軸後端部をテーパ穴、あるいは主軸後端外周部を基準(ショー)としてアタッチメント、例えばチャックの操作シリンダーを装着することもある。

(2) MCの場合:工作物側としては、「テーブル上面のT溝及びねじ穴」、又、工具側としては「主軸のテーパ穴部及び主軸端外周部」。

7.1 本体構造要素の基礎 – テーパ

冒頭に述べたように、TC及びMCに共通して重要であるのは、テーパ穴であり、互換性を確保するために規格化されている。そこで、**表7.1**には現在では使われていないものも含めて、テーパの種類をまとめてある。又、使用頻度の多い在来形の機種名も、参考迄に同時に示してあり、これからも各テーパの特徴を理解できるであろう。

表にみられるように、テーパはテーパ部の摩擦により定まる自己固着作用(Self-locking)が効果を示す角度を閾値として分類され、大きく(1)自己保持(Self-holding)方式と(2)接合力作動(Self-releasing)方式に分けられる。ここで、前者ではテーパ角は2~3度、すなわち摩擦

表 7.1 テーパの種類

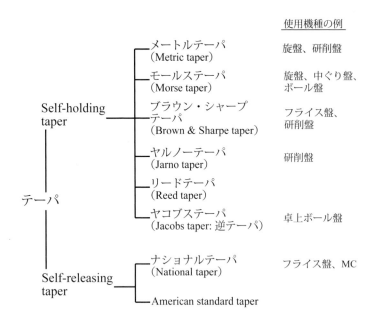

角以下であるが、摩擦力のみでの把持力が不十分なときには、工具類のタングをコッター穴に挿入する方式（Tongue drive）やキー駆動が使用される。その一方、後者ではテーパ角は 16 度以上であり、工具類の取付け、取外しは容易である。しかし、その反面テーパ角が摩擦角以上であるので、工具類を強固に固定する、いわゆる「Positive locking device」が必要となる。

2000 年代では、ナショナルテーパ（7/24 テーパ）及びメートルテーパが主流となりつつあるが、例えばテーパシャンクのねじれドリルでは、長い歴史的な経緯によってモールステーパが依然として数多く使われている[7-1]。ちなみに、メートルテーパとモールステーパの互換用スリーブも古く 1960 年代からアタッチメントとして工作機械メーカから供給、あるいは市販されている。又、同じ理由で卓上ボール盤の主軸端はヤコブステーパが使われていて、これはテーパ軸の形態である[7-2]。ここで、参考迄に幾つかのテーパの特徴を簡単に紹介しておこう。

(1) モールステーパ（Morse taper）：番手が異なると、多少テーパは異なるが、大略 1 foot 当たり 5/8 in。

(2) ブラウン・シャープテーパ（Brown & Sharpe taper）：すべての番手に対してテーパは、1 foot 当たり約 1/2 in（No.10 は除く）。

(3) ヤルノーテーパ（Jarno taper）：テーパの番手が判れば、テーパの諸元を算出できるのが特徴。テーパは、1 foot 当たり 0.600 in、テーパ大端部は、番手/8、テーパ小端部は、番手/10、並びに長さは、番手/2。

さて、表 7.1 に示したテーパは規格化されているものの、テーパ部のみで接触、いわゆる「一面接合」となっていることに起因する問題点を抱えている。すなわち、これら規格が制定

脚註 7-1：ナショナルテーパは、米国、National Machine Tool Builders' Association に由来した名称。
脚註 7-2：ISO では、8 種類のヤコブス（ジャコブス）テーパが規定されているが、卓上ボール盤で使われる主軸先端直径が約 20 mm では、テーパは約 1/19 である。

された時と比較すれば、現今では工作機械の性能が格段と高度化されているので、それらへの対応能力に限界がある。その結果、具体的に次のような問題が認められている。

(1) 工作機械結合部の一つであるが、本質的に接合剛性が弱い形態となっている。その結果、機械－アタッチメント－工具－工作物系の中で最も剛性の弱い箇所となっている。

(2) アタッチメントを固定するのに、Positive locking device、例えば「ドローボルト」を必要とするナショナルテーパでは、位置決め精度が本質的に低下しやすい。

(3) テーパ面の微動すべりによってフレッティング・コロージョンが起こり易く、日常保守・点検作業を怠るとテーパ面に赤錆や赤黒い錆が発生する。そこで、セラミックス製スリーブ貼付けのテーパ穴が使われたこともある。

ところで自己保持方式では、装着したアタッチメントに高い位置決め精度と強固な把持力を実現させるために、テーパの当りを全面的に良好にした場合には、過度な「固着現象」という更なる問題が生じる。この固着現象が生じると、装着したアタッチメントの取外しをできなくなることがある。そこで、口元と先端でテーパが異なる「二段テーパ」の採用やテーパの中間部に「逃げ」を設けることも行われている。

7.2 主軸端の構造形態

図7.1及び図7.2には、TC系及びMCの主軸端の構造を示してある。一般的に、TC系では主軸端のショートテーパ部にチャック、又、テーパ穴部にセンターが装着され、貫通穴部には例えばドローバーが組込まれる。ここで、ドローバーは主軸後端部に装着された自動開閉用シリンダーの作動力をチャックの爪に伝えるためのものである。

これらのうち、テーパ穴については既に触れたように、又、図からも果たすべき機能は理解できるであろう。又、心押軸にセンターを装着した状態は、主軸のテーパ穴にセンターを装着したものと同等と考えて良い。なお、図7.1の場合には、普通旋盤

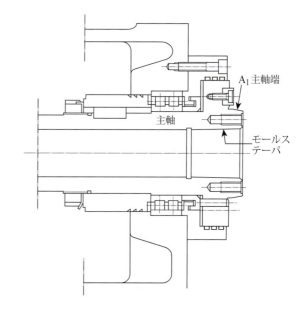

図7.1 NC旋盤の主軸にみる加工空間との接点
－主軸端構造とテーパ穴

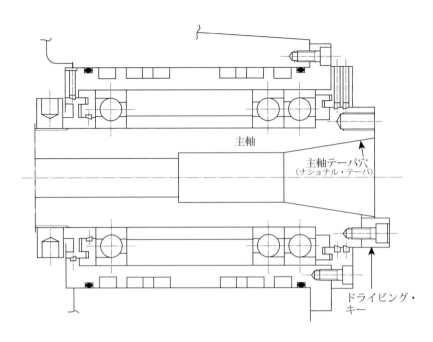

図 7.2　中小形 MC の主軸にみる加工空間との接点
－主軸端構造とテーパ穴

系で普遍化していたモールステーパとなっているが、TC 系ではチャックの高度化とともに、テーパ穴の使用頻度は減少してきている。そこで、テーパ穴ではなく、NC 旋盤の原型となった在来形自動タレット旋盤と同様に、円筒形状の穴（ストレート穴）としていることも多い。

ところで、ショートテーパの主軸端（テーパ：1/4［7°7′30″］）へのチャックの装着では、まず議論すべきは「互換性」の確保に関わる問題点である。すなわち、TC 系の主軸端は国内のメーカであれば JIS（日本工業規格：Japanese Industrial Standards）に規定の寸法となっているものの、例えば米国の規格（ASA; American Standards Association）との互換性は厳密には確保されていない。これは、1960 年代からの問題であり、メートル系とインチ系という単位の違いに起因していて、換算の結果として現今でも嵌合公差にわずかの違いがある。

次いで、主軸端への取付け時に生じる「チャック本体の変形」という問題に留意する必要がある。すなわち、**図 7.3** に示すように、三つ爪連動チャックを主軸小端側へボルト締めする際に締付け力を過大にすると、チャック本体が反り返り、爪の動きが滑らかでない、いわゆる現場用語で「しぶくなる」現象が生じる。これも、ショートテーパの主軸端の典型的な問題点として 1960 年代から知られていて、チャックのコンパクト・軽量化の際の一つの障害である。しかし、後述するような三つ爪連動チャックの構造にみられる大幅な革新、すなわち T 溝による爪の摺動の廃止とともに、この「爪の動きが渋くなる」現象は、改善されていると思われる。

なお、主軸端の規格は 1960 年代と 2000 年代では **表 7.2** に示すように変わってきている。す

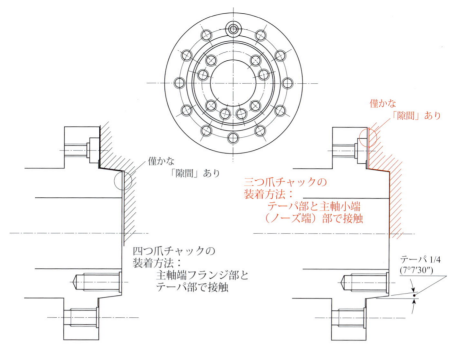

図7.3　A₁形主軸端へのチャックの装着方法
－四つ爪チャックと三つ爪チャックの違い、1960年代

なわち、1960年代迄は広く使われていたロングノーズは、1970年代にもなると目にする機会が極端に減少し、2000年代では規格から削除されている。このロングノーズは、剛性が低いという欠点

表7.2　旋盤系主軸端の規格の変遷

	1960年代	2000年代
ショートノーズ （Short nose）	A₁ A₂ B₁ B₂ D₁	A₁ A₂ A₃ MD
ロングノーズ （Long nose）	L	なし

はあるものの、チャック交換時に主軸端から突然チャックが脱落する事故防止用として採用されていた。従って、特に安全性を重視する職業訓練所向けの旋盤で使われることが多かった。このように、加工空間を論じる時には、アタッチメントの「互換性」の観点から規格の変遷にも留意すべきである。ここで、**図7.4** には参考迄にロングノーズを採用した普通旋盤の主軸系を示してある[7-3]。

脚註7-3：規格の変遷と同時に留意すべきは、**表7.1** に古いテーパを示した理由であり、それは工具、治具・取付け具などを一度整備すると、それらを全面的に新たな規格のものに置換えるには多大の費用を要することに起因している。ちなみに、米国が法律面でインチ制からメートル制に移行したのは1875年であるが、現在でも依然としてインチ制を使っている。それは、例えば米国全土で使われているボルト及びその締付け具をすべてメートル系に置換えるとしたら膨大な費用を要し、しかも日常の保守・点検や修理業務に支障をきたすことを考えれば理解できるであろう。

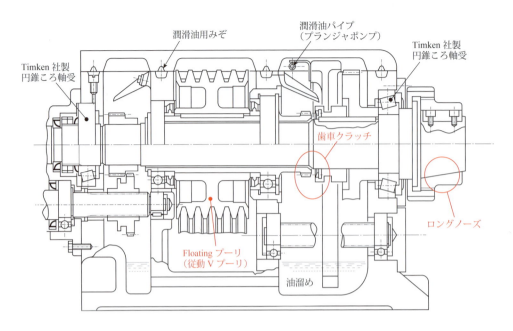

図 7.4　普通旋盤に採用されたロングノーズの例 – "RAMO" 旋盤、大阪機工製、1960 年代

　以上の TC 系に対して、ATC（自動工具交換装置；Automatic Tool Changer）の装備が常識化している今の MC では、加工空間との接点として問題になるのはテーパ穴である。但し、在来形工作機械の時代には、主軸端の外周部を基準としてねじ穴を用いてアダプター、又、ドライビング・キーとねじ穴を用いて大きな切削動力を必要とする正面フライスを装着することも行われていた。

　さて、MC の主軸テーパ穴はナショナルテーパが普遍化しているが、主軸の高速化とともに遠心力によって主軸端部が膨張して「口開き現象（Bell mouthing）」が生じるようになった。図 7.5（左）は「口開き」とそれによって工具シャンクが主軸の軸方向へ「めり込む」状況を示している。この「めり込み」は、工具の軸方向位置決め精度を低下させると同時に、テーパ穴からの工具の開放を難しくする。この「口開き現象」は、テーパ部のみの接触、いわゆる「一面接合」の全てのテーパで問題となるが、特にナショナルテーパで顕著に生じる。そこで、フランジ・マウント方式のような「二面接合」のテーパ穴が試みられ、現今では HSK（der Hohlschaftkegel の略；英文略称 Hollow shank）が普遍化している[7-4]。

脚註 7-4：フランジ・マウント方式は、1993 年に森精機製作所と黒田精工が開発したもので、普通旋盤の主軸端へ四つ爪チャックを装着するのと同じ形態の方式である。但し、ショートテーパは 20 度であり、これにより ATC を用いたときの繰返し位置決め精度は 3 μm よりも良好となっている。なお、鋸歯状形態の二段テーパを用いて「二面接合」を具現化する米国特許もある（No. 5,322,304, June 21, 1994）。

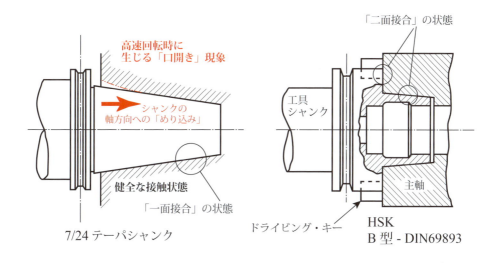

図 7.5　高速回転時のナショナルテーパの「口開き」現象とそれへの対処策である HSK

　HSK は、**図 7.5（右）** に DIN の B 型を示したように、「二面接合」を具現化することにより、高い結合剛性と同時にアタッチメントの高い位置決め精度を実現できる。要するに、高速度・重切削にも耐えられるテーパ結合となるので、幾つかの形式が規格化されているので、**図 7.6** には DIN の他の例を示してある。

　ここで、「二面接合」の基本である「二平面接合」の剛性が相対的に優れていることを「カービック・カップリング（Curvic coupling）」

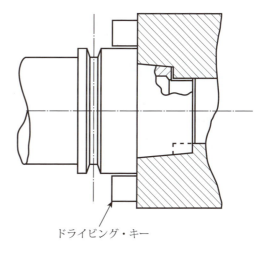

図 7.6　A 型 HSK-DIN 69893

を用いた結合部及びナショナルテーパ結合と比較して**図 7.7** に示しておこう。図には工具シャンクを模した片持ち梁の曲げ静剛性の比較を示してあり、周知のように、いずれの結合方式でも結合部を有さない一体形に比べれば剛性は低下するが、「二平面接合」は剛性の低下率が少ない [7-1]。

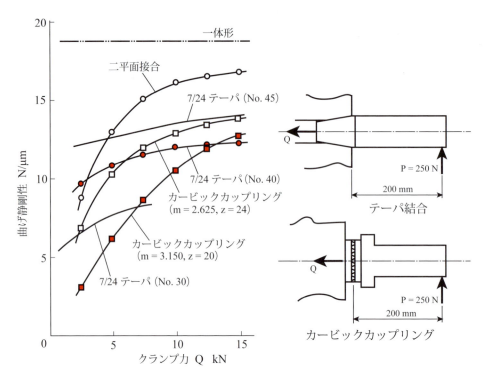

図 7.7　工具シャンクの結合方式による曲げ静剛性の違い

7.3　タレット刃物台

　現今の TC で普遍的に使われているのは、**図 7.8** に示すように、又、既に**図 1.2** に示したように、「多角形タレット刃物台」であり、又、工具レイアウトの柔軟性（Flexibility）を高めるために、工具座が 10、あるいは 12 と数多いものが主流である。又、タレット刃物台の数の増強とともに、双主軸形の採用も進んでいて、図には双主軸形 TC に於ける主軸とタレット刃物台の配置状態、並びに可能な運動軸を示してあるので、これからも TC の幅広い加工方法の柔軟性が理解できるであろう。

　ところで、タレット刃物台の工具座には、切削、あるいは研削工具を取付けた工具ブラケット（Tool bracket；工具ホルダー、工具ブロックとも呼ばれる）が装着される。要するに、工具ブラケットを介してタレット刃物台は加工空間に接することになる。なお、場合によっては工具シャンクが工具座へ直接的に装着されることもある。そこで、タレット刃物台と工具ブラケット間の結合剛性は高く、又、工具ブラケットは迅速交換が可能で、更に工具の繰返し位置決め精度も高くせねばならない。**図 7.9** (a) 及び (b) には、1960 年代後半の古い資料ではある

が、そのような三つの属性を満足させる機構の判り易い例を示してある。図にみられるように、集積方式双タレット刃物台、すなわちドラム形ではあるが、円周面8箇所及び前端面4箇所の工具座を有し、実質的には双タレット刃物台（図7.13参照）の工具座が「リセスガイド」（位置決め機能）、「T形こま」（固定機能）、並びに偏心クランプ機構からなっている。ここで、図(b)には迅速クランプ方

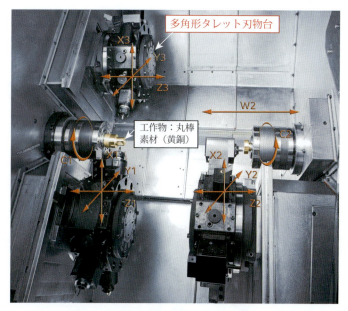

図7.8　双主軸形TCに装備されている多角形タレット刃物台
（SPRINT 50 linear 型、Gildemeister社の好意による、2009年）

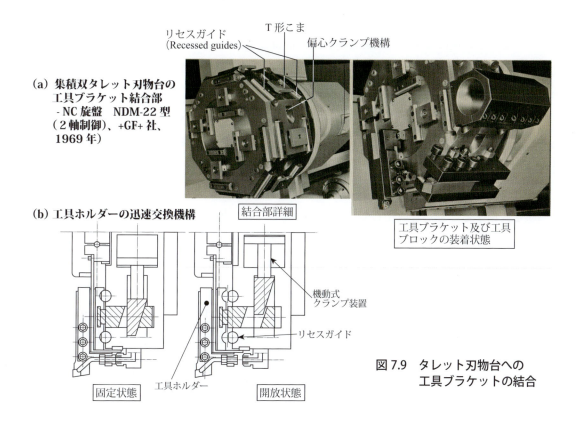

図7.9　タレット刃物台への工具ブラケットの結合

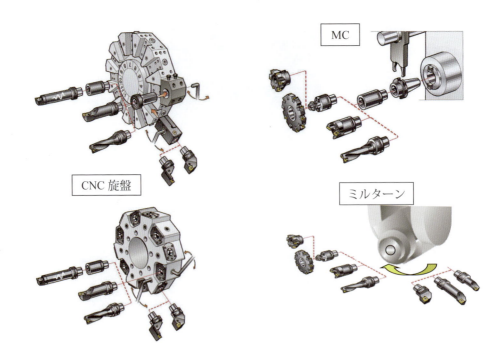

図7.10 代表的な機種に於ける工具レイアウトの例（SANDVIK の好意による、2007 年）

式の機構を理解する一助として、図(a)を自動化に適した機動形としたものを示してある [7-2]。

ところで、その後にはタレット刃物台の工具座は改良が進み、結合剛性に大きく影響する位置決め機能と固定機能の一体化が図られている。その結果、図7.10 に示すような印籠方式やテーパ穴、特に HSK 方式のテーパ結合が主流となっているが、場合によってはフランジ・マウント方式（図示せず）となっている。ここで、図7.10 は、SANDVIK 社がユーザの便宜のために提示している工具レイアウトであり、これをみれば加工対象によって必要な工具及び工具ホルダーの概要を把握できる[7-5]。

その一方、TC と MC が融合したミルターンとなると、図7.11 に示すように、万能フライス主軸頭を装備することが普遍化している。この場合には、加工空間の接点は、MC の主軸端と同じになる。なお、ミルターンでは、タレット刃物台を装備しないこともある。

さて、既に図3.1 には1970年代後半、又、図2.4 には1990年代前半のタレット刃物台を示してある。これらにみるように、一言でタレット刃物台と云っても色々な形態があり、図3.1 は「ドラム（円筒）形」、又、図2.4 は「円錐形」と呼ばれ、TC のタレット刃物台の多くが在

脚註 7-5：SANDVIK 社の工具レイアウトは、モジュラー方式となっていて、ポリゴン断面を用いた工具シャンクモジュールは、主軸、タレット刃物台、あるいは工具ブラケットへ「二面接合」方式で装着される。ちなみに、刃先の繰返し位置決め精度は、±2 μm より良好である。

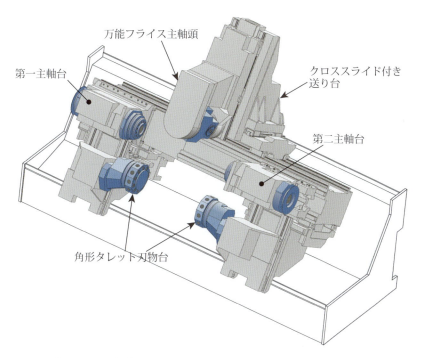

図 7.11　万能フライス主軸頭を備えたミルターン（Index 社の好意による、2009 年）

CNC 旋盤の平板形タレット刃物台
- PNE 型、VDF Boehringer 社、1979 年

ドラム形タレット旋盤の円板形タレット刃物台
- PIREXA 型、Pittler 社、1960 年代

図 7.12　フラット形タレット刃物台の例

来形自動タレット旋盤のタレット技術を源流としていることを示している。そこで、参考迄に図 7.12 には「フラット形」、又、図 7.13 には加工方法に適したタレットを組合せた「双タレット形」と呼ばれる別の形態を示してある。ここで留意すべきは、同じ「フラット形」でも、図 7.12 の左側に示したものは、Scheu 形タレット旋盤、その一方、右側に示したものは「ドラム

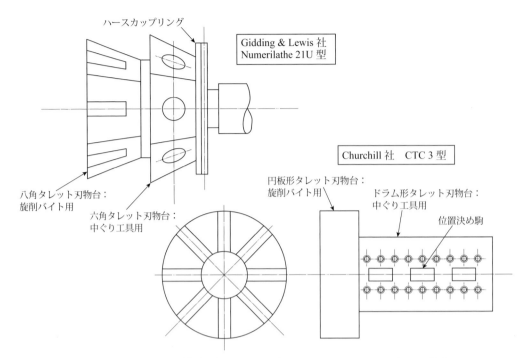

図7.13　双タレット刃物台構造（Twin Turret）- IMTS Chicago, 1982年にて著者スケッチ

形（別名 Pittler 形）」の技術の流れを汲んでいると思われる点である[7-6]。なお、高い剛性を有するタレット刃物台は、形状が大きく、重くなり易いので、これを避ける目的で使われているのが「フラット形」である。

　要するに、タレット刃物台には、「多角形」方式、「ドラム形（円筒形及び厚板円形）」、「円錐形」、並びに「フラット形」等があり、それらのうち現今では「多角形タレット刃物台」が主流になっていると云える。当然のことながら、同じTCでも用途によっては多角形タレットではなく、それに適したタレット刃物台の展開形を採用している。その典型例は、直径15mm程度の棒材から小さな部品の加工を行うTraub社のCNC双主軸自動盤（主軸最高回転数12,000 rev/min）である。**図7.14**に示すように、この機械では二つの六角タレット刃物台に、更にタレット刃物台の展開形である工具カセット台（直線配列された4工具座の工具カセットを装着）を加工空間の手前側及び向側に設けられるようになっている。

脚註7-6：装着される工具ブラケットを含めて、タレット刃物台については、自動タレット旋盤の技術が参考になる。又、「円錐形」は、主軸軸線に対して傾斜した旋回座を有し、タレットの割出しにより工具を加工位置に設定すると、自動的に工具が工作物に垂直上方（直角方向）、あるいは水平方向（軸方向）から接近できるという特徴がある。Traub社のタレット刃物台では、ひとつの同心円上に12の工具座を有する形態となっている。なお、ドイツでは「Kronenrevolver」と呼んでいる（脚註9-6参照）。

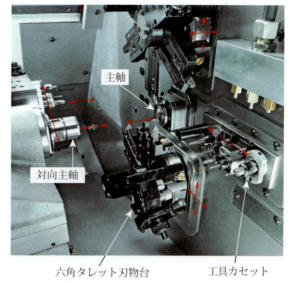

加工物の例

六角タレット刃物台　　工具カセット

主軸
対向主軸

図 7.14　CNC 双主軸自動盤の加工空間 – TNL 型、Traub 社（Index 社の好意による）

7.4　回転テーブル

　MC の場合、工作物側からみて加工空間との接点に位置するのはテーブルであり、より詳しくは工作物を取付ける便宜のためにテーブルに設けられた「T 溝」である。周知のように、「T 溝」は互換性を確保するために規格が定められている。なお、在来形工作機械の時代には、工作物の取付けの便宜上、「ボルト穴」や「ねじ穴」を設けたテーブルも多用された。

　ところで、MC はフライス盤、横中ぐりフライス盤、プラノミラー等を統合した機種であるので、これら在来形の機種におけるテーブル技術の影響が残っている。すなわち、一言でテーブルと云っても、(1)長尺テーブル、(2)角形回転テーブル、(3)円形回転テーブル、並びに (4)長尺テーブルの中央部への円形回転テーブル組込み形がある。更に、5 軸制御 MC の普遍化とともに、(5)トラニオン方式テーブル（Trunnion table）も採用されることが多くなっている。

　一般的に、回転テーブルが本体構造要素として取扱われる場合には、大形状・大重量の工作物の「割出し及び低速回転用」として用いられる場合である。その一方、アタッチメントとして取扱われる「円テーブル」は、長尺テーブルの上に搭載されて、中・小形状及び軽重量の工作物の「割出し及び低速回転用」として用いられている（図 2.10 参照）。しかし、MC の高度化とともに円テーブルと円形回転テーブルの境界が不鮮明となり、更にミルターンの出現によって回転テーブルに立旋盤のテーブル並みの高速・重切削性を具備させることも要求されて

図 7.15　角形回転テーブル方式の MC
（ELGAMILL HE 型、Butler Newall 社、1985 年）

いる。要するに、MC の高度化に対応して、回転テーブルの機能・性能に変革が生じているので、それを考慮した加工空間の理解が望まれる。

そこで、以下には幾つかの代表的なテーブル構造を紹介しておこう。

図 7.15 には、角形回転テーブルを装備した MC、並びに図 7.16 には、長尺テーブルに円形回転テーブル（直径 1,500 mm）を搭載、又、長尺テーブルに円形回転テーブルを組込んだ例を示してある。いずれも「角度割出し及び低速回転用」であるのに対して、図 7.17 には、5 軸制御 MC に装備されたトラニオン

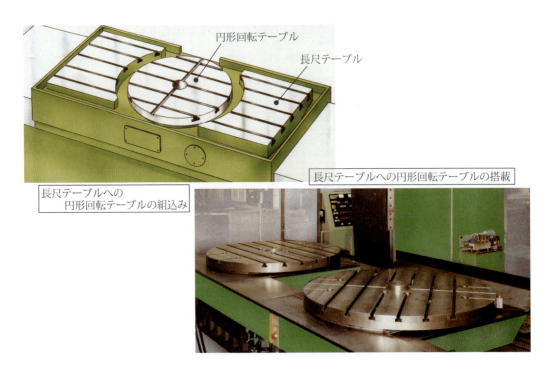

図 7.16　長尺テーブル方式の MC の展開形（ELGAMILL HE 型、Butler Newall 社、1985 年）

回転テーブル支持用クロス円筒ころ軸受
（THKの好意による、2013年）

トラニオン方式回転テーブル
（B300型、Hermle社の好意による、2008年）

図7.17　5軸制御MCのトラニオン方式回転テーブル及びテーブル支持用クロス円筒ころ軸受

方式テーブルを示してある。このテーブルの場合には、図に同時に示してあるように、回転テーブルの支持はクロス円錐ころ軸受（SKF社製）、あるいはクロス円筒ころ軸受（THK製）を使用している。これは、トラニオンを厚くできないために、回転軸の長さが極端に短いという設計上の制約を解決するためである。ちなみに、クロスころ軸受けは、1960年代にTimken社が「十字形円錐ころ軸受」なる名称で商品化したもので、立旋

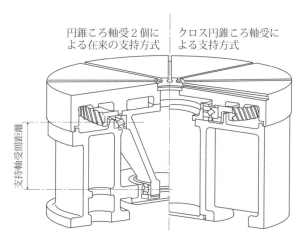

図7.18　クロス円錐ころ軸受を用いた立旋盤のテーブル回転支持方法（Timken社、1965年）

盤のテーブル構造のコンパクト化を図る設計で用いられている。すなわち、円錐ころ軸受は、一般的に二個一組で、ある軸受距離のもとでテーブル回転主軸を支えるのに用いられるが、クロス円錐ころ軸受は、**図7.18**に示すように、この軸受距離を零にできる。

　ここで、トラニオン方式円形回転テーブルを高速・重切削用とするための技術課題を考えてみると、次のようになる。

(1)　クロス円筒ころ軸受によるテーブルの支持機構の性能評価と適用範囲の解明。

(2)　現状では、切削トルクの不足が想定される電動機直結駆動方式の改良策。

(3)　高速大トルク駆動に適する歯車伝動方式に於ける好適な背隙除去機構及び狭い空間への

歯車列の組込み方法の提案。

このような技術課題に対しては、一般的には、ダブルピニオン方式を用いるので、図7.19には、参考迄に大形工作機械に採用された例を示してある。ちなみに、図7.16に示した「組込み形円形回転テーブル」の場合には、テーブル駆動電動機からウォーム・ギヤリングを介して、テーブル下面に固定された「歯輪」を「斜歯ダブルピニオン」方式で駆動している。

図7.19　大形工作機械にみるダブルピニオン方式テーブル駆動機構

参考文献

［7-1］ Hazem S et al. "A New Modular Tooling System of Curvic Coupling Type". In: Davis B J (ed) Proc. of 26th MTDR Conf., MacMillan, 1986: 261-267.

［7-2］ Corbach K, Feisel A, Gramespacher H. "Entwicklungsbeispiele im Drehmaschinenbau". Werkstatt und Betrieb 1976; 109-10: 563-567.

第8章 加工空間の構成要素 – その2
―アタッチメント―

　一言でアタッチメントと呼ばれるものは、主として「工作物の治具・取付け具」であり、一部に工具ブラケットやミーリング・チャックのような「工具の治具・取付け具」を含んでいる。ところで、機種を限定しても加工対象の工作物は千差万別と云って良い程多様性に富んでいるので、取付け具・治具も当然のことながら多種多様になる。又、取付け具・治具を生産しているメーカも数多く、他社と差別化するために自社の商品に工夫を凝らしている。ここに、本来は早急に進めるべきであるものの、取付け具・治具の体系化が現今に至るも構築されていない原因がある。

　しかも、わざわざ「取付け具」と「治具」とに分けているように、加工精度によって工作物の取付け方法は大きく異なってくる上に、取付け具と工作物の相対剛性によって、取付けられた工作物は複雑な変形挙動を示す[8-1]。従って、学術研究の一つとして大いに興味ある対象ではあるものの、問題が複雑で取扱い難いために研究は活発ではない。ちなみに、工具ブラケットを含めて切削・研削工具でも状況は似ている。しかし、取付け具・治具に比較すれば多種多様性は少なく、工作機械メーカが自社製の機械に適する工具レイアウトをカタログに、又、工具メーカが製品展開を系統的に表示できる（**図7.10** 参照）。更に、場合によっては工作機械メーカがユーザの加工要求の相談に対して適切な工具レイアウトを提示することもある。なお、ここでは切削加工を主体に述べているが、MCを用いて研削加工を行うこともあるので、理解を深めるために本章の最後には特に研削砥石車の主軸への装着について触れている。

　さて、取付け具・治具となると、工作物を丸物部品（軸対称回転形状部品）と角物部品（箱形形状部品）に大別して考えることが多い。前者は、主としてTC、又、後者はMCにおける利用が対象となり、角物部品用の取付け具・治具の方が丸物部品用より一般的に複雑である。すなわち、立旋盤のテーブル上への取付け、又、最近では使われることは少ないが、旋盤系に

脚註8-1：一般的に、取付け具は「普通加工精度の工作物を機械に位置決めするとともに、固定するもの」であり、治具は、「高い加工精度を要求される工作物を対象とする取付け具」である。又、治具には、ドリルのガイドブッシュのような、工具の補助案内機能を有するアタッチメントも含まれるが、これも高い加工精度を実現するためである。

第8章　アタッチメント

於ける面板への工作物の取付けが角物部品と似ていることを除けば、丸物部品は多くの場合にチャックとマンドレルで対応できるからである。

8.1　丸物部品用取付け具・治具の実例と概要

図 8.1 は、「割り溝付きの球状部品」の背面を角フライスで総型加工している情景である。丸棒材を素材として順次供給するのでコレットチャックを使用するとともに、部品の逆端を「穴やとい」で支えている[8-2]。次に、**図 8.2** にはポンプ本体及び弁本体という異形材を専用チャックで把握した例を示してある。両者ともチャック中心部に位置決め治具を設けて、場合によっては補助爪も用いて、旋回方式の爪で工作物を把握できるように、本来の爪チャックに適切な改造を施していることが判るであろう。このように、特定な工作物を多量に加工する場合には、補助の取付け用部品やユニットを使ってチャックを専用化することが行われている[8-3]。又、このような具体的な実施例を集成の上、カタログとして提供しているメーカも存在する。

以上の数例及び既に1章にも示したように、丸物部品では次のような取付け具・治具が使われている。

(1) 最も普遍的な「爪チャック」及び「コレットチャック」。これには、工作物に合わせて爪の成形ができる「生爪付きチャック」も含まれる。又、小径のコレットチャックは、エンドミルやドリル等の工具の把握にも使われ、この場合には「ミーリング・チャック」と呼ばれることが多い。

(2) 使用頻度は多くはないが、「爪付きドライバー」。

(3) 異形材へ簡単に対応できる「T溝付き四つ爪チャック」及び面板。これらは、クランプ板や（豆）ジャッキ等と組合せて使われる。

(4) バッチ寸法の大きな異形材については、専用チャック。この専用チャックの仲間には、1960～1970年代に自動車部品を加工対象として花形であった自動倣い旋盤用に開発された「ワークドライバー（別名 GF ドライバー）」もある。なお、後述するように、ワークドライバーは爪付きドライバーと併用されることが多い。

脚註 8-2：「やとい」は、現場用語であり、「助けによって仕事をする」が語源とされている。又、マンドレルは、「マンドリン」とも云われていて「心棒」を意味している。なお、著者が勤務していた池貝鉄工では、「穴やとい」を「心金（しんがね）」、外周基準の「やとい」を「外径心金」と呼んでいた。
"4.1 現場用語の解説"．日本工作機械工業会（編）．工作機械の設計学（基礎編）－マザーマシンを知るために．平成10年，195～201を参照。

脚註 8-3：メーカは、「特殊チャック」と称しているが、使用目的は「特定部品の取付け」であるので、呼称としては「専用チャック」の方が良いであろう。

(5) 高い加工精度を要求される工作物で多く使われるのはマンドレル。マンドレルには、仕上げられた穴、あるいは外周を基準とするものがあり、前者は「穴やとい」とも呼ばれる。なお、「穴やとい」は、割りブッシュ、薄肉弾性ブッシュ（膨張式）、あるいは「きつい嵌合いを使用するブッシュ」に細分される。

(6) 長尺の工作物では、両端を支持するための「センター」。これは、大きく「回転センター」と「デッドセンター（死心）」

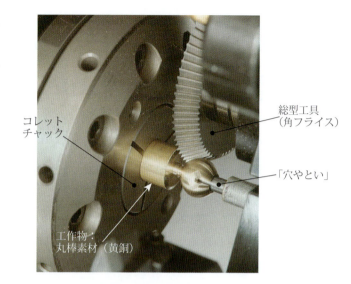

図 8.1 割り溝付き球状部品の加工に於ける「穴やとい」の使用
（TNC 型、1993 年、Traub 社の好意による）

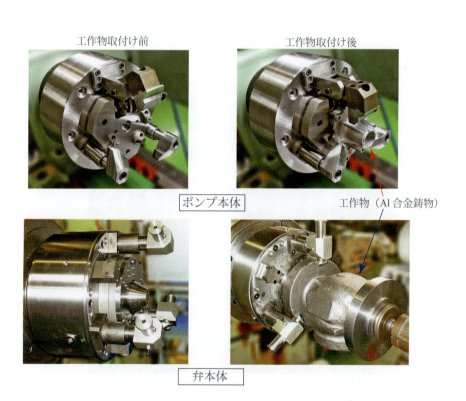

図 8.2 専用チャックによる異形材の把握の例 –2011 年
（豊和工業の好意による）

に分けられ、デッドセンターには、「ハーフセンター」が含まれる（**図3.1**参照）。又、パイプ材のような中空素材を穴側で支えるための「傘センタ」、更に円筒素材の外径部を支える「逆傘センター」もある。

(7) 現今では、殆ど使われない「けれ付き回し板」。

ところで、丸物部品で多用されるチャックやマンドレルの一部は、それ自身がユニットの形態のアタッチメントである。従って、具現化すべき機能や性能が構造構成に大きく影響されることになるので、これらアタッチメントの構造を理解しておく方がユーザとしては望ましい。そこで、チャック、マンドレル、並びに円テーブルについては後で触れている。ちなみに、円テーブルはMCで角物部品の取付けに用いられることが多いが、ミルターンの普及に伴って丸物部品にも使われるようになっている（7.4回転テーブル参照）。又、これらの中では、チャックの体系化が比較的に進んでいて、今後の技術課題も指摘されている。

8.2 角物部品用取付け具・治具の実例と概要

まず、ボス付きの板状部品にねじれドリルで穴あけを行っている情景を示した**図6.12**、あるいは割出し円テーブルを垂直に設置して治具中ぐり加工を行っている**図2.10（左）**をみる

図8.3 ギャングカッタによる重切削時に用いられている取付け具と治具（Heller社による、1960年代）

と、アングル・プレートやクランプ板などの使い方が判るであろう。なお、後者の場合には、通常は機械のテーブル上に水平に設置する円テーブルが垂直な状態で使われ、又、切削抵抗が小さいので工作物のクランプ方法が簡素化されている。そこで、更に理解を深めるために、**図8.3**には横フライス盤でギャング・カッタを用いて重切削を行っているときの工作物の位置決め治具及び取付け具を示してある。

　以上の数例から判るように、角物部品に対してはベースプレートを基盤として、それに(1)イケールや角定盤、(2)バイス、(3)クランプ、(4)チャック等を適宜組み合せてテーブル上に工作物を取付けることが多い。又、場合によっては「円テーブル」、「ドリル加工の穴あけ治具」、「豆ジャッキ」、「爪ユニット」等も使われる[8-4]。そこで、モジュラー構成取付け具として体系化しているメーカもあり、例えばNabeya（ナベヤ）は、横形ベースエレメント（1、2、並

加工中の情景

図 8.4　MC の工具マガジンへ収納可能な小物部品用特殊取付け具
（ROBOMATIC, SIGMA 社、1987 年）

脚註 8-4：角物部品の取付け具は、イケール、クランプ板、豆ジャッキなど多くの要素部品の組合せであり、工作機械の結合部問題の一つである。古くは、Shawki と Abdel-Aal の研究が報告されているが、その後にはみるべき学術研究はなされていない。しかし、取付け具の接合部が工作物の取付け精度や剛性に及ぼす影響には優位差があるので、工作物が特定された際の優位差、すなわち「接合部の影響の量的な違い」を考慮した取付け具の剛性推定方法は、一つの興味ある研究課題であろう。ちなみに、例えば Raman らにより幾何形状処理という観点から取付け具の研究が最近行われているが、そこには結合部という視点が欠如している。
Shawki G S A, Abdel-Aal M M. "Effect of Fixture Rigidity and Wear on Dimensional Accuracy". Int. J. Mach. Des. Res. 1965; 5: 183-202.、及び "Rigidity Considerations in Fixture Design – Contact Rigidity at Locating Elements". Int. J. Mach. Des. Res. 1965; 6: 31-43.
Raman S., et al. "Fixture Design Criteria, Phase III". August 2005 (NSF Grant No. 0214457).

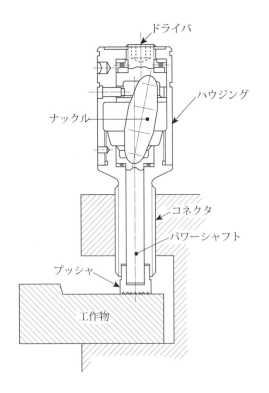

図 8.5　クランプシステム
－黒田精工による、1980年代

びに4面イケール、更にパレットで構成）－ 補助ベース － ロケーティング要素 － クランプユニット － クランピングパーツ（クランプバー、ジャッキ、ボルト、ナットなどで構成）からなるモジュラー構成取付け具を製品展開している。

要するに、アタッチメントの形でユニット化されているものは、「チャック」と「円テーブル」の二つと考えられるが、加工要求によっては、図 8.4 に示すような取付け具も使われている。これは工具シャンクを「小物部品」の取付け具へ転用したもので、MC の ATC に収納できる。又、工作物の取付け作業の便宜のために、図 8.5 に示すようなクランプ装置も商品化されていることにも留意すべきである。これは、黒田精工が西ドイツ、Optima Spanntechnik 社との技術提携で国産化したものであり、この仕組みを円周上3箇所に組込んだ「T溝用クランプ」も同時に市販されている。図にみられるように、ドライバーを180度回転させると、ドライバー下面の「面カム」が作動してナックルが垂直に立ち、パワーシャフトを介してクランプ力が生じる。

8.3　チャック及びその研究・技術開発課題

チャックは、「爪の形状と数」、「爪の開閉機構」、「爪の案内構造」、並びに「爪の作動力の種類」（マニュアル方式、空圧、油圧、並びに電動）により分類されることが多い。そして、チャック技術の高度化とともに、これら分類を規制する因子に対してメーカにより色々な新しい考案がなされてきている。例えば、「二つ爪及び四つ爪スクロール・チャック」、「コレットチャックを展開した穴やとい」、並びに爪の開閉機構や工作物の把握方法に工夫を凝らした「ボールロック・チャックやピンアーバー・チャック」への製品展開が行われている。更に、帝国チャックの「爪退避形 + 爪付ドライバー」のように、古い技術の近代化・再生利用による機能集積形もある。その結果、多種多様なチャックが実用に供されているので、自動交換装

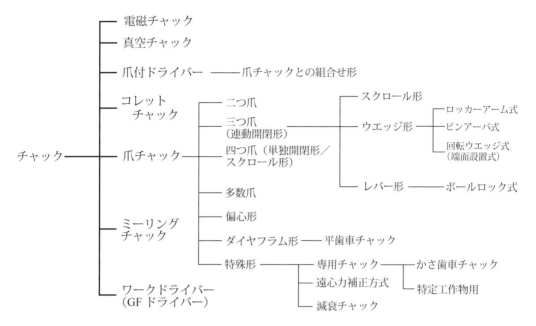

図 8.6　チャックの分類（1960～2000 年代）

置を別にして、1960 年代以降の資料を基にチャックの分類を試みてみると、**図 8.6** に示すようになる [8-5, 8-6]。

　現今では、NC 旋盤や TC が広く普及しているので、自動化向きのチャック、すなわち多くの爪が同時に求心的に把握動作を行なう自己求心方式（自己センタリング方式）、別名「連動形爪チャック」が広く普及している。その代表格は、「三つ爪連動チャック」であり、これは、三つの爪の連動開閉動作によって工作物を把握し、又、開放することを特徴としている。そこで、**図 8.7** には 1970 年代のウエッジバー（ウエッジ・プランジャー方式の一つの変形）を用いて爪の開閉を行なうチャックの概略構造を示してある。図にみられるように、チャックスクリューを回転させると、歯車が回転して、それと噛合うウエッジバーが直線運動を行う。その際にウエッジバーのマスター爪背面と噛合うラックが傾斜しているので、爪の半径方向開閉運動へ変換される。ちなみに、この他には「スクロール板」及び後述するように「リンク機

脚註 8-5：例えば、三つ爪連動チャックは、爪の開閉機構により「スクロール形」、「ウエッジ形」、並びに「レバー形」に大別されているが、各メーカが色々な工夫を行なっているので、更に図中のように細分される。但し、各メーカが自称している名称を採用している。

脚註 8-6：**図 8.6** 中には、「回転ウエッジ式三つ爪連動チャック」なる珍しいものも含まれている。これは、Buck Logansport 社が 1995 年に商品化したもので、円板の端面にウエッジを設けている。
　　　　　Owen J V. "Strategic Chucking". Manufacturing Engineering June 1995; 114-6: 35-38.

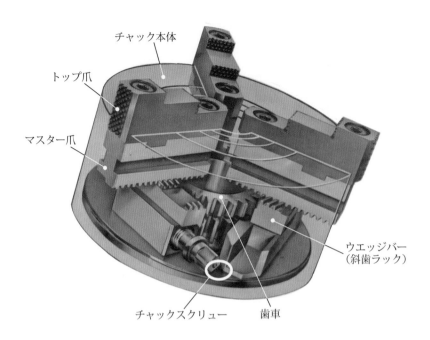

図 8.7　三つ爪連動チャックの概略構造（ウエッジバー形）

構」を用いる方式があり、ここ半世紀にわたって、これら基本構造は変っていない。但し、コンパクト・軽量化や工業デザイン面、更には新たなる爪の開閉機構の開発等の面で大きな進歩をみることができる。

　ところで、数多くのチャックが利用できる環境ではあるが、ユーザの関心事は購入するチャックが目的の加工に適しているか否か、すなわち「操作の容易さ」を始めとして、所望の(1)高速回転性能（限界回転数）、(2)把握剛性、(3)把握精度、並びに(4)繰返し把握精度が得られるか否かである。そこで、そのようなユーザの観点から眺めてみると、まず興味があるのは硬爪（焼入れ爪）と生爪、並びに同一チャックで工作物の外径と内径の把握方法の切換えであろう。

　周知のように、古く1960年代には、一体形の爪が主流であったので、「硬爪」と「生爪」、又、「外爪と内爪」の切換えには爪自体をチャック本体から一度取外して、改めて対応する爪を挿入する必要があり、時間と労力を要する作業であった。その後、マスター爪（マスター・ジョウ）とトップ爪（トップ・ジョウ、上爪）とからなる分割形が普及し、用途に応じてトップ爪を交換するのみで対応できるようになり、所要の作業が格段と簡素化されている。ちなみに、**図8.8**には三つ爪チャックに於いて「硬爪と生爪」の交換がトップ爪の交換のみで行えることを示してある（2010年代初め）。同じように、「外爪と内爪」の交換もトップ爪の取付け換えのみで行え、いずれの場合もトップ爪はマスター爪にボルト締めされている。

　この爪の交換については、引き続き地道な改良が行われていて、例えば2000年頃にMicro-

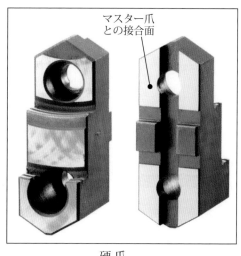

硬爪　　　　　　　　　　　生爪

図 8.8　硬爪と生爪の比較（北川鉄工所の好意による、2014 年）

Centric 社は、図 8.9 に示すような円錐台を用いたトップ爪の高精度交換方式を提案している。

　ここで、図 8.10 には帝国チャックの「ボールロック・チャック」の例を示してある。爪作動機構となる球面座を有する「爪ユニット」を固定している 4 本のボルトを弛めて取外し、「爪ユニット」を 180 度旋回して、再度ボルト締めを行えば外爪と内爪の変換が簡単に行える。又、球面座の後方に同じく球面座に収納された偏心球、その中央部に設けられた円筒部があり、これにより工作物を位置決めストッパーに付き当てるように、爪の引き込み動作を行える。これは、爪チャックの本質的な問題とされている、工作物を把握する際の「爪の口開き」及び「工作物の浮上がり」に巧みに対処した構造と云える。このチャックの爪開閉機構は、「リンク方式」の展開形と考えられ、図 8.11 に示す古い時代の機構と比較すると、機能及び性能面で大幅な改良がなされて

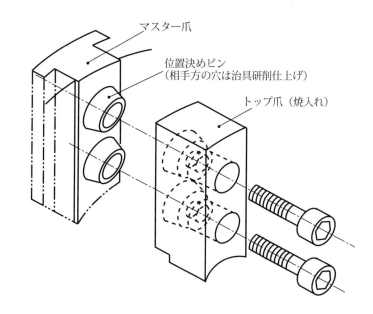

図 8.9　トップ爪の高精度交換方式（MicroCentric 社、2000 年頃）

第8章 アタッチメント

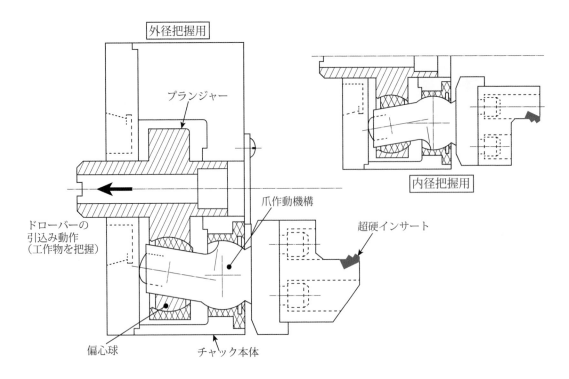

図8.10　外爪と内爪の迅速交換方式
－ボールロックチャック、帝国チャックによる、2011年

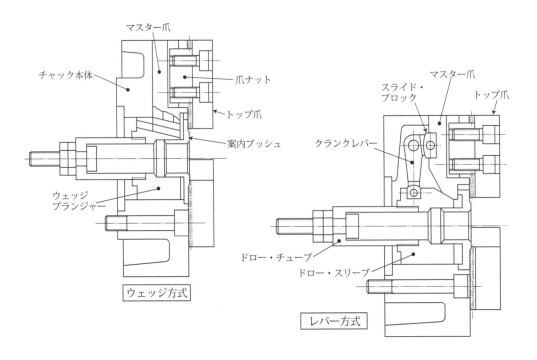

図8.11　三つ爪連動チャックの爪開閉機構の例－1970年代

いることが判る。似たようなな改良はウェッジ方式でもみられ、その一例は図8.12に示すようになり、興味ある点は次の通りである。

(1) ロッカーアームによって、爪に揺動運動（首振り運動）を与え、工作物をロケータに引き当てるように把握できる。

(2) ロッカーアームを内蔵しているロッカーブロックは、高速回転時に爪に作用する遠心力によって生じる把握力の低下の補正機能を同時に備えている。

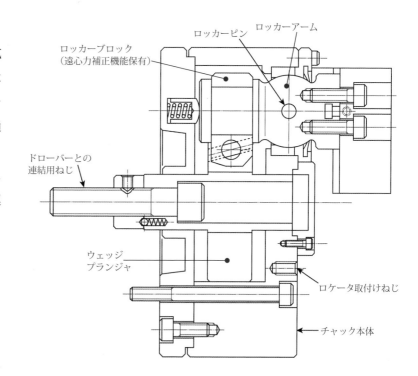

図 8.12 揺動方式三つ爪連動チャック - ウェッジ方式
（HO25M 型、豊和工業、1980 年代）

以上のような爪開閉機構の簡素化による「摺動部分の大幅な削減」の他には、「T溝のような応力集中の生じやすい形状の廃止」も行われている。すなわち、前述の「爪の動きが渋くなる」と端的に表現されている現象の改良である。要するに、古くはチャック本体の爪やウェッジ・プランジャ内のマスター爪の摺動部には、T溝やT溝状の案内形状が使われることが多かった。しかし、その形状と寸法から判るように、T溝は変形しやすいので、爪が円滑に動かなくなる現象が生じやすい。そこで、様々な改良案が提案されてきて、例えば図8.13では、ウェッジフック部に傾斜角Aを設けて、フックあご部の剛性を高めるとともに、先鋭な角部を除去して応力集中を低減している。これにより、ウェッジ・プランジャーの許容作動力を30％高めることができたと報告されている。ちなみに、このウェッジフックは特許となっている [8-1]。

それでは、ここで他のチャックについて眺めてみよう。まず留意すべきは、古くから難しいと云われている歯車用のチャックに進歩があまり認められないことである。しかし、自動車産業では環境問題への適切な対応を図るべく、燃費向上が問題となっていて、それとの関連でパワートレインを歯面摩擦が少ない高精度の歯車で構成する必要がある。そこで、高精度歯車の

多量生産に適する機能・性能の歯車チャックの具現化が強く要望されているが、依然として古くからのダイヤフラム・チャックが主流である。これは、歯車チャックの場合、歯車のピッチ円の位置をピンやローラで支持せねばならないこと、並びに歯車には偏心やピッチ誤差が存在することなどが大きな障害となっているためであろう。ちなみに、4章で触れているように、歯車チャックは「びびり振動」の抑制の面でも重要な技術開発課題となっている。ここで、参考迄に図8.14には、ダイヤフラム・チャックと類似の爪開閉機構である「ばね爪方式」の歯車チャックを示してある。このチャックは、1980年代のものであるが、現在の歯車チャックと比較しても基本的に大きな違いはみられない。

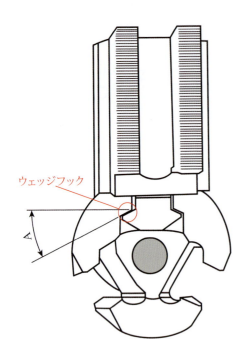

図8.13　ウェッジ・プランジャ内のマスター爪案内部の改良（Muellerによる、1977年）

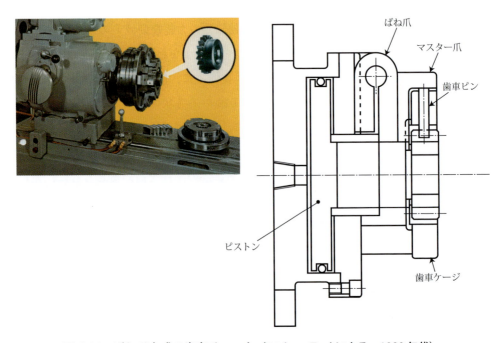

図8.14　ばね爪方式の歯車チャック（Erickson Toolによる、1980年代）

それでは、ここで図 8.6 に示した他のチャックについて更に紹介しよう。

四つ爪単動チャック

図 8.15 は、1960 年代に用いられていた正面旋盤とそれに装着された四つ爪単動チャックである。正面旋盤は、現今では消え去っている機種であるが、四つ爪チャックは同じ形態・構造で現今でも用いられている。図にみられるように、爪の移動する T 溝の他に、工作物を把握する際に追加の爪や豆ジャッキなどを使えるように、面板と同様に補助の T 溝や長穴（スロット）が設けられている。爪は各々単独で移動可能であるので、「複雑形状」、しかも大きな寸法で重い工作物の把握に適している。但し、構造上基本的に自動化には適しておらず、熟練運転要員による使用が前提となっている。なお、四つ爪チャックでも三つ爪連動チャックと同様に分割形の爪として、外径、あるいは内径把握の切換えも可能であるが、一般的には一体形の爪を使用している。

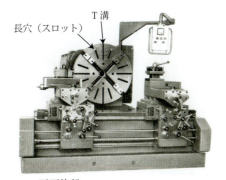
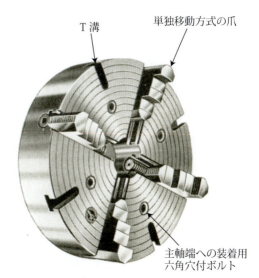

図 8.15 四つ爪単動チャックと正面旋盤への装着状態（Stau による）

コレットチャック

コレットチャックは、古くは自動盤の標準装備であり、把握できる工作物径の範囲が狭いという制約があるものの、爪チャックに比べると把握精度が高く、把握動作が簡便という利点がある。この技術の流れは現在でも活きていて、コレットチャックは棒材や小径の工作物を精度良く把握するのに、TC で広く用いられている。又、コレットの交換のみで、色々な断面形状

第8章　アタッチメント

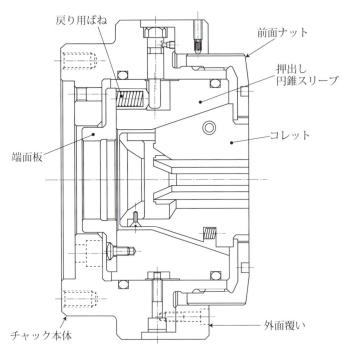

図 8.16　大径用コレットチャックの例
－Burnerd 社、1960 年代

の工作物を把握できるという利点も有する。そこで、「マンドレル」のところで触れているように、コレットチャックの利点を活かしたミーリング・チャックが MC の標準装備として普及し、エンドミル、二枚刃エンドミル、ドリルなどの把握に用いられている。

　その一方、大径の工作物へのコレットチャックの利用は、小径コレットチャックのようには普及していない。そのような状況下で Burnerd 社は 1960 年代に図 8.16 に示すような大径棒材（円形、角、並びに六角形断面）を把握できるコレットチャックを開発している。

　周知のように、コレットチャックの核は、ばね作用を確保するための「多数のすり割り溝を有するコレット」であり、これの設計・製造技術はノウハウの固まりと考えて良いであろう。又、図の場合には、コレットは「押出し操作」で工作物を把握するが、逆に「引込み操作」で工作物を把握する方式もある。又、いずれの方式でも把握精度や把握力に違いはなく、どちらにするかは設計者の考え方によっている。

ワークドライバーと爪付きドライバー

　普通旋盤が花形であったときには、チャックの他に「けれ付き回し板」（ワークドライバーの一種）及び「面板」が標準装備であったが、現在では用いられることは稀である。しかし、図 3.1 に示した NC 旋盤の加工空間にみられるチャックは、ワークドライバーの一つの展開形であり、異形断面となっている鍛造材を把握し易いように工夫されている。従って、用途によっては有用なこともあり得るので、ワークドライバーを理解する一助として、図 8.17 には典型的な例として「GF ワークドライバー」を示してある。図にみられるように、「アウター・キャップ」を回転させて、三つの揺動爪を開き、それらのばね作用で工作物を把握するので、多少の異形断面でも対応できる。その一方、両センター支持すると同時に、工作物の長さのば

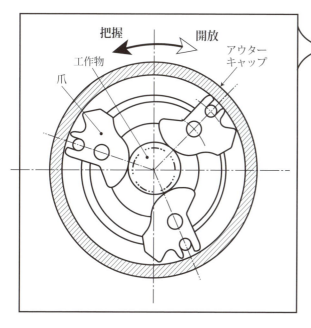

図 8.17 GF ワークドライバーの外観と把握機構

らつきに対応できるように、心押軸側のセンターはばね予圧が作用する方式とせねばならない。なお、主軸穴には工作物の位置決め用駒も設けている。

ところで、以上の把握機構から判るように、場合によっては把握力が不足することもある。その場合には図 8.18 に示すような「爪付きドライバー」を併用することもある。このドライバーでは、心押軸の前進（衝突）運動で焼入れ爪を工作物の端面に喰込ませることによって、工作物の把握を行う。ちなみに、この爪付きドライバーは主としてドイツで用いられている[8-7]。

Kostar 社製、1970 年代

Röhm 社製、1980 年代

図 8.18 爪付きドライバーの例

脚註 8-7：「GF ワークドライバー」という名称は、このワークドライバーがスイス、＋GF＋（George Fisher）社によって、同社の自動倣い旋盤用として 1960 年代に開発されたことに由来する。ちなみに、KDM-9/80 型用では、最大把握径は 200 mm である。

爪付きドライバーは、正確には「多数の焼入れ爪を用いた面板（Face Driver）」と称すべきもので、ドイツ語では「der Stirnseitenmitnehmer」と名付けられている。チャック、あるいはセンターのいずれを重視するかによって、日本では、「フェースドライバー」、「爪付きセンター」、あるいは「ドライビング・センター（Driving Center）」とも呼ばれている。

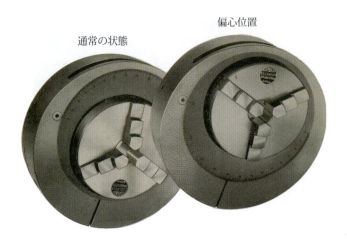

図 8.19　偏心チャックの外観
－Horvath 社、1960 年代

偏心チャック及び専用チャック

図 8.19 は偏心チャックの一例であり、注目すべきは偏心チャックが既に 1930 年代に日本特許として登録されていることである（154764号）。又、既に図 8.2 に示したように、加工要求が多種多様であることの反映として、把握すべき工作物に特化した専用チャックは広く使われていて、図 8.20 は油送用の大径薄肉パイプ用チャックである。

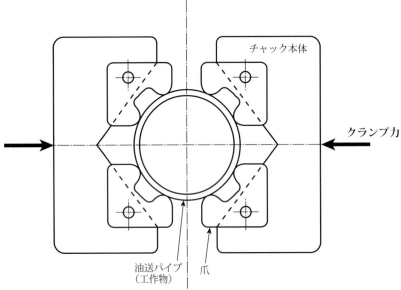

図 8.20　油送パイプ用の自己求心多点把握チャック
　　　　（Giddings & Lewis 社、1982 年シカゴ IMTS にて著者のスケッチによる）

それでは、チャックの場合にも工作機械の本体構造と同様に、チャック本体の「高剛性化」及び「軽量・コンパクト化」が要求されることを考慮の上、チャックの主な固有技術についての簡単な説明とともに、今後更に研究すべき課題を以下に挙げておこう。

(1) 遠心力による「工作物把握力の低下防止」

これは古くから広く知られている技術課題であり、特に爪が重い時には、チャックの高速回転時に遠心力によって把握力の低下が生じるとされている[8-2]。そこで、カタログに回転数－把握力線図（把握力性能曲線）を示すとともに、チャック把握力計も市販されている。しかし、これらは無負荷時のものであり、実用上は大きな切削抵抗や切削熱が作用する加工時の

データが必要となるが、そのような測定データは数少ない。ちなみに、実際の加工環境下で把握力の経時変化と同時に発生する熱による工作物の熱変形を測定した研究の結果では、次のように報告されている。すなわち、「遠心力による把握力の低下は無視できない量であるにもかかわらず、熱変形による把握力の増加によってある程度平衡状態となり、把握力の低下は相対的には小さくなる」[8-3]。

図 8.21 には、遠心力による把握力の低下を「レバー状釣合い錘」で補正するチャックの構造を示してある [8-4]。図にみられるように、遠心力で爪が半径方向へ

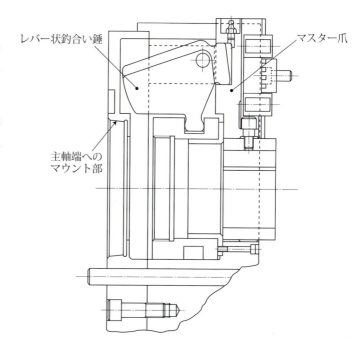

図 8.21 カウンターウエイトを用いた遠心力による把握力の低下の補償（S-P 社、1975 年）

開くように動くと、レバー部が同時に遠心力で半径方向へ動き、把握力の低下を防ぐ仕組みである。ちなみに、図 8.12 に示したロッカーブロックも同じ設計思想によっていて、このような対策を積み重ねて現今ではより洗練されたチャックが実用に供されている。

又、主軸の高速化にともなって、遠心力の問題だけではなく、高速回転に適した「軽量・コンパクト」なチャックの必要性が高まっている[8-8]。そこで、ベルリン工科大学は、図 8.22 に示すように、新たな機構の CFRP 製チャックについて試作研究を行っている。このチャックは、CFRP の材料にみられる方向依存特性を適切に考慮した設計がなされていて、最高回転数は 15,000 rev/min であり、又、最大把握径は 90 mm である [8-5]。

(2) 工作物の把握時に於ける「口開き現象の防止」

例えば、工作物を把握後に引込み動作を行なって、把握位置基準（ショー）に着座させる二段階操作方式のチャック、又、リンク方式爪開閉機構の展開形である「ボールロック・チャック」が実用に供されているように、現今では「口開き現象」は大幅に改良されて問題になるこ

脚註 8-8：爪チャックの高速化では、特にトップ爪の材料取りに留意する必要がある。爪には熱間ロール成形された素材を使うので、回転中の爪の破壊を防ぐには、結晶の流れ方向を爪の半径方向に一致させることが肝要である。

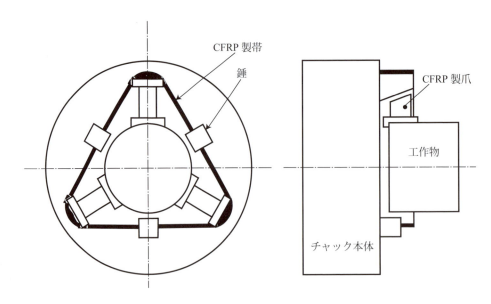

図 8.22 試作された CFRP 製高速チャック（IWF、ベルリン工科大学による、1993 年）

とは少ない。しかし、古く 1980 年代迄は「口開き」と呼ばれる現象がしばしば生じて、爪の把握面とチャック本体の端面との直角度が大きく低下した。これは、チャック本体の剛性が不十分で、又、爪の摺動部を構成する T 溝部の剛性が弱いことに起因している。「口開き」が生じると、工作物は爪の後端側で強くあたり、爪の先端側では弱くあたるようになるか、あるいは甚だしい場合には接触しないこともある。

門脇は、そのような現象を三つ爪スクロールチャックで感圧紙を巻いた工作物を把握し、把握圧力分布の変化を測定して、**図 8.23** に示すように、可視化している [8-6]。感圧紙という介在物があるので定性的な分布と解釈せざるを得ないが、(i)三つの爪で把握圧力分布が異なること、(ii)爪の後端側が強くあたる一方、先端側は弱いという「口開き」の生じていること、並びに(iii)締付けトルクを増加すると口開きが大きくなることが明瞭に示されている。

(3) 爪の開閉機構の高度化と AJC（ACC を含む）への展開

FMC（フレキシブル生産セル；Flexible Manufacturing Cell）に組込まれる NC 旋盤や TC では、把握できる工作物の径を幅広くするために、AJC（自動爪交換装置；Automatic Jaw Changer）や ACC（自動チャック交換装置；Automatic Chuck Changer）を装備することが一般的であり、特に AJC ではトップ爪を自動的に交換する。従って、AJC にも関連してマスター爪とトップ爪の結合方法の改良も常に行なわれている。**図 8.24** は AJC の一例であり、主軸貫通穴内に設けられたラック-ピニオン機構で偏心カムを作動させて、マスター爪とトップ爪の結合・開放を行わせている。又、この AJC では、交換した爪を二面接合できるように、ばね座金と調整ボルト

8.3 チャック

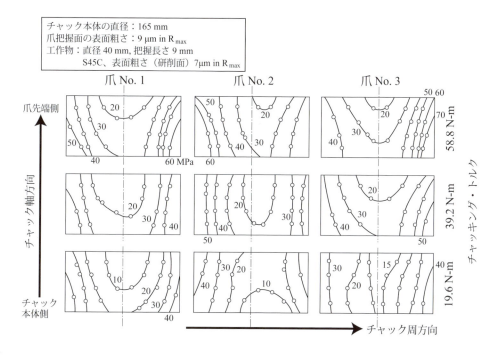

図 8.23 爪の把握圧力分布の可視化（門脇による）

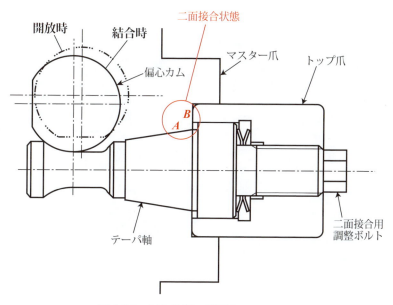

図 8.24 AJC の例 – 特開 平 1-321104

を備えている。なお、小形チャックでは ACC が採用され、多くの場合にはカービック・カップリング結合を用いている。しかし、カービック・カップリングは転倒モーメントに弱いので、それへの対処策を考える必要がある。

(4) 高速回転時の空力音の低減

普通旋盤が主力であった時代でも、8 吋チャックを装着して 2,000 rev/min で回転させると相当の風切り音を生じていた。従って、5,000 rev/min 以上の主軸回転数が常識的な現今では、機械本体がエンクロージャで囲まれているにしても、チャックの高速回転時の空力音の低減策に取組む必要がある。ところで、この空力音にはチャック周りの空気流が密接に関連していて、この空気流は同時に加工空間内の熱伝達に大きく影響する（5 章参照）。

8.4　マンドレル

既に図 8.1 に一例を紹介したように、マンドレルの主たる仲間は「穴やとい」であるが、高精度の部品を仕上げるために、現場の工夫で対処しているのが大部分である。従って、それら千差万別と云って良いほどの「やとい」をチャックのように系統的に整理することは不可能に近い。例えば、図 8.25 は「口移し機能」付きタレット刃物台を装備した CNC 単軸自動盤であり、独自の「やとい」機能を装備している。すなわち、第一加工空間で加工された部品を「円周面基準のやとい（外心金）」で把握して、タレット刃物台の回転により第二加工空間に移送

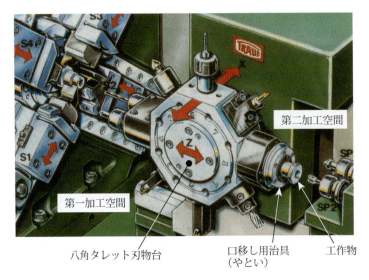

図 8.25　CNC 単軸自動盤の「口移し機能」
（Traub 社の好意による、1990 年代）

8.4 マンドレル

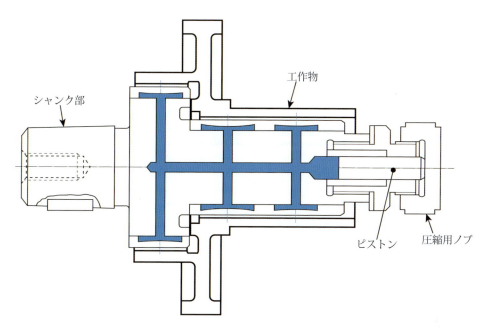

図 8.26 油圧式「穴やとい」の一例（1950 年代）

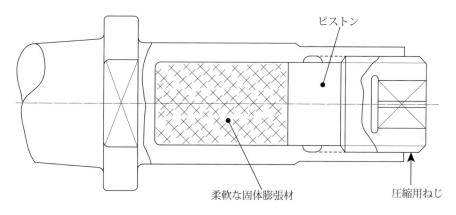

図 8.27 「穴やとい」の一例 – Kienzle の提案（1950 年代）

して加工を継続できる。その一方、数は少ないものの、幾つかの「穴やとい」がアタッチメントの形で 1950 年代から商品化されている。

さて、商品化されている「穴やとい」についてみると、大きく (1) 薄肉ブッシュの膨張方式及び (2) 割りテーパブッシュを拡張させる機械方式に分類される。なお、前者は、膨張媒体によって、更に (a) 油圧式 (b) 柔軟な固体膨張材利用形、並びに (c) 予荷重用割り円輪利用形に細分される。図 8.26 及び図 8.27 には、Stau が紹介している 1950 年代の「穴やとい」を示してあり、両者とも同じような構造となっている [8-7]。すなわち、まず「圧縮用ノブや圧縮用ねじ」

217

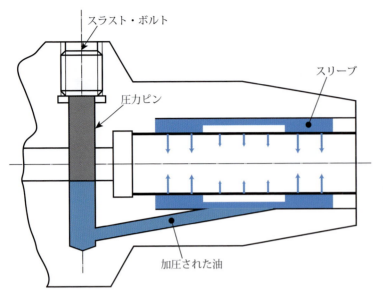

図 8.28　油圧式コレットチャック
－W & F Werkzeugtechnik 社、2010 年代

を回転することによってピストンを軸方向に移動させて圧力発生媒体を圧縮し、次いで、それによりブッシュを半径方向に膨張させて工作物を把握させる。ここで興味あるのは、**図 8.26** に示した「油圧式」であり、膨張させるための油圧リセスが、「両端が深く、中央部が浅い」、いわゆる「扇形状リセス」となっている。これにより、把握圧力分布の平坦化を狙っていると考えられる[8-9]。

　ところで、仕上げられた外周を基準とする「やとい」は、「把握精度の高いコレットチャック」とみなせる。従って、国産のコレットチャックの把握精度が悪かった1960年代ならば、外周基準の「やとい」の必要性は高かったであろうが、その後には著者は寡聞にして興味ある使用例を耳にしたことがない[8-10]。逆に、ナショナルテーパ、あるいはHSK方式の工具シャンクを延長して、エンドミルやドリルを把握できる機構を設けたミーリング・チャックへと発展して広く使われるようになっている。要するに、小径棒材のような丸物を把握するためのコレットチャックをエンドミルやドリルなどを把握するミーリング・チャックに適するように改良し、使用していると解釈できる。

　図 8.28 には、ドイツ、W&F Werkzeug Technik 社が「油圧膨張チャック（der Hydro-Dehnspannfutter）」と呼んでいるミーリング・チャックを示してある。図にみられるように、スラスト・ボルト（作動ねじ）をねじ込むことにより、薄肉スリーブに圧油を作動させてエンドミルやドリルなどを把握できる。更に、把握する工具のシャンクと薄肉スリーブの二点（スリーブの奥及び口元）で接触する構造となっているので、焼きばめホルダーと同じように、把握精度が

脚註 8-9：　Stau の書で紹介されているが、原本は Deuring の次の書に記載。Deuring, K. "Spannen im Machinenbau. 2. Aufl". Springer 1953.

脚註 8-10：油圧倣いが全盛であった時代の「パイロット方式油圧倣い」では、ライナーとスプール間の Negative lap と Positive lap の量が倣い精度に直接的に影響するので、ライナーの加工に用いられたことがある。なお、スプールは「穴やとい」で加工。

高く、又、高い把握剛性も期待できる。なお、工具の刃先位置に近いところにダンパーを設けている形ともなるので、高周波数の振動に対する減衰性が高くなる利点もあろう。ちなみに、把握される工具の突出し長さ50 mmの位置で振れ回りは最大3 μm、又、許容最高回転数は40,000 rev/minである。更に、許容最大伝達トルクも保証していて、直径20 mmの工具シャンク（公差h6）で210 Nmである[8-11]。

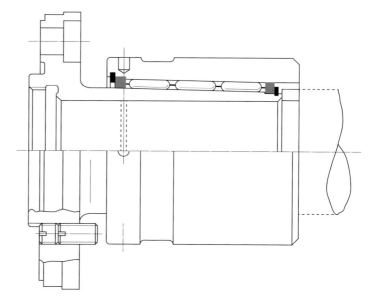

図 8.29　針状ころを用いたミーリング・チャックの例（1950 年代）

これに対して、ドイツ、Albrecht社製の「APCチャック」では、マニュアル操作でウォーム・ギヤリングを作動させ、コレットを引き込む仕組みで工具シャンク部を把握する。ちなみに、曲げ剛性で比較すると、焼き嵌めホルダーより優位性があるとしている。なお、把握される工具シャンク部の直径の2.5倍の突出し長さの位置で振れ回り精度は3 μmとされている。又、図 8.29に示すように、針状ころを用いてテーパ部を締め上げて工具を把握する方式は、古く1950年代に提案されていて、針状ころを二重リングとした改良形が豊精工によって国産化されたこともある。更に、MC用工具ホルダーとしては、図 8.30に示すように、ホルダー部を「等歪み円」として、その弾性変形を利用した圧入方式のものも2000年代初めに商品化されている（ドイツ、Schunk社、商品名TRIBOS）。この工具ホルダーでは、回転振れは3 μm、又、繰返し把握精度は3 μmより良好、更に工具交換時間は30秒以下という性能である。なお、ホルダー部に空孔を設けて、そこにプラスチックを充填して耐びびり振動特性を向上させたものも商品化している（図 4.15参照）。

それでは、最後に特殊な方式ではあるものの、興味ある焼き嵌めホルダーについて触れておこう。当然のことながら、工具ホルダーメーカは商品展開の中に組込んでいるが、その中でMSTコーポレーション社の商品名「スリムライン」を図 8.31に示しておこう。「焼き嵌め」

脚註8-11：メーカによって名称が異なり、黒田精工では「ハイドロリックツール」と呼び、繰返し振れ精度は3 μmより良好、又、許容回転数は15,000〜20,000 rev/minである。

第8章　アタッチメント

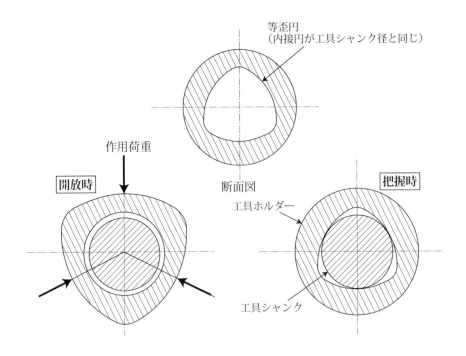

図 8.30　TRIBOS の作動原理（Schunk 社による、2001 年）

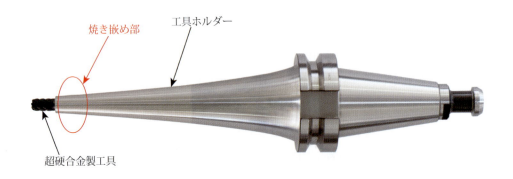

図 8.31　焼き嵌め方式の工具ホルダー
（MST コーポレーション社の好意による、2014 年）

が工具の把握原理であるから、図にみられるように、非常に簡潔な形態である。すなわち、テーパ状でスリムなホルダー部を設け、その先端に突き出し長さが最短の状態で切削工具を取付けている。ちなみに、工具の振れ回り精度は 3 μm より良好であり、他の把握方法に比べて

仕上げ面粗さや加工能率の向上が期待できるとされている。又、焼き嵌めの温度が500℃と低温であること、ホルダー（特殊鋼製）と超硬合金製工具の熱膨張の違いを巧みに利用していること等の特徴が認められる。その一方、把握可能な工具径は、3～25 mmであり、又、焼き嵌めであるので、工具の径に従ったホルダー穴の「嵌め合い公差」の設定が鍵になると考えられる。

8.5　円テーブル

　円テーブルは、古くはフライス盤のテーブルに取付けた上で工作物を把握して、主として角度割出しを行うのに用いられていた。最近では、前述のように汎用MCで使われ、5軸制御MCやミルターンが普及するに従って、機械のテーブル内に組込まれることが多くなっている。いずれの使い方でも、円テーブルでは、「割出し・回転機構」及び「背隙除去機構（バックラッシュ・エリミネータ）」が問題となる。NC円テーブルやNCトラニオン方式円テーブル等が市販されているが、外観からは差別化されている技術を見出すのは難しい。しかし、メーカ各社は割出し・回転機構及び背隙除去機構に独自の工夫を凝らしている。

　ところで、円テーブルでは、無背隙の割出し・回転運動を行うものの、所要の回転数が高くないこともあり、古くからウォーム－ウォーム歯車駆動が使われている。なお、この駆動方式ではウォームのねじれ角が小さいと「自己ロッキング機能」を有することになり、又、これは多くの場合に成立する条件であるので、テーブルの固定機構が不要になる利点もある。最近では、ローラギヤカムを用いた回転テーブルも市販されているが、機械本体への組込みが進むにつれ、又、電動機技術の進歩とともに、電動機直結（DD：Direct Drive）方式も使われるようになっている。但し、DD方式は大トルクを必要とする用途には、未だに対応能力が低い[8-12]。

　周知のように、ウォーム－ウォーム歯車駆動の背隙除去は、「ダブルウォーム方式」や「複リード方式」で行われるが、いずれの場合でも摩擦が大きいので、それを低減するために歯形や材質に工夫を凝らしている。一般的には、焼入れ合金鋼製ウォームと黄銅系合金製ウォームホイールの組合せが用いられる。**図 8.32** は、複リード方式であり、「ウォームの左右の歯面

脚註 8-12： ローラギヤカムと呼ばれる機構は、ウォーム－ウォーム歯車機構の一つの展開形と考えられる。すなわち、**附図 A8.1** に示すように、ウォームに相当する「ねじ形状のローラギヤ」とウォーム歯車に相当するピン歯車（円板の外円周上にローラフォロアを多数配置）を噛合わせる機構であり、ローラフォロアの径を調整することによって予圧を与えて無背隙としている。ちなみに、転がり機構は背隙除去装置に適しているので、**附図 A8.2** にはボールねじの展開形として考案された「転がりねじによる直線運動機構」を示してある。図中(c)がローラギヤカムと類似の機構である。
Bankmann G. "Wälzführungen in der Feinwerktechnik". Werkstatt und Betrieb 1976; 109-4: 203-206.

第8章 アタッチメント

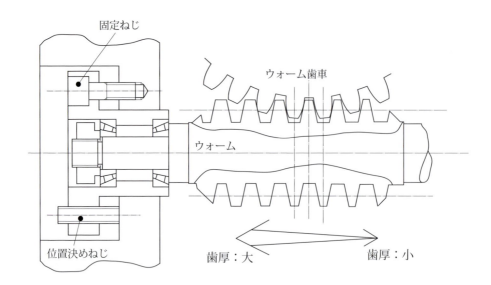

図 8.32　NC 回転テーブル用複リード方式ウォーム - ウォーム歯車駆動
（津田駒工業の好意による、2010 年頃）

図 8.33　CNC ホブ盤のダブルウォーム駆動方式
テーブル - PE 型、Pfauter 社、1990 年

のモジュール」をわずかに変えて歯厚を連続的に変化させている。そして、図にみられるように、ウォームを軸方向に移動させて背隙除去を行う。なお、このようなウォーム - ウォーム歯車駆動で背隙除去が大きな問題となるのはホブ盤のテーブル駆動であり、参考迄に図 8.33 にはダブルウォーム駆動の例を示してある。

8.6　工具ブラケット及びモジュラー構成工具

　多種多様な加工要求へ適切に対応するために、現今では種々の形状・寸法で多様な工具材種からなる工具ティップ（Tool tip）がメーカから提供されている。それに対応して、工具ティップを取付けるためのシャンクも千差万別となるので、タレット刃物台への装着方法を含めて工具ブラケットを体系化するのは困難である。

　従って、現状では工具メーカや工具ブラケットメーカが提供する商品展開に頼らざるを得ない。例えば、既に図7.10に示したSANDVIK社の工具レイアウト、あるいはスイス、SU-matic社の工具ブラケットを含めた工具レイアウトを採用することになる[8-13]。ちなみに、SU-matic社の工具レイアウトは、図1.2に示したTraub社（Index社の傘下）のTCを始めとして、数多くの国、内外製のTCに採用されている。

　その一方、工具ブラケットを含めて工具レイアウトを標準的な体系に統一できれば、互換性の面で得られる所も大きい。そして、そのような方向への一つの指針を与えてくれるのが、「モジュラー構成工具」であろう。モジュラー構成工具も色々な形態が開発され、商品化されているが、基本は「刃先モジュール」、「アダプター・モジュール（拡張モジュール）」、並びに「シャンクモジュール」からなっていて、ここでシャンクモジュールが工具ブラケットの形態と密接に関係することになる。なお、モジュラー構成工具は、基本的に「刃先モジュール」の迅速交換機能付きであり、観点を変えると、2章で述べた「総型工具」や「機能集積工具」に柔軟性を付与する仕組みと解釈できる。

　ところで、工具及び工具ブラケットメーカが提供している工具レイアウトを眺めてみると、モジュラー構成と明示していなくても、多くの場合に底流にはモジュラー方式の思想が認められる。そこで、幾つかの実例を以下に紹介しよう。

脚註8-13：SU-matic社の工具ブラケットは、最大でも工具2本を装着できる程度であるので、一つの工具座に具備できる加工方法の柔軟性は限定され、又、他社との差別化は難しい。ちなみに、2012年に開催された日本国際工作機械見本市での展示をみる限りでは、「一つの工具座を有効に使用できる」と宣伝をしているものの、「二つの工具シャンク取付け部を有する工具ブラケット」、例えば「ダブルプレーンホルダー」（シチズンマシナリーミヤノ製CNC自動旋盤、BNE-51SY6型）が使われている程度である。これは、在来形タレット旋盤で「Adjustable cutter holder」、あるいは「Adjustable knee tool」と称呼されたもののレベルであり、より高度な複合旋削ヘッドを用いているNC旋盤やTCは見受けられなかった。その一方、各工具座に装備された工具群の重量バランスは取り易く、自動タレット旋盤で問題となった「工具座間のアンバランス」によるタレット刃物台位置決め精度の低下は生じないであろう。このアンバランスは、最悪の場合には、位置決めピンの破断のような重大な損傷をタレット刃物台位置決め機構に与えた。（脚註2-4参照）

第8章　アタッチメント

　図8.34には、モジュラー構成とは銘打っていないが、ティップ部分に直接的に加工機能の柔軟性を具備させたバイトの例であり、このような工夫は多くの場合に特許となっている。図中の右は、自動盤、並びにTC用として、破損し易い「端面突切りバイト」に迅速ティップ交換機能と刃先位置調整機能を付したもの（米国、Manchester Tools社の特許；Nos. 418168及び541009）、又、図中の左は「くさび効果」を利用した迅速交換可能なティップホルダーを介して加工方法の多様性を確保したものである。

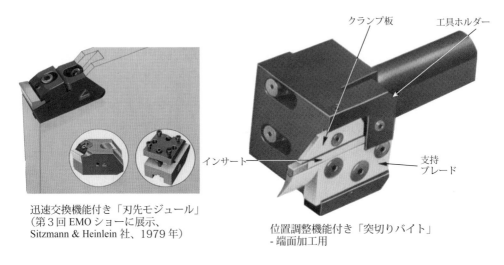

迅速交換機能付き「刃先モジュール」
（第3回EMOショーに展示、
Sitzmann & Heinlein社、1979年）

位置調整機能付き「突切りバイト」
- 端面加工用

図8.34　刃先部分に迅速交換機能を有する切削工具の例

　これらに対して、図8.35は高い加工精度を要求される中ぐり工具に刃先交換機能を具備させたものであり、2000年代に日研工作所が開発した。図にみられるように、鋸歯状テーパ面を巧みに利用して、刃先モジュールの剛性を確保するとともに、交換作業を容易化して加工機能の柔軟性を確保している。なお、スローアウエイ・ティップの部分は通常の状態としている。又、図8.34と同じように刃先モジュールを交換する方式であるが、モジュラー構成と銘打って、又、剛性と同時に位置決め精度の高いHSK及びそれに類似の結合方式を採用した例を図8.36に示してある [8-8] [8-14]。なお、図中のKrupp Widia製は「Multiflex Coupling & Locking」と呼ばれている。このように、モジュラー構成工具の考えを更に拡張すれば、工具ブラケットを含めて工具レイアウトの統一のとれた体系化もできるであろう。

脚註8-14：モジュラー構成工具は、迅速刃先交換機能付きであり、この機能は特に単刃工具で重要である。従って、数多くの特許があり、例えば、1987年の欧州特許をみると、特許公告0 169 543及び0 178 417をみることができる。
　　　　例えば、Icks, G. "Modular Tools", Jour. of IProdE Feb. 1989, 17-18.

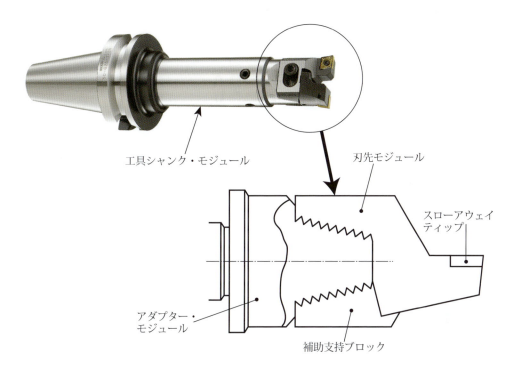

図 8.35　刃先モジュール交換方式中ぐり棒（日研工作所の好意による、2000 年代）

　ところで、工具レイアウトの要である切削・研削工具に関わる学術分野での話題は、主として「切削・研削理論及びその関連事項」となっている。そして、工具ホルダーやスローアウェイ・ティップの工具シャンクへの取付け方法などは等閑視され、工具メーカの技術開発や現場での工夫に任されている。しかし、既に図 7.10 に示したモジュラー構成工具のように、学術研究の成果を大いに採り入れて更なる発展を図るべき技術もある。又、最近の加工要求を勘案すると、工具関連のアタッチメントでは、次の 2 点に留意すべきである。

(1) 工作機械の経済的な利用への要望が、特に自動車及び航空機産業での「複雑形状一体部品」の削り出し加工で増えていること。このような加工要求には、5 軸制御 MC、あるいはミルターンで対応することが多く、それは同時に工具関連の新たなアタッチメントの開発を促している。

(2) 新規に購入予定の機械が自社の加工要求へ経済的に適切に対応できるか否かの判断に苦慮する事例が増えていること。そこで、メーカが工具関連のアタッチメントも含めて NC 情報の作成をユーザサービスの一環として行うこともあり、その際にはメーカのノウハウの持ち出しも生じる。

　それでは最後に、研削砥石車の研削主軸への装着について触れておこう。砥石車を砥石主軸

第8章 アタッチメント

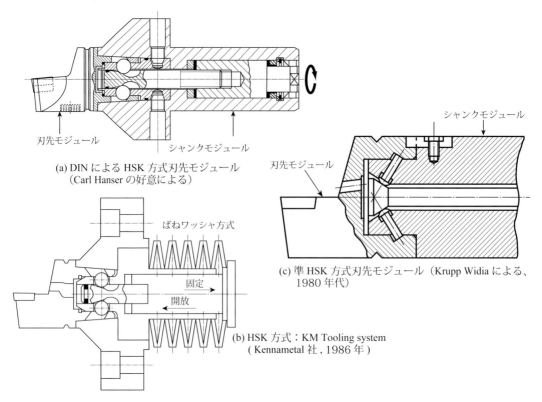

図 8.36 モジュラー構成工具の例

へ装着するための普遍的なアタッチメント、すなわち「砥石フランジ」の例（ドイツ規格）は既に図 3.24 に示してある。又、図 1.5（右）に示したように、この伝統的な砥石フランジは円筒研削、内面研削、平面研削などで広く使用されているが、(1)高い取付け精度、(2)強固な取付け剛性、並びに(3)高いバランス状態での砥石車の取付けを保証せねばならない。しかし、一般的には次のような問題点を抱えている。

(1) カウンター・フランジ（押え板）と紙リングの変形により砥石主軸と砥石車間の相対位置決め精度の低下。
(2) カウンター・フランジの変形により、砥石車に亀裂が生じ易いこと。
(3) カウンター・フランジの各締結ボルトの締付け力が不均一になりやすいこと。

従って、これらの問題点を解決すべく努力が重ねられてきたが、その一方、HSK を採用する動きも進んでいる。要するに、図 8.36 に示した刃先モジュールを研削砥石車の装着に適するように展開したものであり、そのような HSK の利点を Weck は次のように列挙している [8-9]。

(1) 硬い砥粒を用いた高速研削の具現化。
(2) 振動抑制効果を向上させる減衰能を研削砥石車系に付与。

⑶ ドレッシング力の低減。
⑷ 砥石車の設定作業の容易化。
⑸ 加工方法の柔軟性の増強、例えば「頻繁な砥石車の交換への対応」、「総型砥石車の利用」、「cBN、あるいはダイヤモンド砥石車の利用」。

特に、研削砥石車－砥石フランジ間、並びに砥石フランジ－研削主軸間の結合部に対しては、次のような利点を挙げている。
⑴ 高い取付け精度及び繰返し取付け精度の保証。
⑵ 高い結合剛性。
⑶ 高い安全性。

更に、砥石車の取付けについては、砥石車内径部に生じる「応力の緩和」を挙げている。

このHSKの採用では、例えば2013年に三井精機工業がJIMTOFに展示した立形ねじ研削盤（VGE型）にみるべき工夫がなされている。すなわち、HSKの部分は同一であるものの、図8.37に示すように、グリッパの位置を変更して砥石車の取付け剛性を向上させている。なお、このように加工点に近い所へ減衰能の向上が見込める二面接合を配置すると、幾つかの研究で確認されているように、高周波の振動による「研削面のくもり」を除去できるであろう。

ところで、図1.5（左）をみると、砥石フランジではなく、別の方法で砥石車が主軸に装着されている。すなわち、MCの主軸への正面フライスの装着と同じ仕組みであり、このような

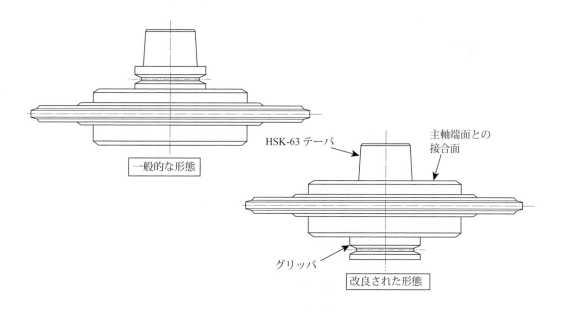

図8.37　HSKを採用した砥石フランジ
（三井精機工業の好意による、2013年）

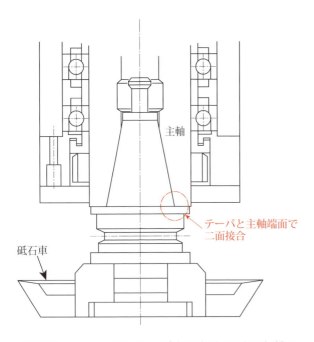

図 8.38　ナショナルテーパ穴を有する砥石主軸へ
「二面接合」による砥石車の装着
－1980 年代後半（岡本工作機械の好意による）

伝統的な砥石フランジを使用しない方法は、立形研削盤で多くみられる。しかも、MC による研削加工が行われるようになって更に採用が加速しつつある。図 8.38 には、1990 年代初めに岡本工作機械が GC 用として開発した二面接合方式の工具シャンクであり、ナショナルテーパの主軸に装着されている。ここで、参考迄に MC による研削加工の例を二つ紹介しておこう。まず、図 8.39 には、Röders 社製 MC の全体像、並びに乾式研削と湿式研削の情景を示してあり、その特徴点は次の通りである（図 1.15 を再掲）。

機械の全体像

乾式研削中

湿式研削中

図 8.39　5 軸制御高速立形 MC による研削加工－RXP 500 型、（Röders 社の好意による、2013 年）

(1) 義歯や金型などの加工用で治具研削機能仕様付き。ちなみに、RXP 500DS 型（テーブル寸法：250 mm、主軸端：HSK E40）の場合、主軸最高回転数は 42,000 rev/min、主電動機出力 14 kW。
(2) 全ての直線運動軸は、リニアモータ駆動方式でリニアガイドを使用。
(3) トラニオン方式のテーブルを設けていて、タッチプローブを装備して工作物の機上計測が可能。

これらから推測すると、1980 年代に試みられた、スイス、Oerlikon 社の Multitechnology Center を実用化した機種とも解釈できる。

次に、図 8.40 は、牧野フライス製作所製横形 MC（G 型）を用いて「VIPER 法（Very Impressive Performance Extreme Removal；Rolls-Royce 社の特許）」でタービン翼の加工を行っている情景であり、砥石車は横形 MC の主軸に装着されている [8-10]。この VIPER 法は、Rolls-Royce 社の要請で開発され、従来の cBN 砥石車を用いたクリープフィード研削ではコスト高となる問題を解消したものであり、2001 年から実用に供されている。アルミナ砥粒の小径ビトリファイド砥石車（直径：220 mm、幅：40 mm）を用いて、経済的にインコネルや他の Ni 基合金を加工するのに供されている。なお、G5 型の場合には、主軸最高回転数は、12,000 rev/min である。

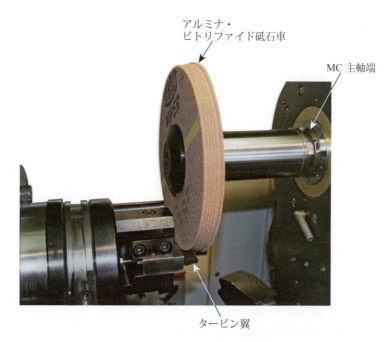

図 8.40　VIPER 研削法でタービン翼を加工中の情景

ここで、VIPER の特徴的な様相を列挙すれば、次のようになる。

(1) 切屑除去量は、フライス加工の 10 倍にも達する。
(2) 横形 MC に装着して使用でき、その場合には Ni 基合金の加工で cBN 砥石よりも 8 倍早い加工効率である。また、経済的なバッチサイズもより小さくできる。
(3) 冷却用ノズル、又、主軸内貫流方式の高圧冷却剤の供給システムを採用。
(4) 医療部品や高精度歯車の加工にも経済的に応用可能。後者の場合には、研削速度は 35 ～50 m/sec である。

参考文献

[8-1] Mueller G. "Let's talk about chuck gripping forces and speed: Part 1". Tooling & Production Nov. 1977; 43: 76-78.
[8-2] Thornley R H, Wilson B. "A Review of Some of the Principles Involved in Chuck Design". The Production Engineer March 1972: 87-97.
[8-3] 新野秀憲 他. "切削中のチャック把握力の経時変化". 日本機械学会論文集 (C) 1989; 55–509: 182-187.
[8-4] "Counter-centrifugal Chucks for High Speeds". Tooling & Production April 1977.
[8-5] Rudolph U, Stelzer C. "Faserverbundkunststoff erweitert die Systemgrenzen für Werkzeugmaschinenkomponenten", ZwF 1993; 88-10: 475-478.
[8-6] 門脇義次. "三つづめスクロールチャックの把握力分布とその評価法". 日本機械学会論文集 (C) 昭 58; 49–441: 827–834.
[8-7] Stau C H. "Die Drehmaschinen – Drehbänke und verwandte Werkzeugmaschinen". Springer-Verlag 1963.
[8-8] Pegels H. "Werkzeugtechnik für eine flexible automatisierte Fertigung". Werkstatt und Betrieb 1987; 120-10: 875-878.
[8-9] Weck M. "Trends of Manufacturing Technology Looking Towards the 21st Century". Industrial Technical Seminar, Kobe, May 19th, 1993.
[8-10] Venables M. "It's a grind". IET Manufacturing Engineer Aug./Sep. 2006; 85-4: 42-45.

附図 A8.1　ローラギヤカムの例
（台湾、宇剛有限公司による）

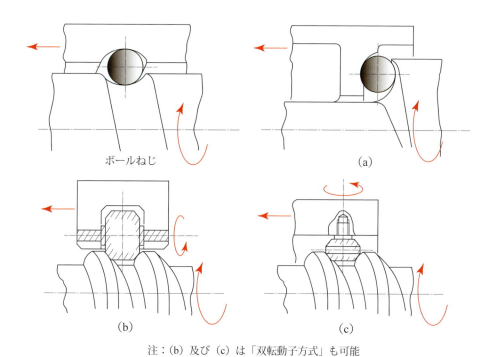

注：(b) 及び (c) は「双転動子方式」も可能

附図 A8.2　無背隙で直線運動が可能な「ボールねじ」の展開形（Bankmann による）

第9章 加工空間のモジュラー構成
—プラットフォーム方式ユニット構成—

　モジュラー構成は、工作機械の構造設計の一翼をなす重要な技術であり、現今では「階層方式異機種創出方式」として体系化されている。周知のように、該当する用語は、「単元構成主義（Unit construction）」（1930～1940年代）から「積木式構成法（BBS; Building Block System）」（1950～1960年代）を経て、「モジュラー構成」（1970年代以降）へと変遷してきたが、古く1930年代から実用に供されている[9-1][9-1]。当初は、工作機械メーカ主体の設計概念であったが、1950年代に自動車産業の主力設備であるTL（トランスファー・ライン；Transfer Line、その当時にはトランスファー・マシンと呼称）の設計へBBSの積極的な利用が図られた際に、「ユーザ主体の設計技術」の側面が強調された。そのようなモジュラー構成の展開形では、次の三点が特徴として挙げられていた。

(1) 工作機械メーカの手を煩わせることなく、自動車メーカが自社内の加工現場でTLの一部の加工ステーション（専用工作機械）を置換えて、新しい加工要求への対応能力を維持・継続できること。

(2) 部外者の関与しないTLの改修によって、新車の機能及び性能に関わる情報が外部に漏れることの防止。

(3) 加工ステーションの置換えによる「廃棄要素の最小化」による経済性の向上。

　このTLに関わる技術開発は、当然のことながらモジュラー構成全体の技術向上に大きく貢献した側面も多々あったが、その後にTLがFTL（フレキシブルトランスファー・ライン；Flexible Transfer Line）へと発展するに従って、ユーザ主体の展開形の思想は消え去っている。

　なお、生産様式によっては依然として効率的であることを活かして、1990年代でもTLは用いられている。そこで、図9.1には、そのように近代化されたVogtland社製のAl合金、ある

脚註9-1：「モジュラー構成」なる用語は、それ迄の「積木式構成法」に代わって、1960年代後半に英国、マンチェスター工科大学のKoenigsberger教授が提唱したものである。用語の変更を提唱した理由は不明であるが、同教授は1930年代にドイツ、Wanderer社で「単元構成主義」によってフライス盤の設計、又、その後に英国でモジュラー構成の研究を行っている。歯車の分野に「モジュール」という用語があるにもかかわらず、それらの経験を基に新たな用語の提案を行っているので、彼の提唱には重みがあると考えるべきであろう。

第9章　モジュラー構成

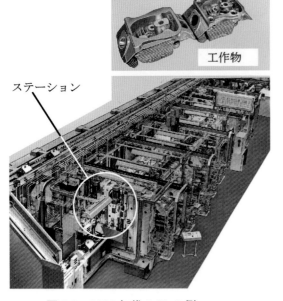

図 9.1　1990年代の TL の例
（Vogtland社、1995年）

いは Mg 合金製シリンダーヘッド加工用 TL（時間当たり 85 個の生産量）を示してある。図にみられるように、基本的には 1960 年代の TL と同じ構成である。

ところで、現今の生産システムの主流は FMC（フレキシブル生産セル；Flexible Manufacturing Cell）を基本モジュールとする「FMC 集積形フレキシブル生産」であり、FTL も含めて大規模 FMS（フレキシブル生産システム；Flexible Manufacturing System）から単独稼働の FMC 迄を包含している。又、フレキシブル生産の次を担うとされているアジャイル生産もハードウエア構成は「FMC 集積形」である。この「FMC 集積形」は、システム設計の段階でシステムに十分な柔軟性を付与できることから、そこには「ユーザ主体の設計技術」を視野に入れる発想は更に不要とされている。これに対して、単体機械では「廃棄要素の最小化」による経済性の向上は大きな駆動因子ではなく、又、ユーザの加工現場でのユニット交換の利点も特に認められない。従って、モジュラー構成に対しては、古くから「メーカ主体の設計技術」という認識が強い状態にある。

そのようなモジュラー構成を囲む状況の中で、TC や MC に代表される「加工機能集積形」の機種が機械加工の主力となっている。すなわち、既に 1 章で図 1.8 に示したような状況となっていて、一つの機種が限定された加工機能を有していた在来形工作機械の時代に比較すると、相当に機種の数が整理・統合されている。この加工機能の集積は、在来形の機種分類のまま NC 化が進んだ研削盤系や歯車加工機械系でも、多少の時間差はあるものの、GC（グラインディングセンター；Grinding Center）及び歯車加工センターとして進んでいる。しかも、MC による研削加工、又、その逆に GC による切削加工も試みられている。

その結果として、現在のモジュラー構成は一つの転換期に直面していて、新たな生存圏を模索せねばならない状況にある。すなわち、在来形の機種分類（図 1.7 参照）を大前提として構築されている「階層方式異機種モジュラー構成」の全体像を「加工機能集積形」が主力の現状に適合させることが望まれている。そして、これに対する一つの兆しが、「加工機能集積形」を対象に 2000 年代後半から急速に進んでいる「プラットフォーム」の概念と考えられる。こ

のプラットフォームは、加工空間に重点を置いているので、「ユーザ主体のモジュラー構成」という視点から新たな利用領域が期待される。又、Remanufacturing 及び「局地性を考慮したグローバル化（Localized Globalization）へ対応できる可能性を秘めている。

そこで、本章では現在のモジュラー構成を概観した後に、プラットフォームの使用例を紹介している。次いで、それら実用例を参考にして「プラットフォーム方式ユニット構成」という展開形を構築すると同時に、その実現に必要な研究及び技術課題を洗い出している。なお、Remanufacturing 及び Localized Globalization への応用に関わる議論は補遺で紹介している。

9.1　モジュラー構成の現状

モジュラー構成の全体像、並びに 2007 年の時点での現状及び将来動向については、既に著者により 1 冊の書として集大成されている [9-2]。従って、必要な向きは、その書で詳細をみて頂くことにして、ここでは要となる基礎知識の概要を紹介している。

さて、モジュラー構成は、「一群の基本モジュールを設定できれば、それらモジュールの組合せで多種多様な形状・寸法仕様及び機能・性能仕様の製品を顧客の要望に従って産み出せる設計方式」と規定できる。そして、現在広く使われているモジュラー構成の全体像は、既に述べたように、図 9.2 に示す「階層方式異機種モジュラー構成」なる体系として描ける。これは、1969 年に Brankamp と Herrmann によって構築された「階層方式」[9-3] と 1974 年に Koenigsberger により提案された「異機種構成方式」[9-4] を統合したものである[9-2)]。図から判るように、この体系では、「同一機種内の同一型式」から「異機種」迄、又、「部品から機械」迄を網羅するモジュラー構成となっている。

しかし、図 9.2 に示したモジュラー構成のすべてが実用に供されているわけではなく、工作機械メーカ各社がそれぞれの設計思想、商品展開戦略等、更には設計者の考えに従って適切なレベルの方式を選択している。それらを眺めると、一般的には「設計の簡便さや経済性」を考慮して、主に「類似の機種内での本体構造要素（ユニット）を基本モジュールとして機械の骨格を構成する」レベル、すなわち「ユニット構成」が広く用いられている。

ところで、図 9.2 に示した全体像は具体的な設計手順に詳細化する必要があり、これに対し

脚註 9-2：異機種モジュラー構成は、Koenigsberger 教授が提案する以前の 1962 年に既に池貝鉄工によって実用に供されている。この実用例では、プラノミラー、立中ぐり盤、立旋盤、平削盤、ロータリ・フライス盤、並びにベッド案内面研削盤を一群の基本モジュールから構成できる。欧州では、大分遅れて 1976 年に旧東ドイツ、VEB of Karl-Marx-Stadt が平削盤、プラノミラー、中ぐり盤、並びにベッド案内面研削盤を対象とした異機種モジュラー構成を実用化している。

第9章 モジュラー構成

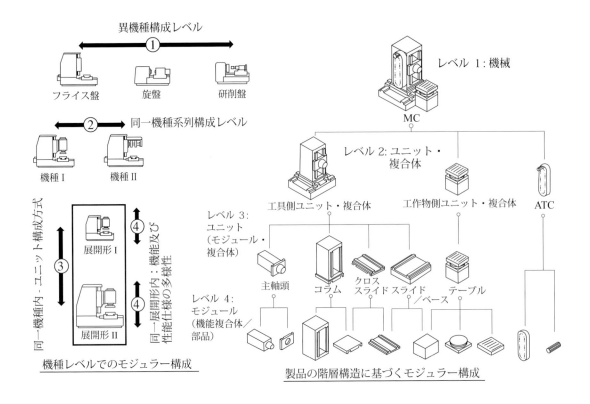

図 9.2 階層方式異機種モジュラー構成の体系

ては豊田工機の土井良夫氏が 1960 年代に、「分割の原則」、「統一の原則」、「結合の原則」、並びに「適応の原則」の四つから成る設計原則を提唱している（トヨタ技報、1963 年 4 巻 3 号、22 頁）。そして、それらの詳細化を著者が行って、モジュラー構成の設計方法論及び設計技術として、あるレベル迄構築している [9-2]。そこで、その概要を以下に示しておこう。

(1) 「分割の原則」：モジュラー構成の対象に想定している機械群で処理すべき工作物及びそれらの加工方法を考慮しつつ、機械を特定の幾つかの基本モジュールに分割する。そして、例えば GT（Group Technology）を利用して、想定した基本モジュール毎の頻度分布を求め、頻度分布の高い基本モジュールを集めて、候補となる母集団を策定する。

(2) 「統一の原則」：「実現すべきモジュラー構成の姿」、並びに「ある制約条件」を設定して、候補の母集団から「最少数のモジュールで最大数の展開形を創出」できるように、一群の基本モジュールを選定し、決定する。

(3) 「結合の原則」：モジュール相互間のハードウエア面の結合方法に関わるもので、「工作機械の結合部問題」として体系化が進んでいる。

(4)「適応の原則」：一群のモジュールから組合せ可能な構造形態の創出と好適な解の評価・選定に関わるもので、「工作機械の記述問題」として体系化が進んでいる。

ところで、上記の説明で判るように、「分割の原則」に関わる設計方法論も確立はされていないが、2010年代の現今でも特に設計方法論が未構築であるのは、「統一の原則」である。これは、競合メーカの状況も踏まえ、自社の販売戦略の下で、如何なる商品展開を行うのかは策定できたとしても、「ある制約条件」の設定が難しいためであろう。すなわち、制約条件には、自社で利用できる技術資産、ユーザの加工要求への対応能力、ユーザの購買力、更には世界市場の動向から下請け企業の能力まで含まれるからである。

以上の他に大きな問題点は、モジュラー構成を具現化する流れの構築である。各社の企業秘密であるためか、これに関する情報を目にすることはない。しかし、2013年の時点でも、ドイツ、アーヘン工科大学でBMBF（ドイツ連邦教育研究省）のプロジェクト研究が行われている。すなわち、Schuhらは、次のようなモジュラー構成の設計の流れを提唱している[9-5]。

第一段階：「国際競争力強化」並びに「商品展開の広さ」などを考慮して、「モジュラー構成を要求される属性の同定」。すなわち、増大する製品の差別化と複雑さの要求への対応を考えて、最大適用範囲の算定（技術的及び経済的な側面から）

第二段階：第一段階のデータを基に、展開すべき製品の構成可能なモジュールの分析と適用するモジュラー構成の特徴の洗出し。要するに、「標準化」の可能性とそれにより構成される商品の特徴の同定。

第三段階：「最小数のモジュールで最大数の展開形の構築」を基本として適切な構造形態の構築。具体的には、モジュールの組合せによる「製品の展開形」の構成及びそれらの技術的特徴の記述。

第四段階：構造の具体化とモジュラー構成のマネジメント組織の確定等。

ここで、第二及び第三段階が土井良夫氏の提唱する「統一の原則」及び「適応の原則」に対応していて、「統一の原則」の具体化の難しさが示されている。なお、現在の生産環境を反映して、SCM（Supply Chain Management）、OEM（Original Equipment Manufacturer）、外注先等も考慮すべきとしている点は異なるものの、大筋は土井良夫氏の四原則の域を出ていないと云える。要するに、約70年の使用実績が世界各国であるにもかかわらず、モジュラー構成の実施手順の流れは未だ構築されておらず、「統一の原則」の設計指針への昇華も不十分と考えられる状況である。

9.2　加工機能集積形にみる「プラットフォーム」の実用例

　まず、加工機能集積形の代表であるミルターン及び MC で採用されている代表的なモジュラー構成を眺めてみよう。ミルターンの場合については、既に一つの構成例を図 7.11 に示したように、在来の「ユニット構成」とは異なって、ベース、ベッドなど一部の本体構造要素モジュールを大規模モジュール、すなわちプラットフォームとして固定化している。そして、プラットフォームを中核として、場合によってはクロススライド付きの送り台を加えて、主軸台、万能形フライス主軸頭、タレット刃物台を主体にユニット構成を適用していて、特に加工空間のモジュラー化を狙っていると考えられる。ちなみに、図 7.11 はモジュラー構成の利用の上手さで定評のある Traub 社（Index 社の傘下）のもので、図 9.3 に示すような体系から産み出されていて、TC 及びミルターンという類似の機種が対象になっていることが判るであろう。

　別の見方をすれば、図 9.2 中では機械単体の階層で行われている「異機種構成」をユニット複合体及びユニットの階層で適用していると考えられる。そこでは、ユニット複合体が正にプラットフォームとなっているので、そのような特徴点を浮き彫りにして、ここでは「プラットフォーム方式ユニット構成」と名付けている。なお、このようなモジュラー構成は、「構造

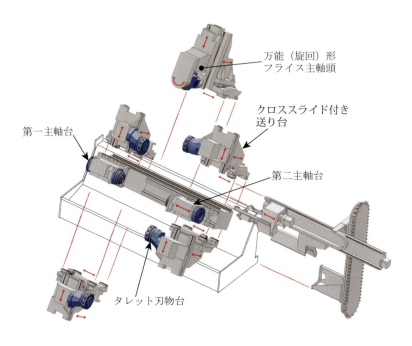

図 9.3　Traub 社製 TC の一群の基本モジュール - プラットフォーム形式
　　　　（Index 社の好意による、2009 年）

形態の基本を保持しつつ、機械の利用範囲を広げるモジュラー構成」、いわゆる「バリアント（Variants）設計用モジュラー構成」に相当し、関連する学術研究は既に行われている[9-6]。但し、プラットフォームという大規模モジュールを導入したユニット構成に迄は昇華していない。ここに、在来のユニット構成とは異なる様相がみられるが、その一方、結果としてユーザの使い易い仕組みが具現化できていると考えられる。

　さて、プラットフォーム方式ユニット構成と名付けたが、実用面でも新しい着想とは言い難く、既に1990年代初頭にGleason Pfauter Hurth社がホブ盤、歯車形削り盤，並びに歯車研削盤の生産に用いていた。そこでは、「大規模モジュール」なる設計思想が使われていて、それを基にMetterrnichとWürschingが2000年にプラットフォームを概念化し、提唱している[9-7][9-3)]。

　ところで、加工機能集積形の普及、更にはこれらの機種を中核としたFMCの普遍化は、一台の機械、あるいは一つのセルを購入すれば、ユーザは受注した全ての加工を遂行できることを表面的には意味している。従って、メーカとしては「モジュラー構成を採用して幅広い客層へ対応する商品展開を行うべき」とする必然性は希薄になってきたと解釈されるが、そこには依然としてメーカはモジュラー構成を採用せざるを得ない次のような状況が現出している。

　要するに、ユーザが加工機能集積形を購入しようとすると、加工機能の柔軟性が広い反面、機械が高額になりやすく、又、無駄な機能の具備（冗長性）も許容せねばならない。更に、使うべき切削・研削工具、工作物把握装置等も選択肢が多く、適切な選定が難しくなる。すなわち、メーカの商品展開の中から「加工機能の冗長性」、「現在及び近い将来の加工要求への対応性」、並びに「運用に必要な周辺機器及び機械の価格、更には稼働コスト」のバランスを考慮して適切な機械を選定せねばならない。その結果として、必ずしも自社の加工要求に好適な機械を購入できず、メーカへ特注の形となることもある。しかも、汎用TC、MC、ミルターン、並びにFMCが資金力の弱い中小企業主体のユーザに迄広く普及している、あるいは普及しつつある状況も考えねばならない。

　それでは、加工機能集積形におけるプラットフォーム方式ユニット構成の適用状況を少し詳しく眺めてみよう。

脚註9-3：自動車業界では、プラットフォームを新しい概念と捉えているようである。例えば乗用車の場合には、2005年にマツダが同社の「アテンザ」のドアやフロント部のモジュール部品を組み付ける基材（モジュールキャリア）を高強度プラスチックスで生産することを公表している。又、同時にプラットフォームなる概念も提示している。日経 Automotive Technology のEditor's Note（2012年2月14日）によれば、Volkswagen社は、プラットフォームの欠点を補うものとして「MQB (Modularer Querbaukasten)」を提案しているとしている。しかし、プラットフォームはモジュラー構成の一展開形であり、工作機械業界では先行して実用に供されている。又、Volkswagen社のMQBも階層方式異機種モジュラー構成を正しく理解していないことを意味しているに過ぎない。

9.2.1　MC、GC、並びに歯車加工センターにみる適用例

図 9.4 には、Grob 社の MC（5 面加工用 − 5 軸同時制御方式）の外観と本体構造を示してある [9-8]。この MC では、三つの寸法系列からなるモジュラー構成とされているが、図にみられるように、実態は「ベース及びコラムを一体溶接構造としたプラットフォーム方式」である。すなわち、三寸法系列のプラットフォームの一つに対して、「単及び双主軸」、「二種の主軸テーパ（HSK-A63 及び HSK-A100）」、並びに「単及び双テーブル」を組合せることで種々の型式を創出している。更に、主軸速度は、6,000〜18,000 rev/min、又、主軸トルクは、34〜1,270 Nm の範囲でモジュラー構成となっている。ここで、構造設計上の特徴は、(1)工作物を積載した「ブリッジ形テーブル」が双柱形コラム内を上下運動（Y 軸）、(2)主軸頭（横主軸方式）が X、Z 軸方向に運動する形状創成運動にある。なお、この機械は自動車産業及び自動車部品供給産業（一次から三次下請け）に向けて当面のところは商品化されている。

この実用性がある加工空間主体のモジュラー構成という側面に大きく影響されたと思われるが、プラットフォーム方式ユニット構成は円筒研削盤系にも適用されている。**図 9.5** には、スイス、kellenberger 社が 2013 年に採用したプラットフォーム構成による円筒研削盤の模式図を示してある [9-9]。図にみられるように、本体構造の多くの部分を固定して、研削主軸台や工

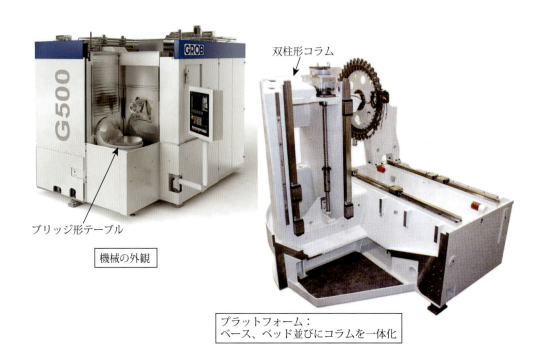

図 9.4　MC に採用されたプラットフォーム方式 - Grob 社、2008 年

作主軸台に力点を置いた加工空間のモジュラー構成を行っている。又、三井精機工業は、2012年の日本国際工作機械見本市に、同じような思想のプラットフォーム方式を採用した「立形ねじ研削盤」(VGE 型) を出品している。この研削盤は、ねじの他にスプライン、歯面、ウォームなどの軽研削加工用であり、ベースを主体とするプラットフォームに研削主軸頭付きコラム及び立形テーブル（工作主軸台と心押台付き）を組合せる方法である。なお、コラム及びテーブルは二寸法系列となっている。要するに、これらは GC への前段階としてのプラットフォームの適用と考えられる。

ちなみに、研削盤は部品の最終仕上げを行う機種であるために、加工方法の柔軟性への要求が希薄なことが背景にあって、モジュラー構成にすることは希有に等しい。そのような環境の中で、Schaudt 社は 1965 年にベース、テーブル、研削主軸台（砥石台）、工作主軸台（主軸台）、心押台、ドレッシング装置、計測ヘッドなどのユニットを基本モジュールとして、自動車部品加工用の特殊円筒研削盤、すなわち「クランク軸研削盤」、「油圧ポンプ・ピニオン研削盤」、「駆動軸研削盤」、「歯車研削盤」、「クラッチリング研削盤」等を生産している。しかし、これは自動車部品用の特殊円筒研削盤が対象という特別な要求によっていたのであろう。

さて、プラットフォーム方式ユニット構成の嚆矢である歯車加工の領域でも、Wera 社が

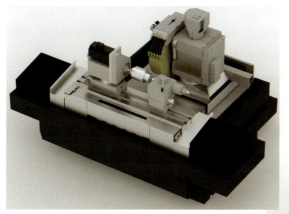

生産形

万能形

図 9.5 円筒研削盤に適用したプラットフォーム方式 (Kellenberger 社の好意による、2014 年)

歯車加工機やポリゴン創成盤等をプラットフォーム方式ユニット構成で生産中である。ちなみに、この企業はホブ切りと歯車形削りの中間的な歯形創成方法である「スカッディング (Scudding)」なる新しい歯車加工法を 2007 年に開発している（**図 1.21** 参照）。又、最近では不二越が工程集約型歯車加工機「ギヤシェープセンタ（GM7134）」を商品化している。この例では、歯車形削盤の（カッタ）主軸に穴あけ及びタップ立て、又、テーブルに旋削機能を付加した形態の歯車加工センターを具現化している。ちなみに、中形リング歯車を加工対象として、ギヤブランクの旋削、端面への穴あけやタップ立てを行った後に歯車形削りを行っている。一つの歯車加工センターの姿ではあるが、TC や MC に比べると加工機能の集積はいま一歩である。なお、Wera 社と同じく、スカッディングを商品化している PRÄWEMA 社は、「歯車スカイビング」（場合によってはホブ切り）、「旋削」、「穴あけ」、並びに「フライス削り」を一台の機械に集積できるモジュラー構成を商品化している。

　ところで、歯車加工の分野では、古く 1970 年代からホブ切りと歯車形削りを集積すること（商品名：Shobber、**図 2.12** 参照）、又、最近では歯車研削とポリシングを集積すること（**図 1.6** 参照）、更には歯面取りとばり取りの集積（**図 1.20** 参照）は既に行われている。従って、プラットフォーム方式ユニット構成の適用は今後大いに進む素地があると考えられる。その一方、歯車は、一例を**図 1.18** に示したように、用途によって熱処理の有無及びその内容が異なること、又、要求精度によって最終仕上げが「シェービング」、「ホーニング」、「研削」、「ラップ」等のいずれかになることのように、加工工程が多岐にわたる。従って、ブランク材の旋削から歯面のばり取り迄の一連の歯車の加工工程のうち、どこを歯車加工センターに取り込むのか、又、それに対する需要の予測が難しいという背景があり、歯車加工センターの概念の構築が難しいと思われる。

　ちなみに、小松製作所は 1980 年代に歯車加工用 FMC を社内設備として設けている。それはロボット中央配置方式で、NC 旋盤、NC ホブ盤、歯車シェービング盤、並びに歯面取り機からなっている。

9.2.2　コンパクト FTL にみる適用例

　加工機能の集積と云えば、TC や MC を思い浮かべるが、2000 年代後半からコンパクト FTL と称すべき加工機能集積の機種が特に自動車部品の加工を視野に入れて商品化されている。これらコンパクト FTL は、各社によって色々と呼称されているが、いずれも自動車産業で進む「多品種少量生産への移行」に呼応すべく開発されていて、次のような三種に類別できる。

(1)　「トランスファーセンター (Transfer Center)」：ELHA 社（2007 年）及び ANGER 社により商品化されていて、これは 1980 年代に多用された平面配置の「ヘッドチェンジャー形

9.2 プラットフォーム

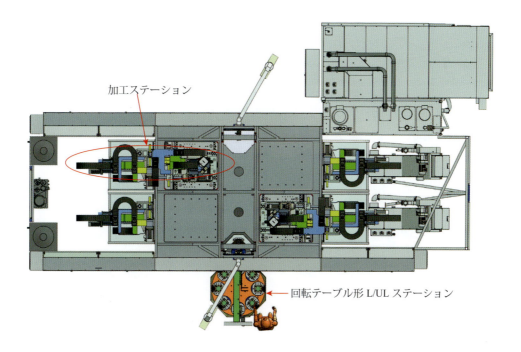

図 9.6　多ステーション MC - Icon 6-250 型（Icon 社の好意による、2012 年）

FMC」をコンパクト・立方体化したものと解釈できる。
(2)　Witzig und Frank 社の「Circular Transfer MC - "Triflex"」及び Precitrame Machines 社の「CNC Rotary Transfer Machine」：前者では MC と位置付けているが、実態として、これらは 1960 年代のロータリー・インデックシング形 TL を近代化した機種である。
(3)　スイス、Icon 社の多ステーション MC（Icon 6-250 型、2011 年に商品化）［9-10］：ライン形 MC からなる FTL のコンパクト化を図ったものと解釈できる。

さて、このコンパクト FTL の構造構成を眺めてみると、在来のユニット方式のモジュラー構成が主力であるものの、プラットフォーム方式ユニット構成の前段階も混在していると考えられる。例えば、図 9.6 に示すように、多ステーション MC は 4 台の MC からなり、一台の MC が一つの加工ステーションに相当していて、工作物に対して同時五面加工を行うことができる。ここで、迅速交換が可能なモジュラー構成の加工ステーションには、最大 8 つの三軸制御加工ユニット（水平及び垂直配置が各 4 つ）まで拡張配置できる設計となっているので、加工ステーションの本体がプラットフォームの役割を果たしているとみなせる。

ここで、参考のために在来形のユニット構成を適用しているコンパクト FTL を眺めてみよう。

第9章　モジュラー構成

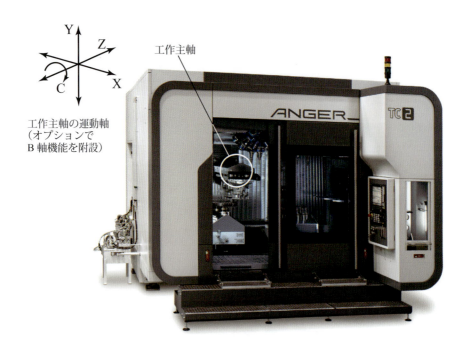

図9.7　トランスファーセンターの外観と加工空間（ANGER社の好意による）

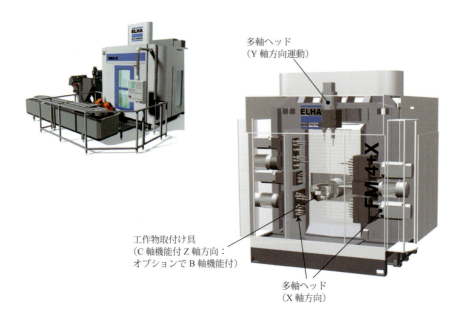

図9.8　自動車部品加工用コンパクトFTL（ELHA社の好意による、2007年）

ヘッドチェンジャー形 FMC のコンパクト・立方体化

図 9.7 及び**図 9.8** には、ANGER 社及び ELHA 社のトランスファーセンターを示してあり、似たような設計思想に則っている。図にみられるように、この機種では運動機能を有する工作主軸に工作物を積載することが特徴となっている。但し、ANGER 社のものでは、全運動機能が工作主軸に集中している。

工作物を加工位置に移送する機能は、加工ヘッドが加工位置に移送されるヘッドチェンジャーとは全く逆の思想であるが、単軸加工ヘッド、多軸加工ヘッド、円錐タレット刃物台、並びに工具カセットに重きを置いたモジュラー構成を適用しているところは同じ設計思想である。ちなみに、ANGER 社の TC 型では「MC 2～5 台分に相当する能力」としていることからも、この機種の生い立ちと同時に、結果として加工機能集積形となっていることが理解できるであろう。

ここで、情報が得られている ELHA 社製について、少し詳しく説明を加えておこう [9-11]。

(1) 開発の動機：MC で自動車部品、例えばエンジンや駆動装置の部品加工を行った場合にみられる「工具交換と密接に関係する無駄時間の多さ」を改善すること。

(2) 機種の位置付け：「MC を搬送ラインと統合したもの」であり、柔軟性（Flexibility）と生産性の両方で MC と TL の中間的な立場。

(3) 形状創成運動：**図 9.8** にみられるように、機械のコラムとクロスビームに積載され、X 及び Y 軸方向に運動できる多軸ヘッド、並びに C 及び Z 軸方向に運動できる工作主軸の組合せから成る形状創成運動。

(4) モジュラー構成：加工ヘッド主体であり、多軸ヘッドはタレットヘッド付きや単軸ユニットにも換装可能であり、いわゆる「モジュラー構成の加工空間」。

(5) 将来への狙い：電気自動車の普及とともに、シリンダーブロック、ミッションケース、リヤアクスル・ハウジングのような大きな部品の加工は消滅して、自動車部品は小形化するであろうとの予測で開発したものと思われる。ちなみに、取り扱える工作物は、コンロッド（長さ 200 mm 以下）、シリンダーヘッド（350 mm 以上）などであり、ANGER 社と同様に、MC による加工よりも 2～2.5 倍加工効率が良いとしている。

ロータリー・インデックシング形 TL の近代化

図 9.9 及び**図 9.10** には、Witzig und Frank 社及び Precitrame Machines 社の機械を示してあり、図から判るように、これらは正にロータリ・インデックシング形 TL（ダイヤルマシン [米]）を近代化したものである。**図 9.10** の場合には、周辺に配置される加工ユニットの数に応じて、機械中央に設置される回転テーブルは四寸法系列となっている。加工ユニットは、フ

タレット刃物台

工作物用タレット
コラム

工作物

図9.9 ロータリー・インデックシング形MC（Witzig und Frank社の好意による、2009年）

図9.10 CNCロータリー・トランスファーマシン – MTR410H型、PRECITRAME MACHINE社、2013年

ライス削り、高硬度材も対象とした旋削、ドリル加工、タップ立て、並びに研削用からなっていて、これらがモジュラー構成の主役である。要するに、研削加工機能を組込んでいるが、典型的な在来形のユニット方式であり、プラットフォーム方式は採用されていない。

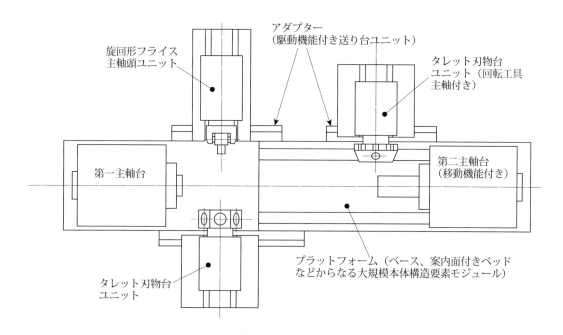

図9.11 プラットフォーム方式ユニット構成の概念構想
－基本加工空間を構成する構造ユニット群

9.2.3 プラットフォーム方式ユニット構成の概念構想及び研究・技術開発課題

以上、前節までに示した実用例を基に、プラットフォーム方式ユニット構成の概念構想を纏めてみると、**図9.11**に示すようなり、この提案では次の三点を大前提としている。

(1) 加工空間を構成する本体構造要素を「構造ユニット」として取扱うこと。ちなみに、**図9.11**には関係する構造ユニットすべての組合せからなる加工空間を示してあるが、加工機能の冗長性を招くことがなく、又、経済性を考えれば、以下に例示するような組合せが適当であろう。

  (a) 第一主軸台＋フライス主軸頭＋タレット刃物台

  (b) 第一主軸台＋第二主軸台＋フライス主軸頭

  (c) 第一主軸台＋第二主軸台＋タレット刃物台（回転工具主軸付き）

(2) 「プラットフォームとの分割性」を明確化。一軸方向の運動機能は必要に応じて構造ユニットに内蔵させる一方、それ以上の運動機能は「駆動機能付き送り台ユニット」に具備させること。

(3) 上記の「送り台ユニット」は、TLに於ける「アダプター」と同様な取扱いとすること。なお、上記のようなユニット構成であると、ボールねじ駆動は利用し難い側面もあるので、

「ダブルピニオン駆動」の組込みも視野に入れる必要がある。

それでは、図 9.11 に示した構想を具現化する際の研究・技術開発課題を議論しよう。その際に留意すべきは、まず加工機能集積形そのものの「構造設計技術」を把握することであるが、この機種は最先端に位置していて、しかも汎用 TC 及び MC は日本国内のみを考えても競合メーカが数多い。その結果、これら加工機能集積形の構造設計は企業秘密とされているようで、関連する情報が公開されることは非常に稀である。ちなみに、構造形態及びエンクロージャの工業デザインに関わる情報が多少公開されているに過ぎない。

そのような状況の中で、プラットフォームに関わる課題を列挙すれば次のようになる。ちなみに、プラットフォーム方式ユニット構成という展開形へ特化するとなれば、「統一の原則」への対処は数段と容易になる一方、「ユーザ主体のモジュラー構成」としての利用方法の検討が望まれる。

(1) **多種多様で複雑な「加工抵抗のベクトル（合力と方向）」、並びに「熱源とその強さ」を考慮して、構成材料も含めてプラットフォームの好適な構造形態と構造構成の決定。**

   機械本体の土台となる「プラットフォーム」は一体構造にできるので、剛性の大幅な向上が望める。その一方、加工機能集積形では、多方向に向かう「加工抵抗のベクトル」、並びに多様な熱源の存在と発生熱の大きな違いを生じる。これらを同時にすべて考慮した上で、機械の基盤として最適とは行かない迄も好適な一つの構造体を実現する技術を構築することが望まれる。

   ちなみに、例えば Hermle 社製立形 MC（B300 型）の場合には、次のような本体構造設計の特徴点が公開されている。本体構造の詳細な構成については開示されることはないであろうが、このような断片的な設計データを吟味の上で積上げて、プラットフォームを含めた加工機能集積形の設計データを蓄積する努力が必要であろう。

   (a) 図 9.12 に示すように、フライス切削力の作用方向をコラム中心に向けるとともに、主軸頭を搭載したクロスビームはバランスの良い「三条案内面」上に装架されている。又、フライス切削力に対向した中央案内部駆動方式。なお、フライス加工の切削力は多方向に向かって作用するので、ここでの図示は多くの場合に「切削力をコラムのふところ内」で支持するという意味合いであろう。

   (b) トラニオン方式テーブル（許容最大積載量：1,500 kg）は、コラム両側壁支持方式。

   (c) ベースは、「ミネラル鋳造方式」（レジンコンクリート）。

(2) **シミュレーションによる構造解析の妥当性と適用限界の解明。**

   加工機能集積形では、多くの場合に FEM によるシミュレーションを用いて構造設計を行っていると宣伝している。しかし、基本的に最も重要な「力学的及び熱的境界条件の設

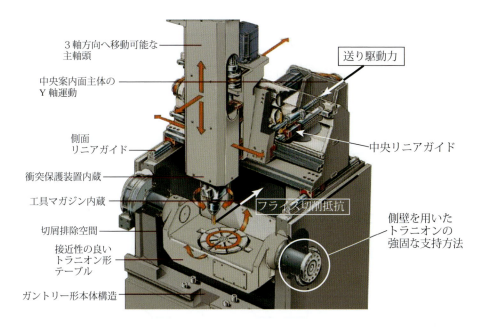

図9.12　5軸制御 MC にみる特徴的な構造設計（B 300 型、Hermle 社の好意による）

定」、特にエンクロージャや機械本体からの熱放散特性を如何に定めたかの説明のないことが多い。その結果、現状ではシミュレーションの結果の信頼性は疑問符付きである（5章参照）。

(3) **プラットフォーム方式では、加工空間に関わる本体構造ユニットの好適な配置方法、そために数多くある設計属性間での優先順位の策定、並びに創出された設計案の評価・選択方法。**

それでは、最後にプラットフォーム方式ユニット構成の更なる高度化への試みを紹介しよう。Abele と Wörn は、**図9.13** に示すように、プラットフォームを用いながら機能面にまで基本モジュールを拡張した「異機種モジュラー構成」を提案している [9-12]。この提案では、「丸物」及び「角物」という代表的な工作物を念頭に置いた「工作物取付け位相」と「運動機能位相」を組合せて基本プラットフォーム上に設定している。そして、工作機械の基本的な機能である「形状創成機能」に関わるモジュールを機能モジュールとして規定している。但し、「技術モジュール位相」と「工具レイアウト位相」は、在来の構造モジュールそのものである。要するに、形状創成機能という上位レベルのモジュールを規定して、その後に構造モジュールへ細分化する構造構成方法である。又、モジュールへの分割に際しては、エネルギー、情報、部品、並びに荷重という広範囲にわたる属性を考えている。

第9章 モジュラー構成

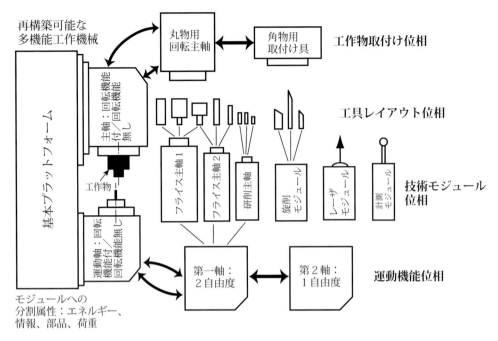

図 9.13 機能モジュールを組み込んだ異機種モジュラー構成（Abele と Wörn による）

　容易に理解できるように、一群の基本モジュールを設定する際に機能モジュールを含めることができれば、複雑さは増えるものの、設計の際にユーザの要求への対応能力、いわゆる「設計の融通性」は飛躍的に増強できる。その反面、モジュラー構成の複雑化に関わって次のような解決の難しい問題が存在する。

(a) システム、あるいは製品設計では、「機能的属性」は「構造的属性」の上位に位置し、取り扱う設計情報の質が大きく異なる。

(b) 上記の好例としては、「機能情報」と「構造情報」の間には「一対一対応」が成立しないことを挙げられる。すなわち、一つの構造モジュールには一つの機能モジュールが対応するものの、一つの機能モジュールを具現化する構造モジュールは数多く存在して「一対一対応」が成立しない。

　要するに、Abele と Wörm の提案は、挑戦的で興味あるものの、実用化の際に最大の障害となる「機能モジュールと構造モジュールの一対一対応問題」[9-4]については、なんらの解決策を提示していない。なお、上述のような煩雑さを避ける意図もあって、図にみられるように、プラットフォーム方式を採用しているとも推測される。

9.3 プラットフォーム方式ユニット構成の設計指針
　　　－ミルターンを例として－

9.3.1　一般的な設計指針

　それでは、プラットフォーム方式ユニット構成の理解を深めるために、ミルターンを例に設計指針を検討してみよう。その際には、加工空間は工作機械の設計・製造技術と利用技術の交点と考えられるので、創成できる展開形の数には制限があるものの、ユーザの要求へ迅速に廉価で対応できる可能性が高いこと、すなわち、「ユーザ主体のモジュラー構成」にも適していることを視野に入れる必要がある。

　さて、既に述べたように、ミルターンの代表的な加工空間は、「第一及び第二主軸」、「万能形フライス主軸頭」、並びに「タレット刃物台」という本体構造ユニットから構成されている。そして、これらモジュールに装着される「チャック」、「センター」、「工具ブラケット」等のアタッチメント、又、切削・研削工具によって加工空間の更なる多様性が与えられている。従って、特にモジュラー構成となっているアタッチメントや切削・研削工具との融合に配慮した本体構造ユニットの選択と配置が技術開発の一つの焦点となろう。

　そこで、まず加工空間の一つの構築手順を以下に提案したい。

(1) 頻度の高い工作物スペクトラムを調査・選定して、ユーザの加工要求の多くに対処できる加工空間の設定。

(2) 基本的な加工空間を構成する本体構造ユニットを定め、同時にそれへ装備するモジュラー方式基準アタッチメントの選択と設定（基本加工空間）。この構造形態でユーザに納品して、ユーザはアタッチメントの交換により、加工機能の多様化を図ることになる

(3) 「基準アタッチメント」は、ユーザの工場での再構築の容易さ及び経済性を考慮して設定。なお、頻度の少ない工作物スペクトラムに対する補助アタッチメント・モジュールも可能な限り整備する（副加工空間）。又、費用的な面で余裕があれば、「プラグイン方式」で交換可能な「補助構造ユニット」を予備として準備しておくこと。

脚註 9-4：**図 9.13** 中の「工作物取付け位相」の考えは、1970 年代に行われた通産省の大形工業技術開発プロジェクト「超高性能レーザ応用複合生産システム」にて既に提示されているが、そこでは**図 9.13** に示すようなレベルまで概念が昇華されていない。なお、**図 9.13** が提案された時期には、ダルムシュタット工科大学（TU Darmstadt）では、METEOR（MEhrTEchnologie Orientierte Rekonfigurierbare Werkzeugmaschine 2010）と題する BMBF（ドイツ連邦教育研究省）のプロジェクトが進行中（Forschung für die Produktion von Morgen の一環）。又、アーヘン工科大学が、既に紹介したように、同じ BMBF の資金でプラットフォームの導入手順に関わる研究を行っている。

これにより、ユーザは現時点及び近い将来に期待される加工対象に対応できるミルターンを購入できることになる。そして、多少の冗長性はあるものの、購入した機械を自社内でユーザ自身が再構築して、幅広い加工要求を処理できることになろう。なお、この再構築は、主に爪チャックの自動爪交換装置（AJC: Automatic Jaw Changer）やモジュラー構成工具のシャンク・モジュールのようなアタッチメント・モジュールの交換により行われることになろう。

ところで、図9.11に関連して、全体像の中で実用性の高い本体構造ユニットの組合せについては既に述べてある。それは、基本加工空間の具現化に関わる本体構造ユニットの組合せと配列からの展開形という視野であるが、本体構造ユニットそのものに別の機能を設ける方向での展開形も考えられる。そこで、以下には簡単に考察を加えてみよう。

第二主軸台

第一主軸台は通常の構造形態で十分であるとしても、心押台へ換装されることがある第二主軸台に具備させるべき機能の策定。図9.11には、第一主軸台と同じもので移動機能付きを示してあるが、「移動クイル構造の主軸」として、それを機動心押軸（電動、空圧駆動、あるいは油圧駆動）に転用することも一案である。これにより、後述する「爪付きセンター」を用いた、高精度の軸物部品加工が可能になるであろう。

フライス主軸頭

現状は、MCの万能フライス頭の域を出ていないが、切削・研削工具以外に小形のタレット、あるいは工具カセットを装着できるようにすれば、機能を強化できる（図8.4参照）。例えば、小さな部品を把握できるチャックも搭載できるタレットを装備すれば、大きな第二主軸台を用いることなく、工作物の口移し加工が可能となる。このような発想には、NC単軸自動盤のタレット刃物台を用いた口移し加工（図8.25参照）、あるいは図9.14に示すようなトラニオン方式ロータリーインデクシング形TLに装備された「工作物把持用四角タレット」の考えも活用できるであろう。

ところで、ドイツ、Rückleグループは、迅速交換可能なフライス主軸頭、例えば在来形万能フライス頭や旋回形同時2軸制御フライス頭の部分のみを商品展開している。これらはMCの他に、五面加工機及び立旋盤の移動形ラムの先端面に装着可能となっている。従って、ミルターンの場合にも「ユーザが交換可能なラム構造」を採用すれば使用可能である。

タレット刃物台

タレット刃物台の配置、形態、並びに具備している機能がミルターンの特徴を決める要因の

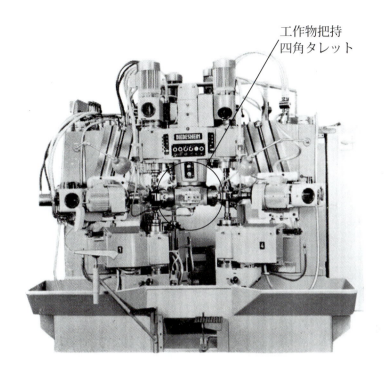

図9.14　トラニオン方式ロータリー・インデックッシング形 TL－AM 型、Diedesheim 社、1960 年代

一つと考えられる。そこで、既に7章で述べたタレット刃物台について再検討を行うことになるが、現今のタレット刃物台は、他の工具座に搭載された工具ブラケットとの釣り合いを取り難い「複合旋削ヘッド」を利用できない構造になっていると考えられる。ちなみに、在来形タレット旋盤や自動タレット旋盤のタレット刃物台は、搭載された工具ブラケット及び工具の重量に多少のアンバランスがあり、割出し時に停止ピンが切断するような問題を内包していても、高い割出し精度を保証していた。

ここで附言すれば、1980年代の NC 旋盤に用いられていた「タレットバー方式」と基本的な工具ブラケットである「複合旋削ヘッド（Multiple turning head）」の組合せは、タレット刃物台の展開形として検討に値すると思われる（図 2.8 参照）。例えば、このような工具ブラケットや組合せ多刃工具を利用してタレットバーの送り運動で加工を行えば、工具レイアウトに時間を要するものの、短い長手送りで仕上げられる部品の加工には効果的であろう。

9.3.2　多様なミルターンの形態

ミルターンによる代表的な加工方法であるターンミーリングには、工作物とフライス工具の位置関係及び相対回転方向によって様々な加工形態がある（図 2.17 参照）。これに示唆される

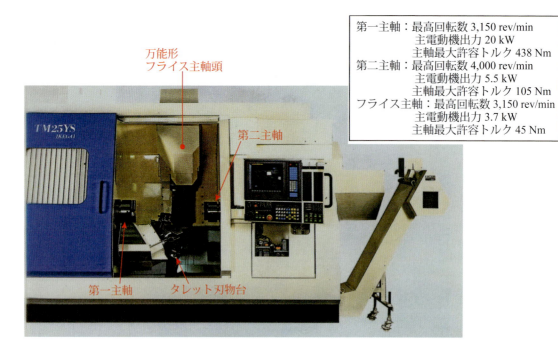

(a) 初期の8軸制御ミルターン - TM25YS型、池貝鉄工製、1990年代

(b) MULTUS B300型（オークマの好意による、2004年）

図9.15　代表的なミルターンの例

ように、一言でミルターンといっても幾つかの構造形態がある。そこで、前項に述べた設計指針を補強する資料として、実用に供されているミルターンを紹介しておこう。又、このようにミルターンに幾つかの形態が存在する背景の一つには、経済的な理由がある。そこで、これまで研究が皆無に等しかった「モジュラー構成の経済性評価」にも触れておこう。

さて、プラットフォーム方式であるか否かを問わずに、時系列的な観点も含めて図9.15(a)及び(b)には図7.11とは別の例を示してある。いずれも双主軸形態（対向配置方式）であるものの[9-5]、万能フライス主軸頭の他に、角形に代わって円錐形のタレット刃物台を装備しているか、あるいは万能形フライス主軸頭のみかの違いがある。当然のことながら、これらの中には代表的な形態から派生した展開形、あるいは代表的な形態へ集約される以前に試みられた形態もあり、それらは次のように纏められる。

(1) 第二主軸台を心押台に換装した形態。
(2) フライス主軸頭を設けずに、タレット刃物台に回転工具による加工機能を集積した方式。万能形フライス主軸頭を装備したミルターンに比べると、回転工具による形状創成機

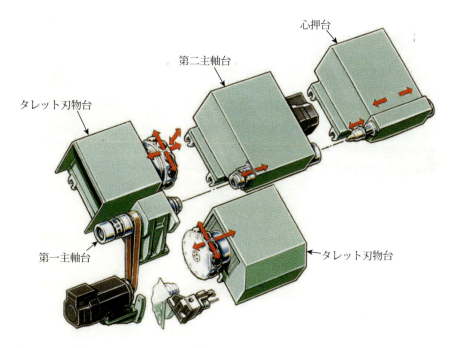

図9.16　ミルターンの展開形 - TNC 42 DGY 型、Traub 社、1995 年頃

脚注9-5：対向配置方式の双主軸形は、古くは例えば車輪旋盤に用いられ、「双頭形」と呼ばれていた。工作物を両端で同期させて回転できるので、軸物の重切削で「ねじり変形」が小さく、高い加工精度を得られる利点があった。但し、主軸駆動系が複雑になるという難点があったが、NC化により解決されている。

能に制約があるものの、構造設計が簡素化されることもあって、この形態のミルターンは広く普及している（**図 2.4 参照**）[9-6]。

(3) 第二主軸台を中央駆動方式として、第一主軸台の逆側に心押台（移動形）を設けた展開形。このような展開形は、非常に珍しいが、**図 9.16** に示すような数多い形状創成運動によって高い「加工方法の柔軟性」を確保できるので、Traub 社が 1995 年頃に商品化している。

9.3.3　モジュラー構成の経済性評価

加工方法の柔軟性が高く、場合によってはモジュラー構成が不必要とも云われるミルターンにも、以上のように幾つかの展開形がある。これは、多種多様な加工要求へ技術面だけではなく、経済性からの適合性も考慮した結果であろう。ところで、「設計」と「評価」は表裏の関係と云われているように、モジュラー構成の経済性は興味ある研究課題ではあるものの、こ

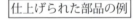

仕上げられた部品の例

加工空間の情景

図 9.17　同一タレット刃物台から構成される経済性の高いミルターンの例
　　　　　（TNX65/42 型、Traub 社の好意による、2009 年）

脚注 9-6：円錐形状タレット刃物台は、ディスク（円板；Disc）形の展開形であり、例えば、Index 社は 1975 年に、「二重同心円上に各々 8 つの工具座を有する形態」のものを GU 1000/GU 1500 型 NC 旋盤へ搭載している（脚註 7-6 参照）。

れ迄関係する研究は皆無に等しい。「統一の原則」とも関係して、如何なる指標を用いて「モジュラー構成の経済性を評価すべきか」という大前提が曖昧なためであろう。

これに対して、Kerstenらが2009年に「Costs-by-cause」と称する原則を用いた意思決定支援方法を提案し、核となる指標を用いてモジュラー構成により得られるコスト効果を評価している[9-13]。ちなみに、「在庫管理」や「品質管理」等に関わる直接的な費用の他に、「製品開発期間」、「商品展開の多様性」、「納期」等モジュラー構成により得られる効果を換算した間接的な費用を考慮すべきとしている。興味ある研究ではあるが、Kerstenら自身が認識しているように、現状は定性的な評価に留まっている。例えば、製品の開発段階からリサイクル迄の費用効果を算定すべきとしているが、ある場合には費用が削減できても、逆に費用が増加する場合もあるので、これは相当に困難な作業である。

例えば、**図9.17**に示すように、Traub社は同一のタレット刃物台（回転工具機能付き）を2、3、あるいは4台装備したミルターンでも、経済的に多くの加工要求に処置できるとしている。プラットフォーム方式でタレット刃物台が同一であるのは、コスト削減に大きく資するであろう。又、そのような型式への要求がユーザから強いとも述べているので、いずれにしろ「モジュラー構成の経済性」は、喫緊の研究課題であろう。

9.4　望まれるアタッチメント・モジュールの姿

前節で論じたように、加工空間を構成する本体構造ユニットを適切に配置できたとすると、次なる問題は基本及び副加工空間を構成するアタッチメント・モジュールの選定と設定である。

アタッチメントについては、既に8章で取扱っているので、それらの中から適用可能なものを洗い出すと同時に、新たに開発すべきものを特定する必要がある。

そこで、加工空間を構成する本体構造ユニットと適切に組合わされるであろう「基準アタッチメント」と「補助アタッチメント」を考えてみると、例えば**表9.1**に示すようになる。表にみられるように、基準アタッチメントとし

表9.1　構造モジュールと組合せ可能なアタッチメント・モジュールの例

構造モジュール＼アタッチメントモジュール	基準	補助
第一主軸台	チャック	———
第二主軸台	チャック	センター モジュラー構成工具 工具ブラケット
タレット刃物台	モジュラー構成工具	工作物カセット 「口移し」治具 振れ止め
フライス主軸頭	モジュラー構成工具 ATC	工作物カセット

て議論の対象になるのは、モジュラー構成工具とチャックである。但し、これら二つに的を絞っても一群のアタッチメント・モジュールを最小限で適正に設定するのは時間を要する作業となる。それは、これ迄メーカ主体のモジュラー構成が遭遇してきた状況と全く同じである。

ところで、「基準アタッチメント」として現状で問題なく適用できるのは、長い使用実績がある「モジュラー工具システム」である [9-14]。TC系、あるいはMC系を問わず普遍化し、各工具メーカにより体系化されているので、それらを如何に有効に利用するかを議論すべきであろう。例えば、古く1980年代には、イタリア、Bakueer社はMC用の穴あけ、中ぐり、リーマ加工などのモジュラー工具システムを商品化しているし、又、Krupp Widia社、Kennametal社、日研工作所などが刃先モジュール交換方式の旋削工具を市販している。

これに対して、チャックについては「長い軸物の高精度加工」への対応能力を検討すべきである。このような加工では、長い歴史的な経緯から「両センター支持方式」の利用が想定されるが、工作物の駆動力が不足という問題がある。そこで、両センター支持で得られる加工精度、あるいはそれ以上の加工精度が期待できる「高精度加工用チャック」についての検討が必要、不可欠である。要するに、現状では、両チャック支持による把握精度及び達成される加工精度の情報は殆ど提示されていない。又、「口移し加工」が行われる反面、高精度加工では再チャッキング無しの「背面加工及び背面突切り加工」も多く行われている。しかし、これらについて可能な達成加工精度の比較評価情報は公にされていない。従って、推測の域をでないが、長尺の軸物を高精度加工するには、両センターによる位置決めが現在でも必要なようである[9-7]。

さて、アタッチメントの中では、チャックが技術開発や学術研究が最も盛んであるものの、以上のような観点からの活動はなされていない。一般的には、コレットチャックの採用が考えられるが、大径の工作物に使用可能なものは少ない（図8.16参照）。又、主軸テーパ穴にセンターを装着して把握力増強のための特殊チャックを使用する方法も考えられるが、いずれにしろ高精度チャックのあるべき姿を議論し、技術開発をすべきであろう。

ところで、チャックの工作物把握範囲に融通性をもたせるAJCが普及していて、これは、チャックのモジュラー構成と解釈できる。ちなみに、関連する特許も数多く、これでは新規のAJCを考案する余地がないと思われる程である。それにもかかわらず、2010年の時点でも地道に技術開発が行われている。例えば、Roehm社はテーパ状のV溝付きのアダプターを用い

脚註9-7：加工空間を構成するアタッチメントの中で、在来形工作機械の時代の姿を色濃く残しているのはセンターであろう。センターには、(1)デッドセンター（死心）及び(2)ライブセンター（回転センター）がある。そして、前者には「ハーフセンター」、いわゆる半割センター、並びに二段センターがあり、いずれも工作物のセンター穴がある端面をセンターで支持したまま仕上げるための工夫である。

て、トップジョーを固定する方式を実用化している。この方式では、爪の交換（位置決め）精度は 0.02 mm 以内である。従って、自動チャック交換装置（カービック・カップリング式）とともに AJC の高精度チャックへの適用についても議論すべきであろう。

　最後に指摘しておきたいのは、望ましいアタッチメント・モジュールの設定には、プラットフォームの機能及び構造形態との融合が大きく影響すると想定されることである。しかし、これに関わる設計方法論は未だ構築されていないので、該当する研究や技術開発の遂行が望まれる。その際の一つの課題は、「コンパクト・多機能集積形」プラットフォームの構築であろう。現行の幾つかの本体構造要素モジュールの組合せをプラットフォームとする方法では、具備させるべき機能の増大とともにプラットフォームのコンパクト性の確保は難しくなる。そこで、**図 9.18** に示す研削盤の「油圧駆動用シリンダーを組み込んだバーガイド」のような多機能集積本体構造ユニットと称すべきモジュールの開発が望まれる。油圧シリンダーは、一般的に熱の発生源であり、バーガイドの案内精度を損なう危険性が大きいが、この例では送り駆動力の付与と案内運動の参照面という二つの機能を巧みに一つのユニットに集積している。

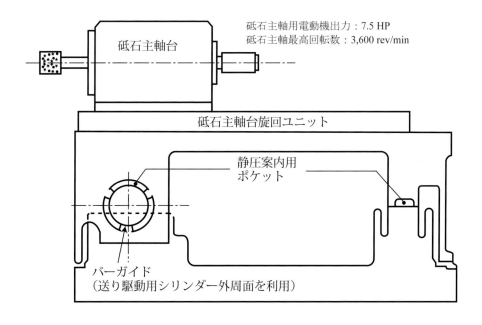

図 9.18　内面研削盤のクロススライドに採用された送り駆動用シリンダーを集積したバーガイド – Heald 社製 ICF 型、1960 年代

参考文献

[9-1] Koenigsberger F. "Modular Design of Machine Tools". ASTME Paper 1967.
[9-2] Ito Y. "Modular Design for Machine Tools". McGraw-Hill 2008.
[9-3] Brankamp K, Herrmann J. "Baukastensystemtik – Grundlagen und Anwendung in Technik und Organisation". Industrie-Anzeiger 1969; 91-31: 693-697, und 91-50: 133-138.
[9-4] Koenigsberger F. "Trends in the Design of Metal Cutting Machine Tools". Proc. of 1st ICPE 1974, JSPE Tokyo.
[9-5] Schu G, et al. "GiBWert – Gestaltung innovativer Baukasten- und Wertschöpfungssysteme". ZwF 2013; 108-11: 813-817.
[9-6] 新野秀憲、伊東誼."工作機械の構造創成方法－第1報　バリアントデザイン方式による創成". 日本機械学会論文集(C) 1984; 50-449: 213-221.
[9-7] Metternich J, Würsching B. "Plattformkonzepte im Werkzeugmaschinenbau". Werkstatt und Betrieb 2000;133-6: 22-29.
[9-8] Dreer R. "Modularity is the new standard". European Production Engineering 2008: 55-57.
[9-9] "Expansion of the machine series". Swiss Quality Production 2013: 22-23.
[9-10] "Series production yes, but flexible please". Swiss Quality Production 2011: 12-13.
[9-11] Brecher C, Zeidler D. "Effiziente Großserienfertigung von Aggregatebauteilen für Automobileindustrie". ZwF 2007; 102-10: 645-649.
[9-12] Abele E, Wörn A. "Chamäleon im Werkzeugmaschinenbau". ZwF 2004; 99-4: 152-156.
[9-13] Kersten W, et al. "Kostenorientierte Analyse der Modularisierung". ZwF 2009; 104-12: 1136-1141.
[9-14] Lyle Charles S. "A Complete Tooling System for the Multifunction Flexible Turning Machine". SME Technical Paper MR86-127, 1986, SME.

補遺　Remanufacturing 対応のモジュラー構成

「Remanufacturing 対応のモジュラー構成」は、具体的には、(1)ユーザが製品寿命を制御できる LCA（Life Cycle Assessment）及び(2)廃棄性設計（再生モジュール利用）への対応に分けられる。いずれの対応でも、ユーザの工場で加工空間を構成している本体構造ユニットを交換することになろう。ちなみに、前者では、新たな機能及び性能を具備したユニットへ交換することで、機械の寿命を延長できる。又、後者では、機能・性能向上時に交換したユニットや修理の際に交換したユニットを更新して、改めて本体構造ユニットとして利用することになる。従って、前者は先進国向けとして、又、後者はレトロフィットの機械に需要のあるアジア諸国向けとして活用できるであろう。ちなみに、中国大陸やベトナムでは、日本製やドイツ製の高度機能集積形の導入希望は強いが、資金面で断念している場合が多い。要するに、一企業として新製品と同時に再生製品を商品展開しようとする戦略には適しているであろう。附言すれ

補遺

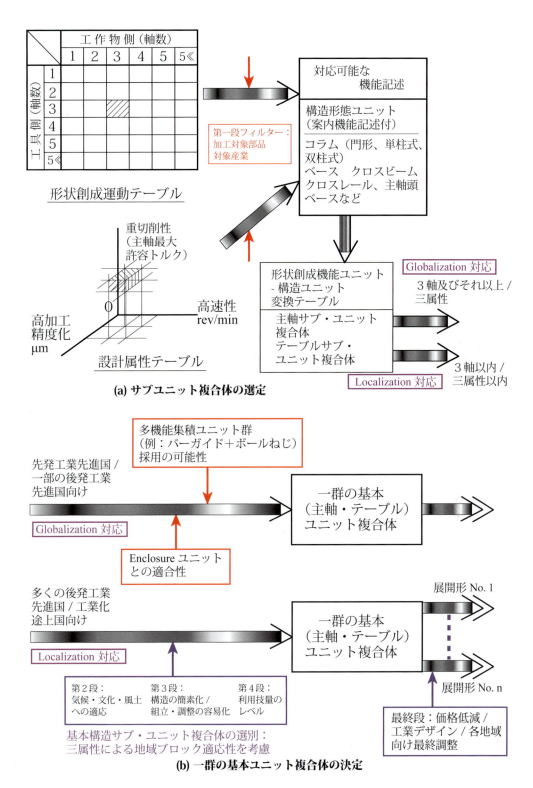

附図 A9.1　Localized Globalization へ対応できるモジュラー構成の一概念

ば、これらは、1980年代末にRemanufacturingなる用語を用いたMcMasterの意図したところに符合している［附A9-1］。

その一方、Localized Globalizationに対応できるモジュラー構成の概念は、国際市場に対応できると同時に、地域社会に適応できる機械の創出を狙ったものである。これに対しては、プラットフォーム方式の導入迄昇華していないが、**附図A9.1**(a)及び(b)に示すような全体像を著者が示している［附A9-2］。図にみられるように、先発工業先進国、後発工業先進国、工業化途上国などへ幅広く対応することを大前提として、形状創成運動、並びに工作機械の主たる三つの設計属性、すなわち「高速性」、「高加工精度化」、並びに「重切削性」の組合せを設計の開始点として、基本モジュール群を選定する方法論となっている。更に、機能と構造の「一対一問題」へ対処するために、製品の階層構造中のユニット複合体レベルで機能を構造へ変換する過程を設けている。ちなみに、ユニット複合体は、プラットフォームともみなせるが、工具側と工作物側のサブユニットの組合せで構築することにしていて、例えば「主軸＋変速箱＋サーボモータ」を一つのサブユニットと考えている。この場合、変速箱は過剰性能となっても一つに設定して、主軸とサーボモータを迅速交換方式とすることにより、多種多様なサブユニットの構築が可能である。

参考文献 - 補

［附A9-1］ McMaster P. "Renaissance in Remanufacturing". Jour. of Inst. of Prod. Eng. Oct. 1989: 23-24.
［附A9-2］ Ito Y. "A Proposal of Modular Design for Localized Globalization Era". Jour. of Machine Engineering 2011; 11-3: 21-35.

付録 全体論的アプローチによって確たる情報を同定する技 – 購入を考えている、あるいは競合メーカの機械の製品情報の読み方 –

　本書では、機械－アタッチメント－工具－工作物系からなる加工空間に焦点を絞って、工作機械の利用技術を全体論的に取扱っている。そのような手法は、利用技術の大前提となる「購入を考えている機械の評価」にも適用できる。すなわち、何らの疑いもなくメーカの提供する製品情報を受け入れて機械を購入するか、あるいは与えられた製品情報の確度を幅広く、同時に専門深化した知識を基に吟味して、購入時にメーカに疑問点の詳細を問い質した上で機械を購入するかでは大きな違いがある。

　このような製品情報の読み方は、工作機械メーカで新製品の試作・開発設計に従事する技術者にとっても大いに役立つであろう。すなわち、競合メーカの製品について入手できた情報の確度を吟味の上、「社外秘」となっている深化した価値ある技術、いわゆる「草の根的なノウハウ」をできる限り探り出して、競合製品との優劣を検討できるであろう。

　要するに、社会の発展及び高度化とともに膨大な情報を簡単に入手できるようになってきたが、それら情報は玉石混淆であり、例えば権威ある学会の技術賞を受賞している製品であるからと云っても、その評価を疑わざるを得ない状況も時たま見受けられるようになっている。そこには、自己の第三者的な眼力を涵養すべき必要性が大きくなっている。

　そこで、工作機械の利用技術及び設計・製造技術の両面から「技術の真髄を理解できる資質の涵養」という側面も加味して、以下には製品情報の読み方、例えば購入に際して対象となる候補機械の製品技術の質を判断する上で必要、不可欠な技術情報の抽出方法を述べている。具体的には、幾つかの最近の製品を例として、まず(1)製品情報の概要及びメーカの主張する特徴、次いで(2)それらに対する既存の学識や技術からみた第三者的な評価と関連する論議を紹介している。なお、必要な場合には、(3)そのような評価過程で得られた今後の研究・技術開発課題にも触れている。

　ちなみに、このような全体論的なアプローチは、5章においてオークマの熱変位補償システムを例に、簡単に述べている。そこで、それを詳細化した例が以下に述べられていると理解して頂いても良いであろう。附言すれば、最近のマスコミや文系の技術評論家は手放しで「日本製工作機械の優秀さ」を誉めたたえている。又、それに同調している工作機械メーカの技術

者や大学の研究者も見受けられる。それは、汎用 TC 及び MC、それらの展開形については間違っていない。しかし、それ以外の機種、革新的な構造形態の提案や構造設計技術等の面でドイツに後れているのも事実である。従って、「優れている機種は更に育て」、又、「弱点となっている機種や技術は補強する」という姿勢が今後のために必要である。そこで、そのような観点からも「附録」を見て頂ければ幸いである[附-1]。

1. ツイン（双）ボールねじ駆動

2000年代前半に森精機製作所が「重心駆動」という、口当たりの良い用語とともに宣伝したのを一つの契機として、現今では日本の工作機械メーカの多くがツインボールねじ駆動を採用している。この技術は、附図 1.1 に示すように、主軸頭やテーブルのような移動体を2本のボールねじで駆動するものである。図にみられるように、「同期駆動される2本のボールねじ」が移動体に駆動力を与えるという普遍的な機構である。それにもかかわらず、一時期には大きな話題となったが、それは「重心駆動の実現」という魅力的な言葉による所が大である[附-2]。

ところで、公開されている情報によれば、東芝機械が日本特許を所有しているにもかかわらず、現今では国内の工作機械メーカ各社によって広く採用されている。そこには、キタムラ機械のように東芝機械から特許実施許諾（1999年4月）を得ているとの表明はないので、敢えて善意に解釈すれば、東芝機械の特許に抵触しない自社独自の差別化技術を開発しているのであろう。その一方、留意すべきは、附図 1.2 に示すように、ドイツ、Diedesheim 社が東芝機械よりも早い時期に「ツインボールねじ駆動」のドイツ特許（1980年代前半）を取得して、「Variocenter」に採用していることである。具体的には、図に示すように、「旋回機能付きテーブル・ユニット」（鋼板溶接構造、最大積載重量 4,000 kg）を滑らかに運動させるために、「ツインボールねじ駆動」が採用されている。又、この愛称「Variocenter」は、コンパクト形 FMC の形態であり、自動車産業向けの FTL を構築する際に中核加工機能の役割を果たしている。

脚註附 - 1：ここでは、一般的に得られた情報のみから候補機械の製品品質を推測することを主眼に全体論的な論議の効用を述べている。そこで、敢えて該当する機械のメーカには問い合わせをしていないが、問い合わせをしても「社外秘」の技術として情報は提供されないであろう。

脚註附 - 2：「重心駆動」なる用語は、牧野フライス製作所の平元氏が1998年の CIRP に提出した論文で初めて使用されたと著者は理解している。しかし、その時に同時に東京工業大学の新野教授が「Nanometer Positioning of a Linear Motor-Driven Ultraprecision Aerostatic Table System with Electrorheological Fluid Dampers」と題する論文を提出して、そこでは「駆動軸の中心は、直線運動誤差を最小化するために、テーブルの質量中心の延長線上及び両案内面の左右方向中心に一致させ、更に案内面の上下方向対称軸上に位置させている」と記述されている。これは、転倒モーメント最小化を具体的な構造構成とする記述であり、妥当な表現であろう（3.2.1 項参照）。

1. ツインボールねじ駆動

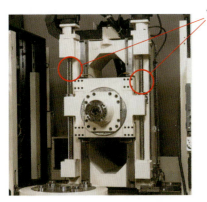
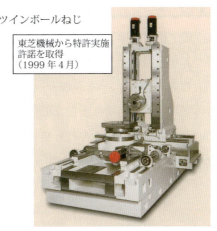

NX76型、東芝機械（特許 No.1619854）
1998年市販開始：主軸頭の駆動用

ツインボールねじ
東芝機械から特許実施許諾を取得
（1999年4月）

HX型、キタムラ機械、2002年

附図 1.1　横形 MC のツインボールねじ駆動

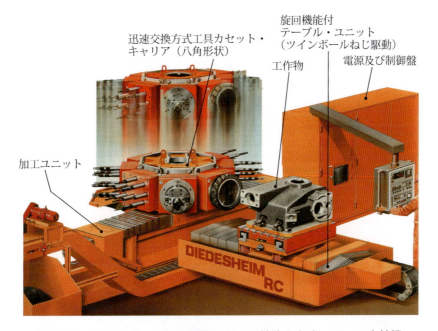

附図 1.2　ツインボールねじ駆動のドイツ特許を有する FTL の中核機
　　　　"Variocenter"（Diedesheim 社、1980年、同社の好意による）

　ちなみに、Opel 社に納入されたエンジン部品加工用 FTL が良く知られている［附 1-1］。
　更に、著者のような古手の工作機械技術者からみると、次のような疑問が生じる。すなわち、「ツインボールねじ駆動」は、「双軸送り駆動方式」の一つであり、著者が駆け出しの設計者であった 1960 年代には既に普遍化した技術であった。確かにボールねじは、その当時に使

265

用が始まっているので、新しい技術と云えないこともない。又、「重心駆動」は、「脚註附2」に述べたように、正確には「案内面に対する直交三軸まわりの転倒モーメントの最小化」と称される技術であり、高い加工精度を実現する設計の基本素養である。

ところで、周知のように、「転倒モーメントの最小化」と「双軸送り駆動方式」は、相互に関連して高い案内精度の実現に密接な関係にある。更に、工作機械の構造設計に関わる真髄が凝縮されている他に、各メーカの社外秘に属する「草の根的な設計及び製造技術のノウハウ」の固まりである。となると、「ツインボールねじ駆動」は、ここで取り上げるべき格好の課題であろう。

1.1　議論すべき諸点及び類似、あるいは関連する過去の事例

まず、議論すべき事項をまとめてみると、(1)先行するドイツ特許があるのに、何故に特許庁は日本特許を東芝機械に与えたのか、(2)ツインボールねじ駆動は本当に新しい技術であるのか、並びに (3)「重心駆動」は適切な用語であるかとなろう。

ドイツ特許があるにもかかわらず、何故に東芝機械が特許を取得できたのか

特許の審査官は、世界各国の関連する特許について情報を持っているので、ドイツ特許を見逃すことはないであろう。となれば、Diedesheim 社の製品カタログにドイツ特許を取得済みと明記されているのに、何故に特許庁は東芝機械のツインボールねじ駆動を特許と認定したのであろうか。そこには、東芝機械の特許がドイツ特許を差別化する技術を内包しているものの、特許公報以上には公開されていないと考えるのが妥当であろう。すなわち、憶測の域を出ないが、「ツインボールねじ駆動」には、後述するように、「草の根的なノウハウ」に属する差別化技術が多いのであろう。

ツインボールねじ駆動は本当に新しい技術なのか

既に述べたように、技術の先行性の面で鮮明さには欠けるものの、工作機械の一流国であるドイツ及び日本で特許を取得しているのであるから、常識的に考えれば、ツインボールねじ駆動は新しい技術と解釈される。しかし、見掛け上は、古く1960年代に Kearney & Trecker 社により実用化された「Exclusive Twin Elevating Screws 方式」と称する「双（台形ねじ）軸駆動方法」となんらの違いはない。この駆動方法は、ニー形横フライス盤（T^s 型）でニーの昇降運動に用いられていて、同一ピッチ円径の確動運動を保証する歯車3枚によって、二つの軸の同期駆動を実現している。

又、Volvo 社はガソリンエンジン部品加工用としてカム軸超仕上盤を内製していて、**附図**

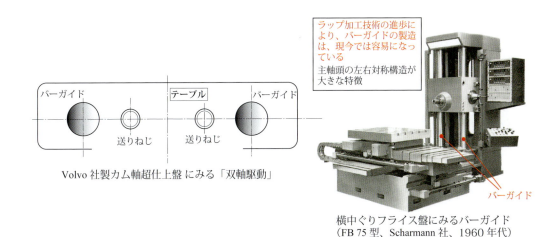

附図 1.3　典型的な「双軸駆動」と「バーガイド」の例

1.3 に示すように、典型的な「双軸駆動とバーガイド（円筒案内面）方式」を採用している。図は、概念を示しているに過ぎないが、「各軸廻りの転倒モーメント最小化構造」となっていることが判るであろう[附-3]。ここで理想的には、二本の送りねじ、又、二本のバーガイドが互いに同等の送り駆動、又、案内運動を行うのが望ましいが、加工技術及び組立技術の関係で必ずしも同等にはならない。実際には、例えばバーガイドでは、左右の案内に微妙な違いが生じて、「案内のこじり現象（Cocking 作用）」を誘発する。そこで、写真や一般的な技術資料からは伺うことはできないが、すべり方式バーガイドには「主案内」と「副案内」の区別が設けられている。更に、バーガイドには、硬質クロムメッキを施した後に、「逆電解処理」を施して、微細な油溜めを設けることもある。

ちなみに、附図 1.3 には、バーガイドの採用で有名であった西ドイツ、Scharmann 社の横中ぐりフライス盤も示してある。同社のバーガイドは、図から判るように、案内部と送り軸は相当に離れているので、転倒モーメント最小化という効果よりも、「主軸先端に近いところへの案内面の配置」及び「左右対称の案内の配置」による「主軸オーバハングの最短化及び"こじり"作用の低減」を狙っていると考えられる。

このように、仔細に眺めると、双軸（台形ねじ）駆動ですら技術の新規性の判断が難しい。従って、ボールねじともなれば、要求される送り精度及び案内精度の向上によって予圧方法、

脚註附 - 3： Volvo 社は 1945 年以来、機械の Operability と Maintainability を確保するために工作機械を内製している。ここで図示した情報は、著者が 1986 年 9 月に同社 Sköde 工場を見学した際のメモによる。ちなみに、Volvo 社の例を含めて、双軸駆動（台形ねじ及びボールねじ方式）の場合に、左右のねじに「主」及び「副」の割り付けをしているか否かは、公表されている情報がないので定かではない。

両端の支持方法、案内面とボールねじの位置関係などが大きく関係してくるので、問題は更に複雑となるであろう。

重心駆動は適切な用語であろうか

如何なる力学的及び熱的な負荷の下でも、常に移動体の「重心駆動」が保証されるという設計が完全に具現化されれば、それは非常に革新的である。しかし、テーブルに工作物が積載されない状態で重心を駆動しているならば、工作物を積載すれば当然のことながら重心位置は高くなり、重心を駆動できなくなるのが一般的な理解である。又、汎用 MC ならば多種多様な工作物を積載して多種多様な加工を行うので、たとえ重心点が一定でも変動する切削抵抗が多様な方向へ作用する。その結果、たとえ重心点を駆動しても加工方法によって、又、加工条件によって加工精度は大きく異なってくる。従って、加工対象の工作物スペクトラムで頻度が非常に多いものを対象に、限定した「加工精度が高い重心駆動」と云うならば実現は可能であろう。しかし、それでも非常に高度な設計・製造技術、並びに利用技術の保有が大前提となるであろう。

なお、付言すれば、工作機械の設計技術で「重心」の重要性を再認識させたのは英国、NPL（National Physical Laboratory）であろう。この研究所は、1987 年に「テトラポット形超精密研削加工機」なる提案を公表している［附 1-2］。この機械では、**附図 1.4** に示すように、三つの中空球を頂点として球間をタイロッド（高粘度油封入）で結合して構成される構造の重心点に加工点を設けている。重心点が加工位置であることは、作用荷重による変形が小さく、また、熱変形を最小化できる。

この加工機の場合にも、図にみられるように、多くの新しい試みがなされているが、次のような議論すべき事項も指摘できる。

(1) GaAs ウェハのような半導体の研削加工用であり、1 nm の加工精度（50 mm の加工範囲）を目標としている。そこで、タイロッドには「高粘度油」を封入して、高い振動抑制能力を付与している。

(2) 高い減衰能を有していながら、加工点での静剛性は、10,000,000 lb/in（約 170 kgf/μm）とされていて、主軸は空気軸受支持方式である。となれば、加工点近傍の軸受構造に相当の工夫がなされていて、更に「供給空気のゆらぎ」にも配慮されていると考えられるが、なんらの記述もない。

(3) 主軸の駆動軸は、フレキシブル方式となっていて、これは主電動機の磁歪振動や不釣り合いによる振動の影響を低減するためと考えられるが、主電動機の振動階級 については説明がない。

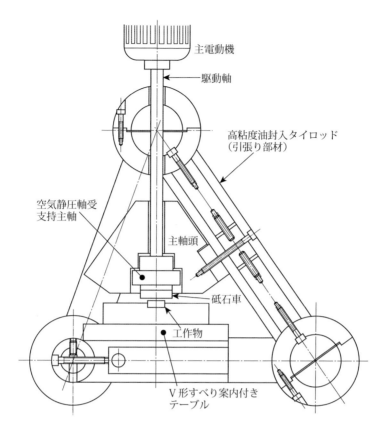

附図 1.4　テトラポット形超精密研削加工機の概要（NPL、1987 年）

(4) テーブルは、「ラップ仕上げされた親ねじ」と「PTFE コーティングナット」の組合せによる駆動方式。Moore 社の超精密治具研削盤も似たような構成であるので、これには問題がないと考えられる。

1.2　想定される今後の研究・技術開発課題

NC 工作機械が主力の現今では、サーボモータの普及によって双軸駆動は普遍的な技術となっている。しかし、在来形工作機械の時代には、(1)単一送り電動機から歯車駆動機構を用いて二本の送り軸に動力を分配、あるいは (2)複電動機方式として、各々の送り軸を別個の電動機で同期駆動していた。いずれの方法でも、二本の送り軸の同期運転の具現化が大きな問題であって、前者では Kearney & Trecker 社のような工夫、又、後者では電気的な同期が図られていて、そこにはノウハウが必要であった。

それでは、各ボールねじ毎に駆動電動機を装備している現今のツインボールねじ駆動には問題がないのであろうか。前述のように、東芝機械の特許が「有ってなきがごとし」の状況をみ

ると、案内面の種類、構造形態、並びに送り軸の配置位置などに関係した、総合的に深化した技術が議論の対象になるであろう。

ところで、現状では問題となっていない、あるいは公表されていないようであるが、送り運動の精密化及び案内精度の高度化とともに、将来的には「こじり現象の全くない案内

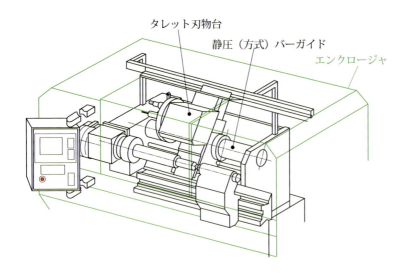

附図 1.5　CNC 旋盤のタレット刃物台積載クロススライドの静圧バーガイド
　　　　- Monforts 社 RNC 系列、1997 年

機構」が要求されるであろう。ちなみに、このような将来的な課題は、油静圧案内面にもみられる。すなわち、より高い案内精度を実現するために、作動油の供給系のキャパシタンスの低減が問題となっているが、将来的には作動油に混入している微細な気泡によるキャパシタンスが案内精度に影響するであろうことが指摘されている。

さて、「こじりの全くない案内機構」をツインボールねじ駆動で実現するとなれば、具体的には「主及び副送りねじ」という役割分担、並びに主案内面と主送りねじの位置関係を研究することに問題は帰着するであろう。このような技術は、平滑化効果のある静圧案内面、又、摩擦力の小さいリニアガイドでは必要性は少なく、すべり案内面で特に問題になると考えられる。但し、静圧案内面では、別の意味での深化した技術が要求されることにも留意すべきである。ここで、その一例として、Monforts 社製 CNC 旋盤（RNC 系列）のタレット刃物台積載クロススライドの静圧バーガイドをみてみよう（1997 年 9 月 8 日に著者が現地調査）。**附図 1.5** には、該当する旋盤の姿図を示してあり、そこには次のような草の根的な配慮がなされている。

（1）　静圧バーガイドは鋼製円筒ビーム（直径 300 mm、隙間 5 μm）で構成され、バーは上方へ反るように、調整・固定されている。そのためにすり割り付きバー支持ブロックを用いて、締結ボルトの締付け力を調整。なお、鋼製円筒ビームは、Fortuna 社製円筒研削盤で加工。

（2）　クロススライドの前部案内部はバーガイド、又、後部案内部は「すべり案内面」であり、すべり案内面のあご部をクロススライドの後端部が「挟み込む」形態。

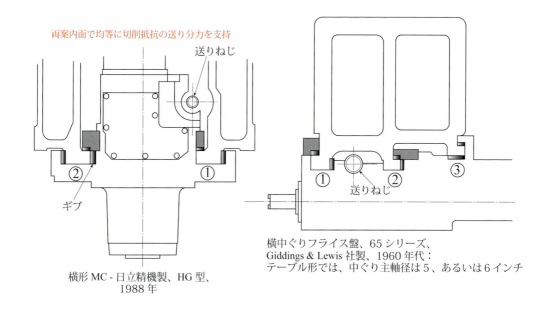

附図 1.6　八面拘束方式すべり案内面構造 – ギブの嵌合い代の微妙な調整

　それでは、ツインボールねじ駆動の将来技術で一方の核になると思われる、高い案内精度を具現化している「八面拘束案内面」について以下に議論しておきたい。

　既に、3.2.1 項「案内精度の定義と基礎知識」で述べたように、案内面は、基本的には、案内の基準となる「四面拘束の参照案内面（主案内面）」と「二面拘束の案内面（副案内面）」の組合せ、すなわち「六面拘束」の構造となっている。しかし、高い案内精度を実現するために、加工及び組立・調整に時間と費用を要するにもかかわらず、「八面拘束案内面」を採用することがある。これにより、案内運動で必要、不可欠な「遊隙」をできる限り小さくできるが、その一方、すべり案内面では「こじり現象」が生じやすくなり、甚だしい場合には「移動体の固着」を招き、修理に多大の費用を費やすことになる。

　そこで、附図 1.6 に示すように、予め「遊隙」にわずかの差を設けて、見掛け上は同じ「四面拘束」であるが、「主案内面」と「副案内面」の役割分担をさせている。ここで、図中の①を付した方が「主案内面」、又、②を付した方が「副案内面」であり、横形 MC では送りねじに近い側を「主案内面」として、そこのギブは反対側よりも「きつい嵌め合い」に調整している（案内構造を強調して図 5.27 を再掲）。ちなみに、図中に同時に示してある横中ぐりフライス盤では、主軸頭先端側から「主案内面」及び「副案内面」が配置され、これら二つで「八面拘束方式案内面」を構成している。又、主軸頭の最後方には、補助として第三案内面を主軸頭内のラム（主軸スリーブ）案内の後端部近くに相当する位置に「抱き抱え方式」（Rugged

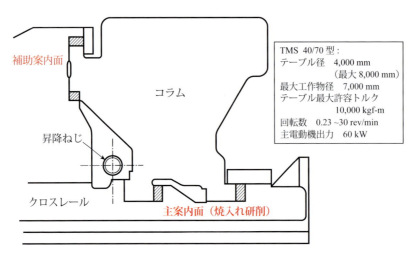

附図 1.7　オープン形立旋盤のクロスレール案内面とギブ配置
（四ギブ方式）－O-M 製作所、TMS 型、1960 年代

slideway）で配置して、高い中ぐり加工精度を保証している。なお、主及び副案内面は、部厚いコラム壁にて支持するとともに、主軸スリーブ支持軸受け位置に配置している。

　ここで、参考迄に**附図 1.7** にはオープン形立旋盤のクロスレールに採用された四ギブ方式を示してある。この案内構造は、一見しただけでは「十面拘束案内面」と思われるが、実は一般的な「六面拘束」に補助案内面を設けたに過ぎない。大形工作機械では、重量のある大物部品を運動させて重切削を行いつつ、高い案内精度を確保するために、生産コストは高くなるが、六面拘束以上の案内方式とすることが多い。これは、「技術の真髄」の理解が難しいことの代表的な例示である。

　要するに、ツインボールねじ駆動を高精度のすべり案内面で採用するとなれば、「八面拘束案内構造のギブ調整」、あるいは横中ぐりフライス盤にみられるような、きめこまかい設計上の配慮、ならびにそのような配慮が案内精度へ及ぼす影響の解明が必要となろう。

2.　ヤマザキマザックオプトニクス社製「匠フレーム」
－第 3 回ものづくり日本大賞　経済産業大臣賞受賞－
（平成 21 年度、出展：Cyber World 2009, No. 30 他）

　この技術は、レーザ加工機の土台部分、いわゆるベースを**附図 2.1** に示すような「鋼板構造」として製造するものである。しかし、鋳造構造に比較した効果として、(1)振動減衰時間は 1/2 に減少、又、(2)リード時間は 1/15 に短縮、更に (3)原価は 1/5 に低減と報告されている

他には、「製缶構造とは全く異なる鋼板構造」と説明されているのみである。すなわち、企業秘密のためか、公開されている情報は多くはなく、次のような特徴的な様相が示されているに過ぎない。

附図 2.1 「匠フレーム」の外観

(1) ベースの構造構成要素、例えば「側壁」、「底板」、「隔壁」などは鋼板をレーザ切断で準備するとともに、それらに伝統木造建築の「ほぞ」、「くさび」、並びに「継手」を倣った「切込み嵌め合い部」という結合手段を加工してある。

(2) 上記の構造構成要素を「木組み構造」のように組合せた上で、必要な箇所を「点付け溶接」で仮組みした上で、「長尺の通しボルト」(受賞業績に添付の部品展開図から推測)で補強しつつ最終組立を行い、平鋼板製箱形梁の形態としてベースを製造している。このように、伝統建築の技を利用しているので、「匠フレーム」と名付けている。

要するに、木造建築に於ける「木組み構造」を鋼板構造に応用したものであり、公表されている**附図 2.1** からは不明であるが、従来の工作機械用鋼板溶接構造が溶接を主体に構成されているのとは大きく様相が異なっていると解釈できる。しかし、その反面、薄い鋼板を多数の長尺の通しボルトによって締付けて高剛性を実現するには、歪みの無い断面形状を有する箱形梁とすることが必要、不可欠である。それには、変形し易い鋼板を多数のボルトで締付けて、締結力を個別に適正に管理して組立精度を維持する仕組み、並びに長期にわたるボルトの緩み止め対策が興味の対象となる。しかし、企業秘密によるものと推定されるが、これらに対する説明はなんらなされていない。

2.1 議論すべき諸点及び類似、あるいは関連する過去の事例

さて、以上のような製品情報から、まず論議の対象となる項目を抽出してみると、次のようになる。

(1) 「製缶構造とは全く異なる鋼板構造」という技術の説明からは、工作機械用鋼板溶接構造の展開形を採用していると類推されること。

(2) それにもかかわらず、工作機械用鋼板溶接構造で古くから周知の技術である「ほぞ穴」付き隅肉溶接や断続溶接継手の減衰効果などへの言及がみられず、又、有名な「減衰継手」との比較もなされていないこと。

構造	I	II	III
自重 kg	60	60	21
曲げ剛性 kgf/µm C_x	3.8	6.5	6.4
C_y	5.8	10.0	6.9
ねじり剛性 kgf-m/rad C_d	3.5	7.2	5.3
固有振動数 Hz f_x	380	530	650
f_y	450	610	695
F_d	510	675	680
減衰係数比 D_x	0.002	0.001	0.003
D_y	0.002	0.001	0.002
D_d	0.002	0.002	0.002

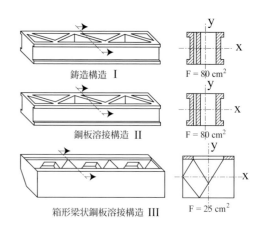

附図 2.2　鋼板溶接構造と鋳造構造との比較 – 普通旋盤のベッド（Bielefeld による）

(3) 大幅な「減衰能の向上」を画期的と報告しているが、これは工作機械用鋼板溶接構造では周知の事実であり、なんら特徴的様相ではないこと。示唆すべきは、「高い剛性と高い減衰能は両立しない」のが工作機械の構造設計の常識である点を打破した構造設計上のノウハウであろう。

(4) 上記に関連するが、ことさら「匠フレーム」と名付けて在来の工作機械用鋼板溶接構造を脱皮しているのであれば、如何にして「溶接継手を多用せずに、高い組立精度を確保したのか」、「縦貫材のような役割を果たすボルトの効果は」、又、「ボルトの緩みによる組立精度の経年変化への対策」について、企業秘密を守りながら、多少の示唆があっても良いこと。

(5) レーザ加工機で精密「ルーティング加工」を行うとなれば、レーザヘッドに高い運動精度が要求される。ちなみに、変形しやすい2枚の側壁を多数の長尺の通しボルトで締め付ければ、箱形梁としての組立時に締付け力の不均一にともなう「あばれ」が生じて、組立精度の確保が難しくなるのは周知の事実である。しかも、側壁には案内面が一般的に設けられるので、このような「あばれ」への対策を如何に行ったか。

以上のように、全体論的アプローチを行えば、機械の購入時にメーカに問い合わせをすべき数多くの技術課題を浮き彫りにできる。そこで、上記の議論を更に深めるために、関連する過去の学識や技術事例を以下に紹介しておこう。なお、ボルト結合部や二平面接合部が高い減衰能を示すことは、3章を参照頂きたい。

まず、留意すべきは鋼板溶接構造については、1950〜1970年代に活発な研究や技術開発が

行われ、現時点では成熟した構造構成方法の一つと目されていることである。**附図 2.2** には、鋳造構造と鋼板溶接構造の性能比較を代表的な普通旋盤のベッドについて示してある。図にみられるように、箱形梁状鋼板溶接構造Ⅲは、重量を 50 % も削減しながら好適な静的及び動的な特性を示している［附 2-1］。但し、鋳造構造での剛性向上対策、鋳造構造と溶接構造との比較データ等を参考に「鋼板溶接構造」向きの設計を行うことが大前提となる。

「ほぞ穴」付き隅肉溶接を含む各種溶接継手の減衰能増加効果

鋼板溶接構造では、各種溶接継手の特徴を活かして利用することが肝要であり、そのために古くから「各種溶接継手の剛性と減衰能」に関わる研究が行われている。その結果、「溶接継手部に生じる微小なすべり」による摩擦エネルギー損失、いわゆる「剪断効果」を有効に利用すべきとする設計原則が確立されている。ここで留意すべきは、「剪断効果」は、二平面接合部の「接線力比」、すなわちクーロンの摩擦則が成立する「巨視的なすべり」が生じる前段階の「微細なすべり領域での摩擦係数」が関与するもので、「接線力比は変位依存性を有する」という特徴的な様相を考慮すべきである［附 2-2］。

附図 2.3 は、有名な Bobek らの示したデータであり、剪断効果の有効性及び大きな剪断効果を得る溶接継手の例が示されている［附 2-3］。但し、図にみられるように、設計・製造方法に対して、次のような配慮が必要、不可欠である。

(1) 二枚合せ板をユニットや本体構造に採用するときには、「剪断効果」を消滅させないような構造設計及び組立てを行うこと。

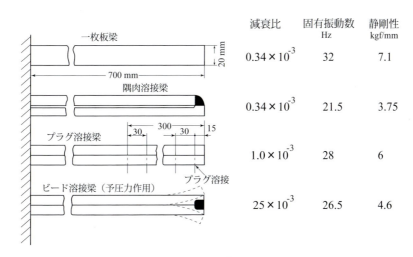

附図 2.3　二枚合せ板の静剛性と減衰能－「剪断効果」の利用（Bobek による）

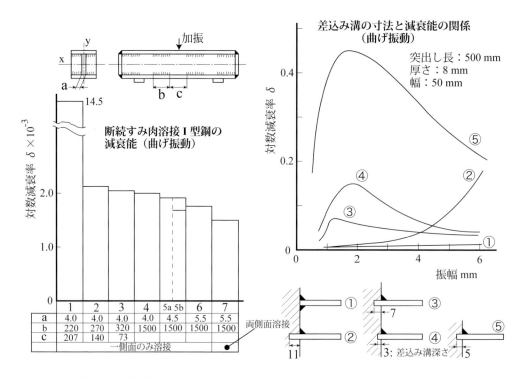

附図 2.4　溶接継手による減衰能の増加効果（Eisele と Drumm による）

(2) 「剪断効果」を高めるために、十分な予圧力と広い接触面積を確保した上で二枚の板を固定して、スポット溶接や隅肉溶接を行うこと。

附図 2.4 には、連続及び断続溶接継手にみられる減衰能の違い、更に「ほぞ穴」付き隅肉溶接（図では「差込み溝」と表記）が示す高い減衰能の例が示されている［附 2-4］。周知のように、溶接部が「微小すべりを伴う変形」を生じる程、すなわち「連続溶接」よりも「断続溶接」の方が減衰能は大きくなる。又、敢えて云えば、「ほぞ穴」は、溶接構造を作り出す際に多用される、一つの「仮付け」の手法であり、こと改めて宣伝する技ではない。なお、ほぞ穴の深さによって、減衰能に明白な極大値が現れるが、これは二枚合わせ板の減衰能が示す特徴的な挙動である。すなわち、接触面積と作用している接触圧力の相乗関係で現れる挙動である。

減衰継手の概念と応用例

Kronenberg らは上記の「剪断効果」を積極的に活かす構造構成として、**附図 2.5** に示すような「減衰継手（Damping Joint）」を 1950 年代に提案している［附 2-5］。この提案では、側壁とリブ、あるいはリブ同士が接触する平面部を「やすり仕上げ」として、溶接の収縮応力で平面部に面圧力を作用させ、大きな「剪断効果」を得ている。又、Kronenberg らは減衰継手を

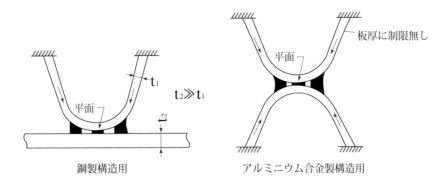

附図 2.5 剪断効果の効果的な利用 – 減衰継手（Kronenberg らによる）

Bryant 社製内面研削盤の主軸台付きベース本体に試行的に応用して、研削主軸が最高 180,000 rev/min で回転しても支障となるような何らの振動は認められないという興味ある報告をしている。この試行例では、連続、断続、プラグ溶接、減衰、並びに部分減衰継手を適切に組み合せて、溶接ベースを作り出している。なお、減衰継手は日本の工作機械メーカにより 1960 年代以降に数多く試みられている。しかし、平面の接触不良により、所期の効果が得られていないことが多く、又、東芝機械の例では、減衰リブを順次溶接していると、前に溶接したところが溶接変形で剥離するという問題もみられた。

以上のように、工作機械技術者であるならば、溶接継手の種類による減衰能の大きさの違いや「剪断効果」の存在は常識的な知識であるので、「匠フレーム」では触れなかったのであろうが、機械を購入するとなれば、「点付け溶接」の採用箇所及び如何なる継手形状かはメーカに確認すべきである。

2.2 想定される今後の研究・技術開発課題

色々な見方ができる「匠フレーム」であるが、現状では「高い剛性」の確保及び組立精度の長期にわたる維持に難点があると推測できる。その一方、現時点では技術の進歩に限界のみえる鋼板溶接構造が、「木組み構造」の思想を導入することによって高度化できる可能性も高い。それには、上述の難点を克服すると同時に、「剛性方向依存性」を積極的に利用した構造設計技術の導入が必要であろう。又、各通しボルトの締付け力を個別に適切に調整することで、「案内面の配置状態」を規制、すなわち「案内精度」を制御することも可能である点も有効に利用すべきである。**附図 2.6** には、1970 年代後半に George Fischer 社によって CNC 旋盤（NDM 25 型）のベースに採用された予荷重方式（膨張剤入り）のコンクリートベースを示してある。ここで、図中の予荷重用ボルト A 及び B によって、ベースは中央部で水平及び垂直

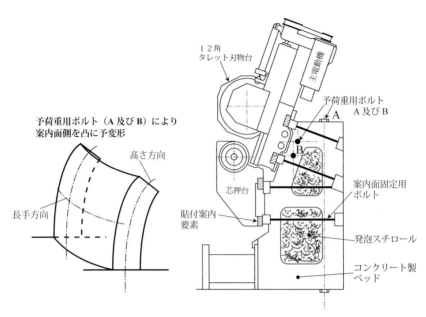

附図 2.6　コンクリート製ベッドにみる予変形
－CNC 旋盤（George Fischer 製、NDM 25 型、1970 年代後半）

方向に凸状態に変形させられている。しかし、タレット刃物台付きクロススライドの運動時には、負荷によって凸状態から平坦化され、高い案内精度が実現される。要するに、予荷重用ボルトの締付け力を調整して、「ベースの中高状態」を規制するのがノウハウである。なお、コンクリートの圧縮強さは 400〜500 kgf/cm^2 であり、骨材は破砕したグラナイト、又、ベッド表層下には、油と切削剤の侵入防止用遮蔽材を埋込んでいる（これらの情報は、著者が第 3 回 EMO Show、ミラノ、1979-10-18、にて直接入手したもの）。

3.　ヤマザキ・マザック製フェーシング・ターニングヘッド形式 MC-ORBITEC 20 型

　この技術は、**附図 3.1** に主軸先端部分を示すように、「外主軸」に対して偏心して組込まれた「内主軸」という「二層主軸構造」を有する MC に関わるものである。容易に理解できるように、このような二層主軸構造は多様な形状創成運動が可能であり、メーカは次のような利点を強調している。

(1) 固定した工作物の外周や内周に沿って切削工具が運動することにより、フランジの端面や外径の旋削加工、内面溝入れ加工、テーパ穴中ぐり加工など多様な加工が可能。

(2) バルブや偏心部品の加工に適していること。

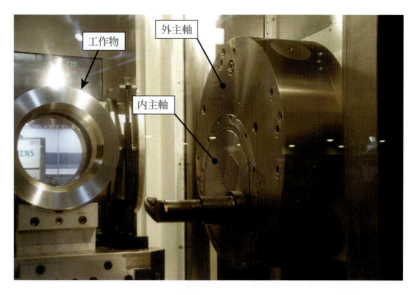

附図 3.1　偏心内主軸を組込んだ外主軸 - MC に装備された二重主軸構造
（ORBITEC 20 型、5 軸制御、ヤマザキ・マザック製、2012 年）

(3)　二層主軸構造の各々の回転軸を補間して「仮想 X 軸」を創成して、直線運動を行えること。

　ちなみに、この MC は米国市場に特化した部分を米国内で開発したもので、日本国内にも需要があるとみて JIMTOF2012 に出展している。しかし、このような形状創成運動を行う機種は、日本よりは古くから馴染みがある欧州の方に市場性があると考えられる。

3.1　議論すべき諸点及び類似、あるいは関連する過去の事例

　さて、メーカは「独自のヘッド構造」及び「特徴ある形状創成運動」の実現なる技術の独自性を宣伝している。しかし、上述の「仮想 X 軸」が形状創成運動の面からみると、NC の利点を活かした評価できる技術と考えられる以外は、特段の新規性や独自性は認められない。もっとも、ツインボールねじ駆動と同様に、公表はされていない「二層主軸構造の詳細」に関わる情報によっては評価が大きく変わってくる。すなわち、実用化が先行している以下の機種に比べて、「外主軸と内主軸の多層構造構成」、「主軸の支持方法」、「動力伝達機構」などの特徴点を精査する必要がある。

　そこで、まず附図 3.2（図 2.3 を再掲）を参照して頂きたい。この Viegel 社製 MC は、「偏心第二主軸」を有する「三層主軸構成」であり、既に 1991 年に EMO Show に展示されている。後述する横中ぐりフライス盤では、二層主軸が主流であるが、必要に応じて面板主軸を設けて三層主軸としている。周知のように、三層主軸は、二層主軸に比べると、数段と設計・製

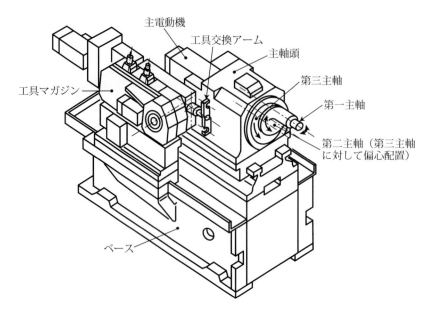

附図 3.2　偏心機構付き三重主軸構造を有する MC – Viegel 社、1991 年

造技術が難しい。となると、Viegel 社製 MC に対する優位性や差別化技術を示すことなく、**附図 3.1** に示した技術の独自性を主張することは説得力に欠けると云わざるを得ない。

　留意すべきは、このような形状創成運動は、「遊星機構主軸方式」として、古くから砲身中ぐり盤、特に大径の臼砲を加工対象として発達してきている。**附図 3.3** には、それを Naxos Union 社が内面研削盤に応用した例（1960 年代）であり、大径の内面を砥石車が自転をしながら公転して仕上げる仕組みである。このように、偏心主軸構造は特に新しい発想ではない。

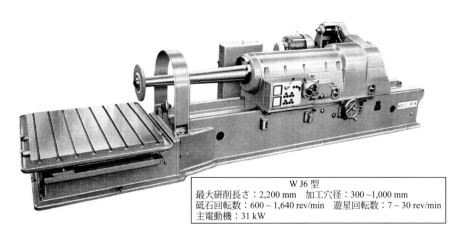

附図 3.3　遊星主軸方式内面研削盤（W J 型、Naxos-Union 社、1960 年代）

3.2 想定される今後の研究・技術開発課題

以上のように、偏心主軸を組込んだ多層主軸構造は特段の新しい技術ではないが、そこには次なる主軸構造へ発展させられる可能性がある。すなわち、**附図 3.4** に示すように、例えば在来の二層主軸構造では、「中ぐり主軸」と「フライス主軸」は、連動回転運動を行わざるを得ない構造となっている。そこで、図に同時に示してある「試作された個別運転方式」のように、各主軸が独立に回転運動を行い、又、内主軸が軸方向に「繰出し運動」を行えるようにすれば、加工方法の多様性は格段と広がる。例えば、同方向回転、あるいは逆方向回転による「Mill-boring」も可能である。

ちなみに、図示した試作主軸による実験では、熱変形の抑制に大きな効果があることが示されている［附 3-1］。従って、個別運転が可能な偏心主軸組込み多層主軸は、検討に値するであろうが、未だに学術研究や試作開発は行われていない。

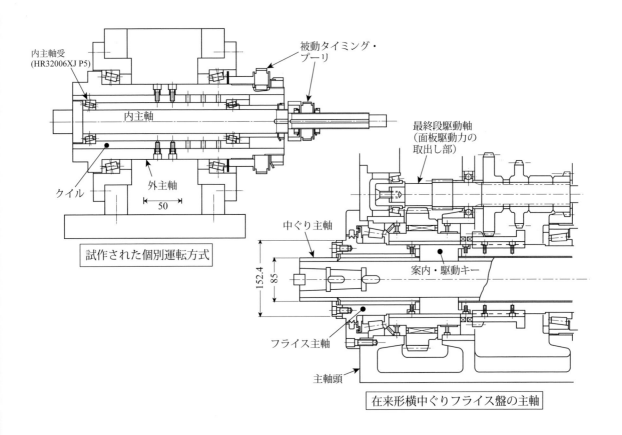

附図 3.4　二層主軸の例

参考文献

[附 1-1] Zeh K-P, Frank H E. "Simulationsgestützte Planung einer flexiblen Fertigungsanlage". tz für Metallbearbeitung 1984; 78-5:11-17.

[附 1-2] Shelley T. "Tetrahedron Allows Machining to Angstroms". Eureka Transfers Technology Nov. 1987: 25-28.

[附 2-1] Bielefeld J. "Model tests on machine tool elements (translation from German)". PERA Report No. 114（Report No. 172, Jan. 1968, p. 15 参照）.

[附 2-2] Ito Y. "Chapter 1 Tangential Force Ratio and Its Applications to Industrial Technologies: Anti-Vibration Steel Plate for Refrigerator and Derailment of Rolling Stock". In Ito Y. (ed). Thought-evoking Approaches in Engineering Problems, Springer-Verlag London, 2014.

[附 2-3] Bobek K, et al. "Stahlleichtbau von Maschinen". Springer Verlag 1955.

[附 2-4] Eisele F, Drumm H. "Steifigkeit und Dämpfung geschweißter Bauelemente". Maschinenmarkt 6 Januar, 1959; Nr.2: 19-22.

[附 2-5] Kronenberg M, Maker P, Dix E. "Practical Design Techniques for Controlling Vibration in Welded Machines". Machine Design July 12, 1956: 103-109.

[附 3-1] 稲場千佳郎他．"システムマシン用二層主軸の熱変形抑制"．日本機械学会論文集 (C) 2000; 66-648: 2864-2870.

索引

アルファベット

A

ACC（自動チャック交換装置） … 214
AEセンサー … 174
AJC（自動爪交換装置） … 214. 258
ATC（自動工具交換装置） … 186

B

BBS … 233
Bryant社製内面研削盤 … 277
BTA方式 … 163

C

Cocking作用 … 267

D

Diedesheim社 … 264

E

Exclusive Twin Elevating Screws … 266

F

FMC集積形 … 234
FM送信 … 176
FMS … 234
FTL … 233

G

GC … 12
GFワークドライバー … 210
Grob社のMC … 240

H

Hot spindle-cold turret … 136
HSK … 187. 224. 226

K

Kistler社の切削動力計 … 105

M

MC … 9
MCによる研削加工 … 10. 228
Merrittの手法 … 84

N

NC円筒研削盤 … 4
NC工作機械 … 5
NC立形内面研削盤 … 4
Ni系ポーラス材 … 114

O

Ostrovskiiの式 … 57

R

Remanufacturing対応のモジュラー構成 … 260

S

Scharmann社の横中ぐりフライス盤 … 267
Scudding … 242
Self-holding … 181
Self-releasing … 181
S-N曲線 … 59

T

TC … 8
TL … 233. 234
T溝 … 193. 207
T溝部の剛性 … 214

V

Variocenter … 264
Viegel社製MC … 279
VIPER法 … 229

W

Woodpecker control … 161

索引

かな

あ

アタッチメント・モジュール	257
圧延	153
圧電トランスデューサ	174
圧電歪みセンサー	79
穴あけ加工	61
穴やとい	198, 217
アングル・プレート	201
安定線図	85
案内精度	45
案内面	56

い

イケール	201
移動体の固着	271
鋳物尺	157
鋳物砂落し	166
インパクトダンパー	93
インパルス加振	106
インフィード	25
インプロセス測定	173

う

ウエッジバー	203
ウェッジフック	207
ウォーム−ウォーム歯車駆動	221
薄肉構造	128
薄肉ブッシュ	217
うねり	103, 121
運動機能	22

え

円形回転テーブル	194
円テーブル	221

お

オイルシャワー	136
応力基準の設計	58
送り分力	66
温度分布均一化技術	138

か

カービック・カップリング	187, 216
階層方式異機種モジュラー構成	235, 249
角形回転テーブル	194
角定盤	201
拡張機能記述	23
隔壁	52
加工機能集積形	8, 38, 238
加工機能の冗長性	239, 247
加工空間	1, 19, 23, 151
加工空間内の空気流	143
加工空間内の三次元温度分布	149
加工空間に供給される素形材	152
加工空間の周辺熱的環境	130
加工空間の熱変形	127, 130
加工空間の変形	43
加工コスト	36
加工方法記述	36
加工方法の階層構造	32
加工方法の選択問題	34
荷重セル	77
荷重頻度分布	60
風切り音	216
硬爪	204
過程減衰	104, 120, 122

き

機械本体の非線形性	105
機械−アタッチメント−工具−工作物系	2, 82, 106
木型	157
木組み構造	273
機種分類	5
技術の真髄	263, 272
基準アタッチメント	258
機上測定	173
機能集積形(ハイブリッド)主軸	10
機能情報	250
機能と構造の「一対一問題」	262
基本機能記述	22
基本モジュール	234
強制びびり振動	82
局所熱伝達率の分布	146
許容応力	59

索 引

許容変位	47
切込み深さ	72

く

喰い込み効果	120
空気のつれ回り層	171
空気吹出しシステム	11
口移し加工	3
口開き現象	186. 213
曇り状仕上げマーク	112
クランプ板	201
クランプ装置	202
クロス円錐ころ軸受	195
クロス円筒ころ軸受	195
クロスハッチ	31

け

形状創成運動	21
形状創成精度	41
軽量化・高静剛性構造	49
結合の原則	236
結合部	43. 121
結合部の剛性	56
結合部の熱変形	133
けれ付き回し板	200
限界切込み深さ	85
限界切削幅	101
研削液供給システム	171
研削加工	67
研削加工に於ける自励びびり振動	89. 114
研削機能付き MC	11
研削剛性	89
研削びびり	114
研削砥石の三要素	64
研削粘性	89
減衰工具ホルダー	95
減衰継手	276

こ

高圧冷却剤	162
工具カセット台	192
工具シャンク	202
工具逃げ角	120
工具ブラケット	26. 188
工作機械技術の全体像	1
工作機械の記述問題	237
工作機械の機能記述	22. 34
工作機械の結合部問題	236
工作機械の誤差解析	39
工作機械の設計方法論	22
工作機械の利用技術	1. 152
工作物スペクトラム	251
工作物把握力の低下防止	212
工作物周りの流れ	172
剛性	47
高精度加工用チャック	258
剛性の方向依存性	50
「構造形態面」からの熱変形抑制策	134
構造形態要素	52
構造情報	250
構造方程式	84
工程設計	36
鋼板溶接構造	50. 53. 273. 274
心残し中ぐり	162
個体差	40
固着現象	183
五面加工機	3
固有形状創成誤差	39
コラム移動形 NC 生産フライス盤	3
コレットチャック	198. 209. 218
コンクリート	55
コンパクト FTL	242
コンパクト・多機能集積形プラットフォーム	259

さ

サイクロイド歯形	70
再生形自励びびり振動	83. 104. 120. 121
再生形自励びびり振動の開始点	109
再生形自励びびり振動の抑制効果	100
再生形自励びびり振動の抑制策	96
最大負実部	114
在来形工作機械	5
漸近安定限界	86
三重チューブ状閉鎖断面ベッド	167
三層主軸構成	279

索引

し

項目	ページ
仕掛り品	153
時間遅れ項	96. 97
治具中ぐり	30
軸方向分力	67
自己ロッキング機能	221
磁性流体	93
自動工具交換装置	9
自励びびり振動のブロック線図	90. 125
主形状創成運動	23
主軸軸心偏倚の遷移状態	139
主軸速度変動法	97
主軸の軸心冷却方法	132
主軸の多層構造	24
主軸端	183
主分力	66
ショートテーパ	184
除去加工	28
深穴加工方法	163
深穴加工用ドリル	170
信号処理技術	176
迅速クランプ方式	189
迅速交換機能	223

す

項目	ページ
垂下特性	68. 117
水晶圧電形切削抵抗測定器	76
水晶圧電素子	67. 75
水溶性切削油剤	169
数値計算流体力学	148
スカイビング	32
スカッディング	16. 242
すくい面の摩擦係数	74
スクリュー・コンベヤ	169
砂型鋳造	156
砂噛み	152
すべり案内面	45
すべり方式バーガイド	267
スラントベッド	165
3Dプリンター技術	153
スローアウェイティップ	162

せ

項目	ページ
静圧バーガイド	270
静荷重	44
成形工具	25
静剛性	50
製品情報の読み方	263
接合部の摩擦損失エネルギー	58
切屑受けユニット	169
切屑厚さ	72
切屑処理プロセス	159
切屑による熱源	141
切屑の形態	163. 168
切屑の生成	160. 165
切屑の接触熱抵抗	142
切屑の搬出	165
切屑の分類体系	163
切削	67
切削加工に於ける自励びびり震動	89
切削過程方程式	84. 104
切削・研削抵抗の三分力	65
切削・研削抵抗の測定技術	75. 77
切削・研削油剤	159
切削剛性	84. 96. 104
切削抵抗の簡易計算式	68
切削抵抗の動的成分	67. 105. 177. 178
切削方程式	73
切削油剤の供給	170
接触剛性	89
接線安定限界	86
接線方向分力	67
接線力比	58. 275
絶対安定限界	86
背分力	66
セラミックス	55
セル構造	53
セレーション形エンドミル	103
センサーフュージョン	175
旋削	32
センター	199
全体論的なアプローチ	263
剪断角	72
剪断効果	275
剪断力感知用圧電トランスデューサ	79
剪断歪み	72
専用チャック	198

そ

総型工具	25
双軸送り駆動方式	265
双主軸構造	136
双タレット形	191
双柱形単コラム	149
塑性加工	28
外爪と内爪の変換	205
外丸削り	32

た

大径薄肉パイプ用チャック	212
対向双主軸形 TC	2
ダイナミックダンパー	91
第二主軸台	252
ダイヤフラム・チャック	208
多角形タレット刃物台	188
匠フレーム	273
多重再生効果	103
ダブルウォーム方式	221
ダブルピニオン方式	196
タレットバー	26, 253
タレット刃物台	188, 190, 252
タレット刃物台の工具座	26, 188
単位重量当りの静剛性	50
単純剪断面モデル	70
弾性砥石車	114
鍛造素材	158
ターンミーリング	32

ち

力の流れ	19, 22, 41, 181
チップブレーカー	161
チャックの分類	203
チャック本体の変形	184
チャック周りの空気流	143
中央駆動方式	256
鋳造構造	50, 53
鋳造素材	155
超音波逃げ面摩耗インプロセスセンサー	122
直交座標系	22

つ

ツインボールねじ駆動	264
疲れ限度設計	58
積木式構成法	233
爪チャック	198
爪付きドライバー	198, 211
つれ回り層	143

て

低圧空気清浄システム	11
低域安定性	120
テーパ	181
テーブル	193
適応の原則	22, 237
テトラポット形超精密研削加工機	268
転倒モーメント	46
転倒モーメント最小化構造	267
電流トランス	174

と

砥石車―工作物間の総合動リセプタンス	89
砥石車周辺の流れ	145
砥石車の取付け剛性	227
砥石フランジ	64, 226
砥石摩耗剛性	89
統一の原則	236
動荷重	45
動剛性	48, 50
動的切削抵抗	100, 120
動的な押込み力	124
動的比切削抵抗	104
等歪み円	219
動力勘定図	129
トップ爪	204
トラニオン方式テーブル	194, 195
ドラム効果	166
トランスファーセンター	242
トランスファー・ライン	233
取付け具・治具	197
砥粒の自生作用	65
ドリル加工	67
ドリルの切刃	61
トロコイド曲線	62

な

ナイキスト線図 …………………………… 106, 114
中子 …………………………………………… 157
「流れ形」切屑 ……………………………… 160
ナショナルテーパ ………………… 182, 186, 187
生爪 …………………………………………… 204
ナローガイド ………………………………… 45

に

ニアネット形状加工 ………………………… 152
二次元切削機構 …………………………… 61, 70
二次塑性流動層 ……………………………… 73
二重壁構造 …………………………………… 52
二層主軸構造 ………………………………… 278
二段テーパ …………………………………… 183
ニック ………………………………………… 102
二平面接合の剛性 …………………………… 187
二平面接合部 ………………………………… 57
人間の五感 …………………………………… 180

ね

ねじりびびり振動 ………………………… 103, 117
ねじり変形 …………………………………… 47
ねじれ角の変化量 …………………………… 101
ねじれドリル ………………………………… 161
熱間圧延 ……………………………………… 154
熱間加工 ……………………………………… 154
熱源の強さ …………………………………… 140
熱源冷却方式 ………………………………… 138
熱収支の流れ ………………………………… 129
熱的な荷重 …………………………………… 127
熱変形最小化構造 …………………………… 136
熱変形単純化構造 …………………………… 138
熱変形の低減策 …………………………… 130, 132
熱変形不感構造 …………………………… 134, 139
熱変形補償方式 ……………………………… 138
熱変形無拘束構造 …………………………… 135
熱放散係数 …………………………………… 129

の

能動形ダンパー ……………………………… 93

は

把握圧力分布 ………………………………… 214
把握力性能曲線 ……………………………… 212
背隙除去機構 ………………………………… 221
バイス ………………………………………… 201
背面突切りバイト …………………………… 3
歯切り加工 …………………………………… 31
バクテリア対策 ……………………………… 169
歯車加工センター ………………………… 15, 242
歯車形削り …………………………………… 70
歯車研削 ……………………………………… 5
歯車スカイビング加工 ……………………… 16
歯車チャック …………………………… 112, 208
歯車ホーニング ……………………………… 18
箱形梁 ………………………………………… 273
八面拘束案内面 …………………………… 149, 271
パラメータ励振の混在 ……………………… 106
万能フライス主軸頭 ………………………… 190

ひ

ビオー数 ……………………………………… 128
微細くもり状のマーク ……………………… 82
歪み速度 ……………………………………… 73
比切削抵抗 ………………………………… 69, 84
ピニオンカッター …………………………… 70
びびり振動のブロック線図 ……………… 84, 113
びびり振動の分類体系 ……………………… 81
びびりマーク ……………………………… 85, 106

ふ

負荷頻度分布 ………………………………… 44
副形状創成運動 …………………………… 23, 25
複電動機方式 ………………………………… 269
複リード方式 ………………………………… 221
不水溶性切削油剤 …………………………… 169
不等ピッチ正面フライス …………………… 98
不等ピッチブローチ ………………………… 97
不等分割リーマ ……………………………… 99
不等リード円筒フライス …………………… 100
部品1個当りの加工コスト ………………… 37
部品の形状創成 ……………………………… 36
フライス削り ………………………………… 62

フライス主軸頭 …………………………………… 252
フライス一刃当りの切屑厚さ ……………………… 64
フラット形 ………………………………………… 191
プラットフォーム ……………………………… 238. 248
プラットフォーム方式ユニット構成… 239. 247. 251
フレキシブル生産システム ……………………… 234
フレキシブル生産セル …………………………… 234
フレキシブルトランスファー・ライン …………… 233
ブローチ加工 ……………………………………… 30
分割の原則 ………………………………………… 236

へ

閉鎖形エンクロージャ ………………… 131. 148. 165
閉鎖断面 …………………………………………… 50
ベースの中高状態 ………………………………… 278
ベースプレート …………………………………… 201
ヘッドチェンジャー ……………………………… 245
変位基準の設計 …………………………………… 47
変位勘定図 ………………………………………… 130
偏心主軸 …………………………………………… 24
偏心チャック ……………………………………… 212

ほ

棒材 ………………………………………………… 153
ホーニング加工 …………………………………… 31
ポーラス材 ………………………………………… 55
ボールロック・チャック ………………………… 205
ホーン ……………………………………………… 31
補助形状創成運動 ………………………………… 23
ボルト結合部 ……………………………………… 56
本体構造の非線形性 ……………………………… 106
本体構造の熱変形 ………………………………… 128
本体構造要素 ………………………………… 43. 47
本体構造要素の構成材料 ………………………… 54

ま

マイクロボア ……………………………………… 26
曲げ振動 …………………………………………… 103
曲げ変形 …………………………………………… 47
摩擦角 ……………………………………………… 181
益子の式 …………………………………………… 69
マスター爪 ………………………………………… 204

マンドレル …………………………………… 199. 216

み

ミーリング・チャック ………………………… 198. 218
みがき棒鋼 ………………………………………… 153
見掛けの熱伝導率 ………………………………… 142
未切屑厚さ方程式 ………………………………… 84
三つ爪スクロールチャック …………………… 108. 214
三つ爪連動チャック ……………………………… 203
未知のびびり振動 ………………………………… 112
ミルターン ……………………………………… 9. 251

め

メートルテーパ …………………………………… 182
面板 ………………………………………………… 198

も

モジュラー構成 …………………………………… 235
モジュラー構成工具 …………………………… 223. 258
モジュラー構成取付け具 ………………………… 201
モジュラー構成の加工空間 ……………………… 245
モジュラー構成の経済性評価 …………………… 255
モジュラー構成の設計の流れ …………………… 237
モジュラー構成の設計方法論 …………………… 236

や

焼き嵌めホルダー ………………………………… 219
ヤコブステーパ …………………………………… 182

ゆ

ユーザ主体のモジュラー構成 ………………… 248. 251
溶融加工 …………………………………………… 28
遊星機構主軸方式 ……………………………… 24. 280
ユニット構成 ……………………………………… 235
ユニット複合体 …………………………………… 238

よ

葉状安定限界 ……………………………………… 86
溶接素材 …………………………………………… 158

索 引

溶接継手の剛性と減衰能	275
溶融加工	28
四つ爪単動チャック	107, 209
四つ爪チャック	198

ら

ライン中ぐり	30

り

力学的及び熱的境界条件	140
力学的・熱的閉鎖ループ効果	133
リブ	52
リンク方式	205

れ

冷間加工	154
レバー状釣合い錘	213

ろ

ロータリー・インデックシング形 TL	243, 245
ロートミル	32
ロール成形	154
ロングノーズ	185

わ

ワークドライバー	198, 210
割出し・回転機構	221
割りテーパブッシュ	217
割歩	37

伊東　誼 (いとう　よしみ)

昭和 15（1940）年横浜市生れ。
昭和 37 年 3 月 東京工業大学理工学部機械工学課程卒業、池貝鉄工（株）研究部試作設計課勤務を経て、昭和 39 年 9 月 母校の助手に任官。昭和 59 年 7 月に教授へ昇任、平成 12（2000）年 3 月に定年退官、東京工業大学名誉教授。
工学博士及び Chartered Engineer（連合王国）。
退官後、平成 21 年 3 月迄 神奈川工科大学客員教授。この間、日本機械学会会長、日本工学アカデミー副会長、知的財産高等裁判所専門委員等を歴任。

専門分野：工作機械工学、生産システム、機械要素、生産文化論。

―全体論的アプローチによる―
工作機械の利用学

定価：本体 3,000 円（＋税）
Ⓒ Yoshimi Ito. 2015 Printed in Japan

発　行　日	2015 年 5 月 31 日
著　　　者	伊東　誼
発　行　人	小林大作
発　行　所	日本工業出版株式会社
本　　　社	〒113-8610　東京都文京区本駒込 6-3-26
	TEL：03（3944）1181㈹　FAX：03（3944）6826
印刷・製本	株式会社スマッシュ

■乱丁本はお取替えいたします。
■本書の内容を無断で複写・転載することは著作権上禁じられております。

ISBN978-4-8190-2710-6　　C3053　¥3000E